Matrices and Determinants

A First Course in Linear Algebra

行列と行列式の基礎

線型代数入門

IKEDA Takeshi
池田 岳

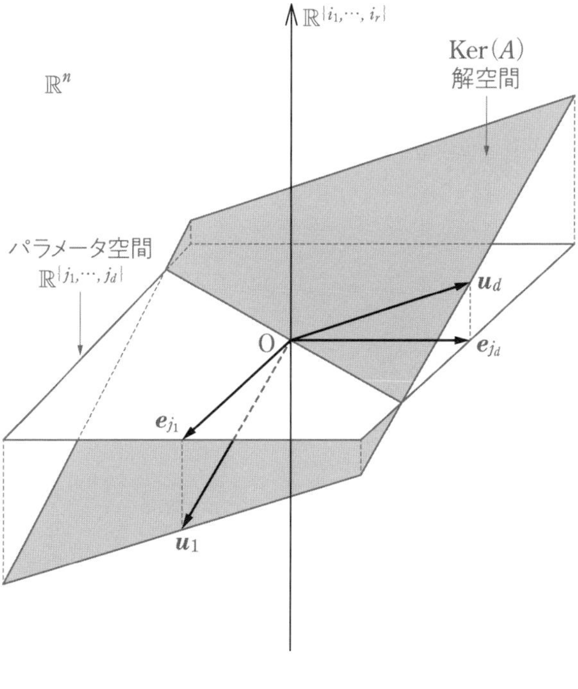

東京大学出版会

Matrices and Determinants:
A First Course in Linear Algebra

Takeshi IKEDA

University of Tokyo Press, 2025
ISBN978-4-13-062931-7

はじめに

数学を学ぶことは，新しい概念や思考法，そして計算手法をひとつずつ自分のものとすることの連続である．それは，問題の解法を暗記することとはまったく異なる．先人が拓いた道を踏みしめながら，今度は自分が考え，その先へ進むのだ．線型代数学は，すべての大学生にとって学ぶ価値がある．それだけでなく，自分で考え，一歩を踏み出す経験ができる格好の題材でもある．じっくりと味わいながら新しい学問に取り組んでもらいたい．

さて，線型代数学はどういう学問か？　線型という言葉は英語ではlinearである．直線はlineであるから線型の図形的（幾何的）なニュアンスは「まっすぐ」である．Linearの日本語訳としては「1次」というのもあって，ほとんどの場合は入れ替えても意味は変わらない．例えば，線型変換と1次変換はまったく同じ意味である．1次関数は$y = ax + b$と書かれるので，そのグラフが直線であることからも「まっすぐ」と「1次」の意味が近いことがわかるであろう．代数の方は文字式の足し算とかけ算のことなので，結局のところ，線型代数は1次式の足し算とかけ算の技術を基礎として，まっすぐな空間を理解するための学問であるといってまずは間違いない．

本書のタイトルに含まれる「行列」と「行列式」はいずれも，1次式の足し算とかけ算を見通しよく行うための道具である．したがって，原則的には代数的なものであるが，幾何的な解釈をすることによってその意味がよくわかるし，応用も広がる．代数的な側面と幾何的な側面が絡み合うところに線型代数の醍醐味がある．

第1章では線型方程式（1次方程式）の理論を扱う．一般には連立された1次方程式を考える．この章の内容を習得すれば，どのような連立1次方程式も完全に理解することができる．理解するというのは単純に言えば「解く」ということである．「解く」の意味合いを幾何的にも正確に理解することが肝要である．第2章では，連立線型方程式の理論を基礎として，線型写像の概念とともに行列の初歩的な議論を行う．それは第1章の内容を幾何的にも掘り下げることと関係する．線型写像が行列により表現されるというものの見方は線型代数の根幹をなす．第 3 章は線型空間に関する議論である．線型独立性，線型空間の次元と基底，線型写像の階数などについて学ぶ．線型写像の基底変換を理解することが 1 つの重要な到達点である．第 4 章では行列式の理論を述べる．線型は 1 次の意だと述べたが，行列式は高次の多項式であることに注意しよう．行列式は，多重線型性と呼ばれる性質を通して線型（=1 次）の世界と関わる．また，行列式は幾何的には，高次元の図形の体積とも関係している一方，代数的にはベクトルの線型独立性を判定するための切れ味の良い道具である．第 5 章では線型変換の表現行列をなるべく簡単なものにするという問題を扱う．この手続きは行列の対角化と呼ばれる．第 6 章では実対称行列を直交行列により対角化するという内容を説明する．さらにこのことを 2 次形式の理解に役立てる．ここまで来れば線型代数学の学習は一段落する．第 7 章ではまず，線型写像の表現行列を直交変換により標準化する議論を行う．この内容は特異値分解と呼ばれている．後半では正行列，非負行列に関連する事項，特に確率行列の性質とペロン・フロベニウスの定理を紹介する．これまでの章では見られない，極限を使う議論にも興味をもってもらえたらと思う．その応用の 1 つとして，最後に Google の検索エンジンで用いられる PageRank の簡単な解説をする．

本書は教科書として，あるいは自習書として役立つように配慮して書いた．第 1, 2, 3 章および第 4, 5, 6 章をそれぞれ大学の半期の講義で（「探究」の節を除いて）カバーできる．大学の講義の教科書として用いる場合は 1 つの節を 1 回の講義で扱うことを原則としている．時間に余裕があれば第 7 章にも触れることを想定している．基本的な命題を「問」にしている箇所が多々あるが，重要なものには解答例を付けている．読者はまず自分で解答を書くことを試みてほしい．慣れないうちは手がかりが見つからないかもしれないが，その場合は解答を見てもよい．講義で使う場合は解答を説明するかどうか取捨選択されたい．「課題」としている問題は十分に時間をかけて自分で考えることを想定している．

定義，定理，命題など

命題は数学的に明瞭な主張のことで「○○ならば○○である」とか「○○という性質をみたす○○が存在する」などの形で述べられる．教科書に現れる命題は，証明ができて真であることがわかっているものである．命題には，定理 (theorem)，補題 (lemma)，系 (corollary) などの種類がある．「定理」はとても良い命題である．良いは主観的な言葉だが，多くの人が良さを認めるものを指す．「補題」は，別な命題を証明する中で使う目的のある命題である．「系」は別な命題の簡単な帰結や特別な場合としてすぐに証明ができる命題である．

数学は命題を掲げて証明する営みであるが，命題の中で用いられる言葉の意味を客観的に述べて確認するのが定義 (definition) である．定義をきちんとしないと数学の議論は始められない．定義を見てもすぐにはその意味や意義がわからないことはよくある．その場合は，言葉の表面的な印象から勝手な妄想を膨らませたりしないで，(i) 具体例を見て意味を理解すること，(ii) 証明で使われる論理の形を観察する，などが大切である．

謝辞

これまでに私の講義を聞いた学生の方々の疑問にどう答えるかを自分なりに考えた結果が本書になった．落合啓之氏は原稿を綿密に読んで有益な助言をしてくださった．平鍋健児氏からは早い段階の原稿に貴重なコメントをいただいた．河野隆史氏は多くの誤植を見つけてくれた．阿部紀行，高崎金久，山口航平，内藤聡の諸氏からは誤りの指摘の他，有益なコメントをいただいた．大学の同僚の荻田武史，熊谷隆の両氏には専門分野の立場から有益なアドバイスをいただいた．東京大学出版会の丹内利香氏との対話は書き進める際の大きな力になった．皆様に深く感謝の意を表します．

目 次

第1章　連立線型方程式

連立線型方程式の基礎理論を述べる．解の存在と一意性を議論し，一般解のパラメータ表示を与える．技術的には掃き出し法が重要である．直線と平面を高次元に一般化した線型な対象を扱うことに慣れるのも本章の目的である．

1.1　ベクトルとその演算

読者は高校で**ベクトル**（vector）について学んだであろう．大学の線型代数学においては記号の慣習などが違うということもあるので，まずベクトルの基礎を簡単に説明しておこう．

いくつかの数をひとまとめにして，それを1つのものとして扱うことを考える．ここで'数'とは実数を指すものとしよう．a, b を実数とするとき，これらをひとまとめにして縦に並べたもの

$$\begin{pmatrix} a \\ b \end{pmatrix}$$

を（2次の）**数ベクトル**という（横に並べたものを考えることもある）．例えば

$$\begin{pmatrix} -1 \\ \sqrt{2} \end{pmatrix}$$

は2次の数ベクトルである．xy 平面において $x = -1, y = \sqrt{2}$ という座標を

もつ点を A とするとき，原点 O を始点として A を終点とする**矢印**（あるいは**有向線分**）$\overrightarrow{\mathrm{OA}}$ を上の数ベクトルと同一視する．このとき $\overrightarrow{\mathrm{OA}}$ を点 A の**位置ベクトル**と呼ぶ．

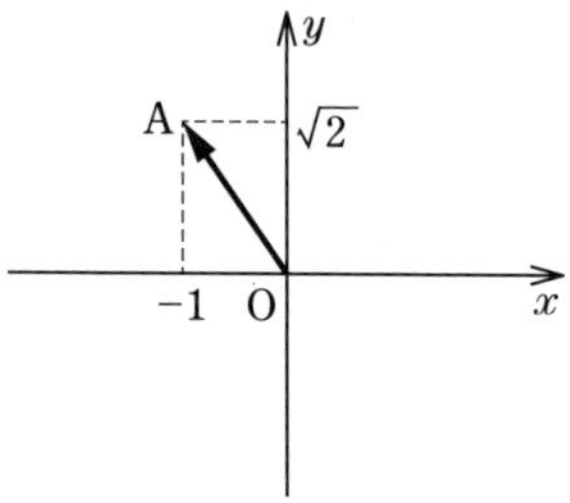

高校の教科書ではベクトルを $\vec{a}, \vec{b}$ のように表記する．本書では（大学の数学の教科書ではたいてい）ベクトルを小文字のボールド体 $\boldsymbol{a}, \boldsymbol{b}$ などを用いて表す．ノートに書くときは上のように線を 1 本足すのが慣例である．

ベクトルに対する**演算**（operation）が重要である．xy 平面上の点 A, B を考えるとき，2 つのベクトル $\boldsymbol{a} = \overrightarrow{\mathrm{OA}}$, $\boldsymbol{b} = \overrightarrow{\mathrm{OB}}$ の**和** $\boldsymbol{a} + \boldsymbol{b}$ を次のように定める．OACB が平行四辺形になるような点 C をとり $\boldsymbol{a} + \boldsymbol{b} = \overrightarrow{\mathrm{OC}}$ とするのである．

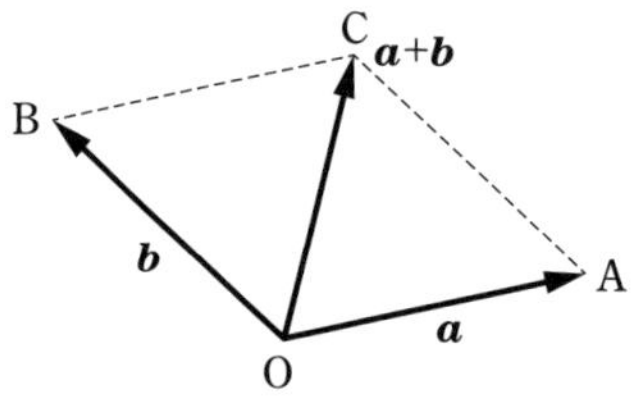

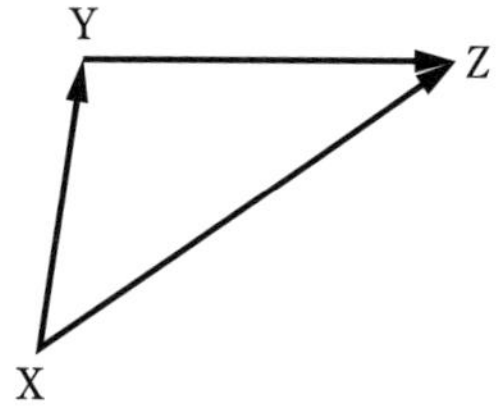

矢印を考える際は，必ずしも原点 O を始点とする必要はない．2 つの矢印は，それらが平行移動によって移り合うときに同一のベクトルを表すと考える．上記の場合では $\overrightarrow{\mathrm{OA}} = \overrightarrow{\mathrm{BC}}$, $\overrightarrow{\mathrm{OB}} = \overrightarrow{\mathrm{AC}}$ が成り立っている．したがって

$$\boldsymbol{a} + \boldsymbol{b} = \overrightarrow{\mathrm{OA}} + \overrightarrow{\mathrm{AC}} = \overrightarrow{\mathrm{OB}} + \overrightarrow{\mathrm{BC}} = \overrightarrow{\mathrm{OC}}$$

が成り立つ．一般に

$$\overrightarrow{\mathrm{XY}} + \overrightarrow{\mathrm{YZ}} = \overrightarrow{\mathrm{XZ}}$$

が成り立つ．つまり第1の矢印の終点が第2の矢印の始点と一致しているときに，第1の矢印の始点と第2の矢印の終点をつないで1つの矢印にしたものがベクトルの和である，という理解もできる．座標を用いて $\boldsymbol{a} = \begin{pmatrix} a_1 \\ a_2 \end{pmatrix}$，$\boldsymbol{b} = \begin{pmatrix} b_1 \\ b_2 \end{pmatrix}$ と表されているとき

$$\boldsymbol{a}+\boldsymbol{b} = \begin{pmatrix} a_1+b_1 \\ a_2+b_2 \end{pmatrix}$$

となる．

ベクトル $\boldsymbol{a}$ と実数 c に対して，$\boldsymbol{a}$ を c **倍して得られるベクトル**を $c\boldsymbol{a}$ と書く．座標を用いると

$$c\,\boldsymbol{a} = \begin{pmatrix} c\,a_1 \\ c\,a_2 \end{pmatrix}$$

と表される．線型代数学では，実数のことをベクトルと対比して**スカラー**（scalar）と呼ぶ．尺度を意味する‘スケール’（scale）から派生した用語である．ここでは c がスカラーである．$\boldsymbol{a}$ に対して $c\boldsymbol{a}$ を対応させる演算を**スカラー倍**と呼ぶ．c が負ならば $c\boldsymbol{a}$ に対応する矢印は $\boldsymbol{a}$ に対して反対の方向を向いている．

ベクトルどうしの和と，ベクトルのスカラー倍という2つの演算を合わせて**ベクトル演算**という．和とスカラー倍には

$$c(\boldsymbol{a}+\boldsymbol{b}) = c\,\boldsymbol{a}+c\,\boldsymbol{b}, \quad (c+c')\,\boldsymbol{a} = c\,\boldsymbol{a}+c'\,\boldsymbol{a}$$

という自然な関係がある．

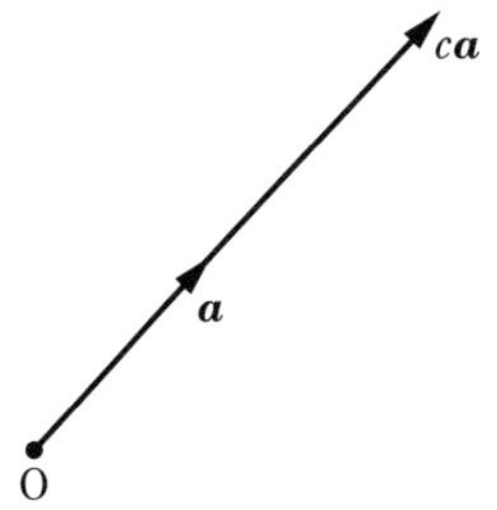

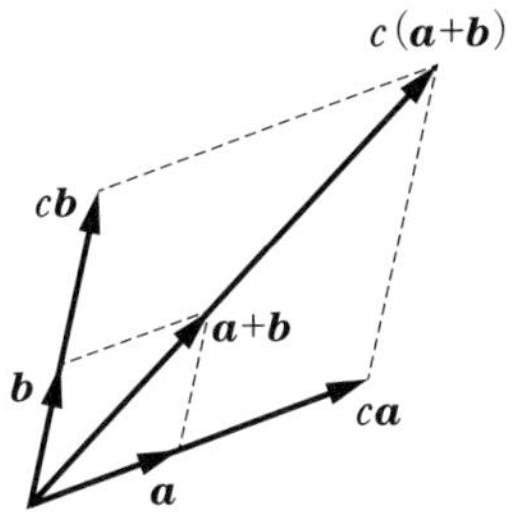

すべての実数がなす集合を $\mathbb{R}$ で表す．数直線のことだと思えばよい．実数を意味する Real Numbers の頭文字 R をボールド体，もしくは黒板文字にした記号である．ノートや黒板に書くときは R に縦線を 1 本追加する．

これはいわば固有名詞的な記号であり，世界共通である．すべての 2 次の数ベクトルからなる集合を記号 $\mathbb{R}^2$ により表す．個々のベクトル $\boldsymbol{a}$ などはこの集合の**元**（element）であるといい，$\boldsymbol{a} \in \mathbb{R}^2$ と書く．集合の記法はよく使うので慣れてゆこう（付録 A.1 節）．

集合 $\mathbb{R}^2$ の特別な元として**零ベクトル** $\boldsymbol{0} = \begin{pmatrix} 0 \\ 0 \end{pmatrix}$ がある．ここで $0 \in \mathbb{R}$ はスカラーで $\boldsymbol{0} \in \mathbb{R}^2$ はベクトルであることに注意しよう．$\boldsymbol{a} \in \mathbb{R}^2$ がどのようなベクトルであっても，

$$\boldsymbol{a} + \boldsymbol{0} = \boldsymbol{0} + \boldsymbol{a} = \boldsymbol{a}$$

が成り立つ．どのような $\boldsymbol{a} \in \mathbb{R}^2$ に対しても，$\boldsymbol{a} + \boldsymbol{b} = \boldsymbol{0}$ をみたすベクトル $\boldsymbol{b}$ がただ 1 つある．このとき $\boldsymbol{b} = -\boldsymbol{a}$ と書く．これを $\boldsymbol{a}$ の**逆ベクトル**と呼ぶ．$\boldsymbol{a} = \overrightarrow{\mathrm{AB}}$ のとき，$\boldsymbol{a}$ の逆ベクトル $-\boldsymbol{a}$ は始点と終点を逆にして得られるベクトル $\overrightarrow{\mathrm{BA}}$ であると理解することもできる．座標を用いるならば $\boldsymbol{a} = \begin{pmatrix} a_1 \\ a_2 \end{pmatrix}$ のとき $-\boldsymbol{a} = \begin{pmatrix} -a_1 \\ -a_2 \end{pmatrix}$ である．$(-1)\,\boldsymbol{a} = -\boldsymbol{a}$ にも注意しておこう．

$\boldsymbol{a}$ と $-\boldsymbol{b}$ の和 $\boldsymbol{a} + (-\boldsymbol{b})$ を $\boldsymbol{a} - \boldsymbol{b}$ と表し，**ベクトルの差**と呼ぶ．

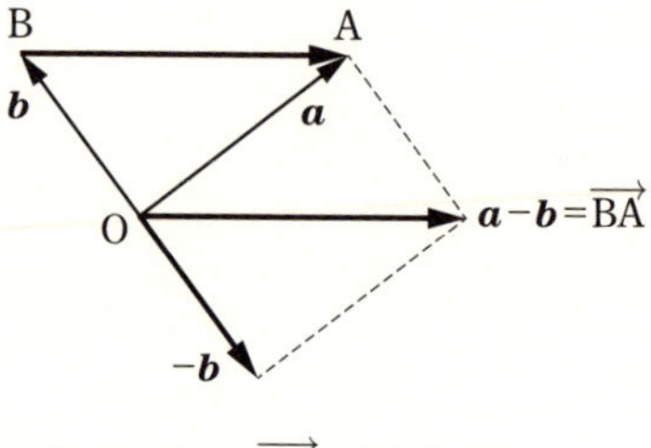

$\boldsymbol{a} = \overrightarrow{\mathrm{OA}}$, $\boldsymbol{b} = \overrightarrow{\mathrm{OB}}$ ならば $\boldsymbol{a} - \boldsymbol{b} = \overrightarrow{\mathrm{BA}}$ である．

$\mathbb{R}^2$ における内積

2つの $\mathbb{R}^2$ のベクトル $\boldsymbol{a} = \begin{pmatrix} a_1 \\ a_2 \end{pmatrix}$, $\boldsymbol{b} = \begin{pmatrix} b_1 \\ b_2 \end{pmatrix}$ の**内積**（inner product）とは

$$(\boldsymbol{a}, \boldsymbol{b}) = a_1 b_1 + a_2 b_2 \tag{1.1}$$

と定義される実数である．高校の教科書では $\boldsymbol{a} \cdot \boldsymbol{b}$ と書かれる．内積を用いてベクトル $\boldsymbol{a}$ の**長さ**を

$$\|\boldsymbol{a}\| = \sqrt{(\boldsymbol{a}, \boldsymbol{a})} = \sqrt{a_1^2 + a_2^2}$$

と定める．これからわかる $\|\boldsymbol{a}\| = 0 \iff \boldsymbol{a} = \boldsymbol{0}$ は大切である．また

$$\begin{aligned} \|\boldsymbol{a}\|^2 \|\boldsymbol{b}\|^2 - |(\boldsymbol{a}, \boldsymbol{b})|^2 &= (a_1^2 + a_2^2)(b_1^2 + b_2^2) - (a_1 b_1 + a_2 b_2)^2 \\ &= (a_1 b_2 - a_2 b_1)^2 \geq 0 \end{aligned} \tag{1.2}$$

なので，**コーシー・シュワルツの不等式**

$$|(\boldsymbol{a}, \boldsymbol{b})| \leq \|\boldsymbol{a}\| \, \|\boldsymbol{b}\|$$

が成り立つ．これより，$\boldsymbol{a}, \boldsymbol{b}$ が $\boldsymbol{0}$ でないとき $-1 \leq \dfrac{(\boldsymbol{a}, \boldsymbol{b})}{\|\boldsymbol{a}\| \|\boldsymbol{b}\|} \leq 1$ なので

$$\frac{(\boldsymbol{a}, \boldsymbol{b})}{\|\boldsymbol{a}\| \|\boldsymbol{b}\|} = \cos\theta \quad (0 \leq \theta \leq \pi)$$

により定まる θ を $\boldsymbol{a}, \boldsymbol{b}$ の**なす角**という．$(\boldsymbol{a}, \boldsymbol{b}) = 0$ のとき $\boldsymbol{a}, \boldsymbol{b}$ は**直交する**といい，$\boldsymbol{a} \perp \boldsymbol{b}$ と表記することもある．

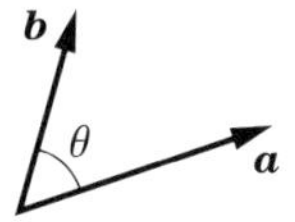

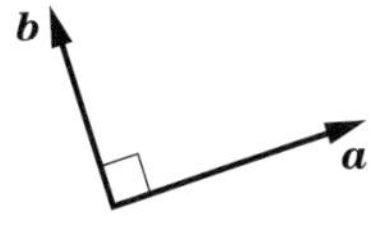

$\boldsymbol{a} = \boldsymbol{0}$ または $\boldsymbol{b} = \boldsymbol{0}$ の場合も含めて次が成り立つ：

$$(\boldsymbol{a}, \boldsymbol{b}) = \|\boldsymbol{a}\|\|\boldsymbol{b}\| \cos\theta. \tag{1.3}$$

高校では，ベクトルの長さや角度があらかじめ与えられていると考えて (1.3) により内積を定めるが，ここでは内積を定義してからベクトルの長さやベクトルのなす角を定義する．そのようにする理由の1つは，“内積”の選び方は (1.1) 以外にもあって，問題に応じて内積を使い分けたいということにある．

問 1.1　$\boldsymbol{a}, \boldsymbol{b} \in \mathbb{R}^2$ を $\boldsymbol{0}$ でないベクトルとする．$\boldsymbol{a}, \boldsymbol{b}$ のなす角が 0 または π になることは $a_1b_2 - a_2b_1 = 0$ が成り立つことと同値であることを示せ．

n 次の数ベクトル空間

n を自然数とし，$a_1, \ldots, a_n \in \mathbb{R}$ として $\boldsymbol{a} = \begin{pmatrix} a_1 \\ \vdots \\ a_n \end{pmatrix}$ と書かれるものを **n 次の数ベクトル**と呼ぶ．実数 $a_1, \ldots, a_n$ などを $\boldsymbol{a}$ の**成分**と呼び，特に $a_i \in \mathbb{R}$ を $\boldsymbol{a}$ の**第 i 成分**（$1 \leq i \leq n$）と呼ぶ．2つの数ベクトル $\boldsymbol{a}, \boldsymbol{b}$ はそれぞれの第 i 成分がすべて等しいとき，そのときに限り $\boldsymbol{a} = \boldsymbol{b}$ であると定める．すべての n 次の数ベクトル全体がなす集合を $\mathbb{R}^n$ という記号で表す．$\mathbb{R}^n$ を n 次の**数ベクトル空間**と呼ぶ．$n = 1$ ならば $\mathbb{R}$ そのものであるし，$\mathbb{R}^2$ は xy 平面，$\mathbb{R}^3$ は 3 次元空間である．**基本ベクトル**を次で定める：

$$\boldsymbol{e}_1 = \begin{pmatrix} 1 \\ 0 \\ \vdots \\ 0 \end{pmatrix}, \ \boldsymbol{e}_2 = \begin{pmatrix} 0 \\ 1 \\ \vdots \\ 0 \end{pmatrix}, \ \cdots, \ \boldsymbol{e}_n = \begin{pmatrix} 0 \\ 0 \\ \vdots \\ 1 \end{pmatrix}.$$

$\mathbb{R}^n$ に属すベクトルどうしの和は，成分ごとに足すことにより定め，スカラー c をかける演算は，各成分を c 倍することによって定める．すべての成分が 0 であるベクトルを**零ベクトル**と呼び，それを $\boldsymbol{0}$ により表す．$\boldsymbol{a}$ の**逆ベクトル** $-\boldsymbol{a}$ は，すべての成分の符号を変える（-1 をかける）ことによって得られるベクトルである．

いくつかのベクトル $\boldsymbol{a}_1, \ldots, \boldsymbol{a}_k$ が与えられたとする．これらのベクトルから出発して，ベクトル演算を繰り返して得られるベクトルを考える．すなわち，スカラー $c_1, \ldots, c_k \in \mathbb{R}$ を各ベクトルにかけて，それらの和

$$c_1\boldsymbol{a}_1 + \cdots + c_k\boldsymbol{a}_k$$

を作る．このように書き表せるベクトルのことを $\boldsymbol{a}_1, \ldots, \boldsymbol{a}_k$ の**線型結合**（linear combination）という．

定義 1.1.1（ベクトルの集合が張る空間）　k 個のベクトル $\boldsymbol{a}_1, \ldots, \boldsymbol{a}_k \in \mathbb{R}^n$ を与えたとき，$\boldsymbol{a}_1, \ldots, \boldsymbol{a}_k$ の線型結合全体の集合を

$$\langle \boldsymbol{a}_1, \ldots, \boldsymbol{a}_k \rangle$$

によって表す．$\langle \boldsymbol{a}_1, \ldots, \boldsymbol{a}_k \rangle$ を $\boldsymbol{a}_1, \ldots, \boldsymbol{a}_k$ が**張る空間**（linear span）と呼ぶ．

例 1.1.2　零ベクトル $\mathbf{0}$ により張られる空間は $\langle \mathbf{0} \rangle = \{\mathbf{0}\}$（$\mathbf{0}$ だけからなる集合）であり，$\boldsymbol{a} \neq \mathbf{0}$ ならば $\langle \boldsymbol{a} \rangle$ は原点を通り $\boldsymbol{a}$ で定まる方向の直線である．■

例 1.1.3　$\boldsymbol{a}_1 = \begin{pmatrix} 1 \\ -1 \\ 0 \end{pmatrix}$，$\boldsymbol{a}_2 = \begin{pmatrix} 0 \\ 1 \\ -1 \end{pmatrix} \in \mathbb{R}^3$ とする．例えば $\boldsymbol{v} = \overrightarrow{\mathrm{OP}} = \begin{pmatrix} 2 \\ -1 \\ -1 \end{pmatrix}$ は $\boldsymbol{v} = 2\boldsymbol{a}_1 + \boldsymbol{a}_2$ と書き表せるので，点 P は $\langle \boldsymbol{a}_1, \boldsymbol{a}_2 \rangle$ に属す．$c_1\boldsymbol{a}_1 + c_2\boldsymbol{a}_2$ において c_1, c_2 の値をいろいろ変えると集合 $\langle \boldsymbol{a}_1, \boldsymbol{a}_2 \rangle$ 上を動く．集合 $\langle \boldsymbol{a}_1, \boldsymbol{a}_2 \rangle$ は $\mathbb{R}^3$ 内の平面になっていることがわかる．

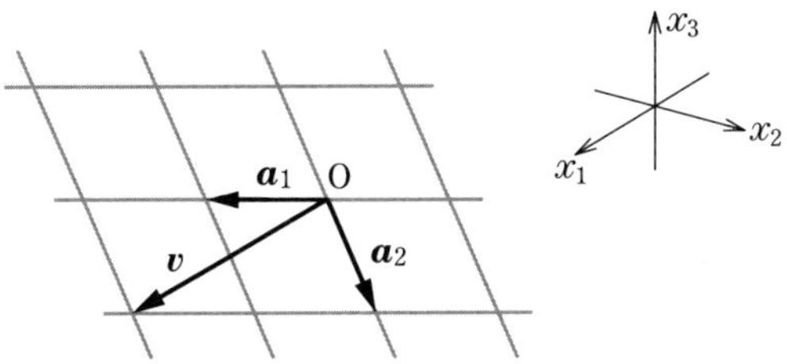

$\langle \boldsymbol{a}_1, \boldsymbol{a}_2 \rangle$

例えば $\boldsymbol{u} = \overrightarrow{\mathrm{OQ}} = \begin{pmatrix} 1 \\ 1 \\ 1 \end{pmatrix}$ で定まる点 Q は平面 $\langle \boldsymbol{a}_1, \boldsymbol{a}_2 \rangle$ の上にあるだろうか？　このことを調べるには

$$c_1 \begin{pmatrix} 1 \\ -1 \\ 0 \end{pmatrix} + c_2 \begin{pmatrix} 0 \\ 1 \\ -1 \end{pmatrix} = \begin{pmatrix} 1 \\ 1 \\ 1 \end{pmatrix} \tag{1.4}$$

をみたすスカラー c_1, c_2 があるかどうか考える．この等式は連立方程式

$$\begin{cases} c_1 \phantom{{}+c_2} = 1 \\ -c_1 + c_2 = 1 \\ - c_2 = 1 \end{cases}$$

と同値である．簡単な形の方程式なので解がないことはすぐにわかる．このことは $\boldsymbol{u} \notin \langle \boldsymbol{a}_1, \boldsymbol{a}_2 \rangle$ を意味する．よって点 Q は平面上にはない．■

問 1.2　$\langle \boldsymbol{a}_1, \boldsymbol{a}_2, \boldsymbol{a}_3 \rangle = \langle \boldsymbol{a}_1, \boldsymbol{a}_1 + \boldsymbol{a}_2, \boldsymbol{a}_1 + \boldsymbol{a}_2 + \boldsymbol{a}_3 \rangle$ を示せ．

2つの集合 A, B に対して，等式 $A = B$ は「$A \subset B$ かつ $B \subset A$」という意味である．また $A \subset B$ は A のすべての（任意の）元 a に対して $a \in B$ が成り立つことである．

ベクトルの平行条件と線型独立性

2つのベクトル $\boldsymbol{a}_1, \boldsymbol{a}_2$ が平行であるという条件について述べておこう．まず，ここでは前提として $\boldsymbol{a}_1 \neq \boldsymbol{0}$ かつ $\boldsymbol{a}_2 \neq \boldsymbol{0}$ であるとする．もしも

$$\boldsymbol{a}_1 = c\,\boldsymbol{a}_2 \tag{1.5}$$

となるスカラー c が存在するとき，$\boldsymbol{a}_1, \boldsymbol{a}_2$ は**平行**であるという．条件 (1.5) は一見すると $\boldsymbol{a}_1$ と $\boldsymbol{a}_2$ について対称的でないが，もしも (1.5) が成り立てば $\boldsymbol{a}_1 \neq \boldsymbol{0}$ という前提よりスカラー c は 0 ではないことがわかり，$\boldsymbol{a}_2 = c^{-1}\boldsymbol{a}_1$ が成り立つ．

いずれか一方が $\mathbf{0}$ の場合も含めた用語として，線型代数学では**線型従属**（平行に相当）を用いる．$\boldsymbol{a}_1, \boldsymbol{a}_2$ が**線型従属**（linearly dependent）であるとは，$\boldsymbol{a}_1 = c_1\,\boldsymbol{a}_2$ となるスカラー c_1 が存在するか，または $\boldsymbol{a}_2 = c_2\,\boldsymbol{a}_1$ となるスカラー c_2 が存在することをいう（この場合は片一方ではすまない）．つまり，言葉で表現するならば「いずれか一方が他方のスカラー倍である」ということである．この定義によると，もしも，例えば $\boldsymbol{a}_1 = \mathbf{0}$ ならば $\boldsymbol{a}_1 = 0 \cdot \boldsymbol{a}_2$ なので，$\boldsymbol{a}_1, \boldsymbol{a}_2$ は線型従属である．$\boldsymbol{a}_1, \boldsymbol{a}_2$ が線型従属でないとき，**線型独立**（linearly independent）であるという．

命題 1.1.4　$\boldsymbol{a}_1, \boldsymbol{a}_2$ が線型独立ならば

(#)　$c_1\,\boldsymbol{a}_1 + c_2\,\boldsymbol{a}_2 = \mathbf{0}$ をみたすスカラー c_1, c_2 は $c_1 = c_2 = 0$ に限る

が成立する．逆に条件 (#) が成り立てば $\boldsymbol{a}_1, \boldsymbol{a}_2$ は線型独立である．

証明　$\boldsymbol{a}_1, \boldsymbol{a}_2$ が線型独立であるとする．$c_1\boldsymbol{a}_1 + c_2\boldsymbol{a}_2 = \mathbf{0}$ をみたすスカラー c_1, c_2 があるとする．もしも $c_1 \neq 0$ ならば $\boldsymbol{a}_1 = -(c_2/c_1)\boldsymbol{a}_2$ なので $\boldsymbol{a}_1, \boldsymbol{a}_2$ は線型従属であることになる．よって，仮定に反するから $c_1 = 0$．同様に $c_2 = 0$ である．

$\boldsymbol{a}_1, \boldsymbol{a}_2$ が線型従属であるとする．例えば $\boldsymbol{a}_1 = c_1\,\boldsymbol{a}_2$ となるスカラー c_1 が存在する．このとき

$$1 \cdot \boldsymbol{a}_1 - c_1\,\boldsymbol{a}_2 = \mathbf{0}$$

である．このような等式があることは，(#) が成り立っていないことを意味する（$\boldsymbol{a}_1$ の係数は 1 なので 0 ではない）．$\boldsymbol{a}_2 = c_2\,\boldsymbol{a}_1$ となるスカラー c_2 が存在したとしても同様である．□

ベクトルが 2 つだけであれば，なにもこのようなもって回った言い回しは必要ないのであるが，ベクトルの個数が多い場合にも見通しのよい議論をするために，通常はこの条件 (#) を線型独立性の定義にする（1.6 節）．

2次の行列式

$\mathbb{R}^2$ における2つのベクトルの線型独立性を違う観点から見ておこう．$\boldsymbol{a}_1$, $\boldsymbol{a}_2 \in \mathbb{R}^2$ に対して次で定まる $\mathbb{R}^2$ の部分集合を考える：

$$\mathcal{P}(\boldsymbol{a}_1, \boldsymbol{a}_2) = \{s\,\boldsymbol{a}_1 + t\,\boldsymbol{a}_2 \mid 0 \leq s \leq 1,\ 0 \leq t \leq 1\}. \tag{1.6}$$

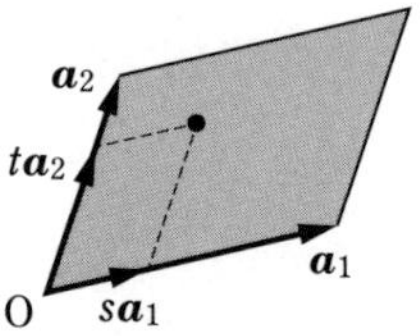

$\boldsymbol{a}_1, \boldsymbol{a}_2$ が線型独立の場合は $\mathcal{P}(\boldsymbol{a}_1, \boldsymbol{a}_2)$ は平行四辺形である．そうでなければ線分につぶれたり原点だけの集合になる．したがって $\mathcal{P}(\boldsymbol{a}_1, \boldsymbol{a}_2)$ の面積と $\boldsymbol{a}_1$, $\boldsymbol{a}_2$ の線型独立性が関係する．$\boldsymbol{a}_1 = \begin{pmatrix} a_{11} \\ a_{21} \end{pmatrix}$，$\boldsymbol{a}_2 = \begin{pmatrix} a_{12} \\ a_{22} \end{pmatrix} \in \mathbb{R}^2$ とするとき

$$\det(\boldsymbol{a}_1, \boldsymbol{a}_2) = a_{11}a_{22} - a_{21}a_{12}$$

とおく．これは**行列式**（determinant）と呼ばれる重要な量である．

問 1.3　$\mathcal{P}(\boldsymbol{a}_1, \boldsymbol{a}_2)$ の面積は符号を除いて $\det(\boldsymbol{a}_1, \boldsymbol{a}_2)$ と一致することを示せ．

符号も含めた詳しい説明は4.1節で行う．特に

$$\boldsymbol{a}_1, \boldsymbol{a}_2 \text{ が線型独立} \iff \det(\boldsymbol{a}_1, \boldsymbol{a}_2) \neq 0$$

が直観的に理解できるであろう（問1.1も参照せよ）．この事実は $\mathbb{R}^n$ に拡張される（定理4.6.1，線型代数学においてもっとも重要な定理の1つ）．

課題 1.1　次の $\boldsymbol{a}_1, \boldsymbol{a}_2, \boldsymbol{b}$ に対して $\boldsymbol{b} \in \langle \boldsymbol{a}_1, \boldsymbol{a}_2 \rangle$ が成り立つかどうか調べよ．

$$(1)\quad \boldsymbol{a}_1 = \begin{pmatrix} 1 \\ 0 \\ 1 \end{pmatrix},\quad \boldsymbol{a}_2 = \begin{pmatrix} 1 \\ -1 \\ 2 \end{pmatrix},\quad \boldsymbol{b} = \begin{pmatrix} -1 \\ 4 \\ -5 \end{pmatrix},$$

$$(2)\quad \boldsymbol{a}_1 = \begin{pmatrix} 2 \\ 1 \\ 1 \end{pmatrix},\quad \boldsymbol{a}_2 = \begin{pmatrix} 1 \\ -1 \\ 2 \end{pmatrix},\quad \boldsymbol{b} = \begin{pmatrix} 4 \\ -1 \\ 4 \end{pmatrix}.$$

1.2 直線と平面のパラメータ表示

線型代数学はまっすぐなものを調べる学問であるから，まっすぐなもののうちで，もっとも基本的な直線のことから考え始めよう．

直線のパラメータ表示

$\mathbb{R}^n$ 内の点 A を通る直線 L を考える．A とは異なる点 B を L 上にとり $\boldsymbol{u} = \overrightarrow{\mathrm{AB}}$ とおくとき，L 上にある点 P の位置ベクトルを $\boldsymbol{v} = \overrightarrow{\mathrm{OP}}$ とすると

$$\boldsymbol{v} = \boldsymbol{a} + t\boldsymbol{u} \quad (t \in \mathbb{R})$$

という表示ができる．$\mathrm{A} \neq \mathrm{B}$ なので $\boldsymbol{u}$ は零ベクトルではない．点 A が固定されていて，実数 t の値が変化すると点 P が動くという見方をしている．このような場面で，変化する実数 t のことを**パラメータ**（媒介変数）と呼ぶ．t が時刻だと考えるとよい．$t = 0$ のときは $\boldsymbol{v} = \boldsymbol{a}$ である．これは動点 P が A にあることを意味する．$t = 1$ のときは $\boldsymbol{v} = \boldsymbol{a} + \boldsymbol{u} = \overrightarrow{\mathrm{OA}} + \overrightarrow{\mathrm{AB}} = \overrightarrow{\mathrm{OB}}$ となる．したがってこのとき，ベクトル $\boldsymbol{v}$ が表す点は B である．$0 \leq t \leq 1$ ならば点 P は線分 AB に沿って点 A から点 B まで動く．$\boldsymbol{u}$ で定まる方向にまっすぐ移動している．$t > 1$ ならば B の延長上にある L 上を $\boldsymbol{u}$ の方向に動いていく．一方，$t < 0$ の部分は過去にさかのぼって L 上を動いてきた軌跡である．ベクトル $\boldsymbol{u}$ を直線 L の**方向ベクトル**と呼ぶ．

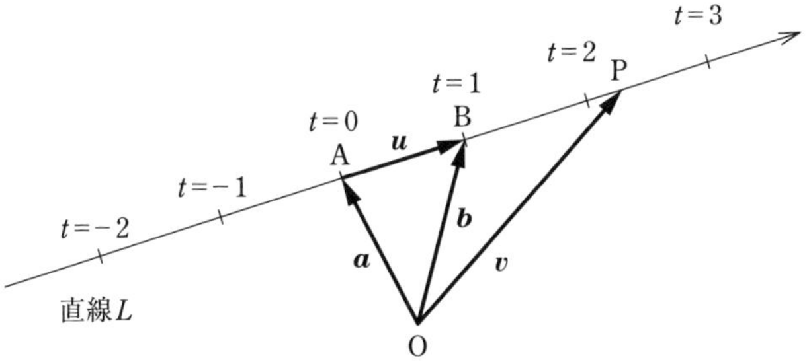

例 1.2.1　$y = ax + b$ という式を見て直線を思い浮かべることができるのは，中学校で学んだ数学の成果である．xy 平面（$\mathbb{R}^2$ と考える）において，傾き a で，y 切片が $(0, b)$ の直線である．これは $x = t$ とすると

$$\begin{pmatrix} x \\ y \end{pmatrix} = \begin{pmatrix} 0 \\ b \end{pmatrix} + t \begin{pmatrix} 1 \\ a \end{pmatrix}$$

と表示できる．■

直線 L に目盛りが入ったと考えるのも大切な見方である．直線の代表（モデル）は数直線 $\mathbb{R}$ である．直線 $\mathbb{R}$ には物差しのようにもともと目盛りが付いている．

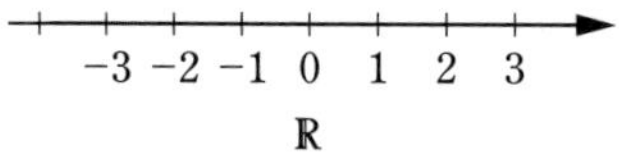

一方，直線 L にはもともと目盛りは書き込まれていない．そこに，$t = 0$ が A，$t = 1$ が B となるように直線 L に目盛りを付けることがパラメータ表示を与えるということである．この見方はとても大切である．

例 1.2.2　xy 平面 $\mathbb{R}^2$ 内の 2 つの直線 L_1, L_2 を考えよう．それぞれ $x + y = -2, x + 2y = 0$ で定まるものとする．

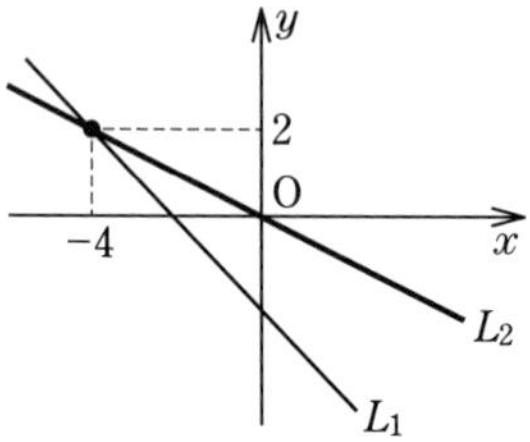

傾きが異なるので 2 直線は平行ではない．このとき 2 直線は 1 点で交わる．その座標を求めよう．2 直線の共有点は連立方程式

$$\begin{cases} x + y = -2 & \cdots (1) \\ x + 2y = 0 & \cdots (2) \end{cases} \tag{1.7}$$

の解として求まる．

(2) から (1) を引くと $y = 2$ が得られる．(1) に代入して $x + 2 = -2$ から $x = -4$ が求まる．求める点は $(x, y) = (-4, 2)$ である．■

平面のパラメータ表示

$\boldsymbol{u}_1, \boldsymbol{u}_2$ を $\mathbb{R}^3$ 内の平行でない2つのベクトルとする．これらが張る空間 $\langle \boldsymbol{u}_1, \boldsymbol{u}_2 \rangle$ は原点を通る平面である．点Aを選んで $\boldsymbol{a} = \overrightarrow{\mathrm{OA}}$ として平面 $\langle \boldsymbol{u}_1, \boldsymbol{u}_2 \rangle$ を $\boldsymbol{a}$ だけ平行移動して得られる集合

$$H = \boldsymbol{a} + \langle \boldsymbol{u}_1, \boldsymbol{u}_2 \rangle := \{\boldsymbol{a} + \boldsymbol{u} \mid \boldsymbol{u} \in \langle \boldsymbol{u}_1, \boldsymbol{u}_2 \rangle\}$$

を考える．これは点Aを通り $\langle \boldsymbol{u}_1, \boldsymbol{u}_2 \rangle$ と平行な平面である．H に属す点Pの位置ベクトルを $\boldsymbol{v} = \overrightarrow{\mathrm{OP}}$ とするとき

$$\boldsymbol{v} = \boldsymbol{a} + t_1\,\boldsymbol{u}_1 + t_2\,\boldsymbol{u}_2 \quad (t_1,\ t_2 \in \mathbb{R}) \tag{1.8}$$

をみたすスカラー $t_1, t_2 \in \mathbb{R}$ がある．これを平面のパラメータ表示という．H は点Aを通りベクトル $\boldsymbol{u}_1, \boldsymbol{u}_2$ で**張られる**平面であるという．

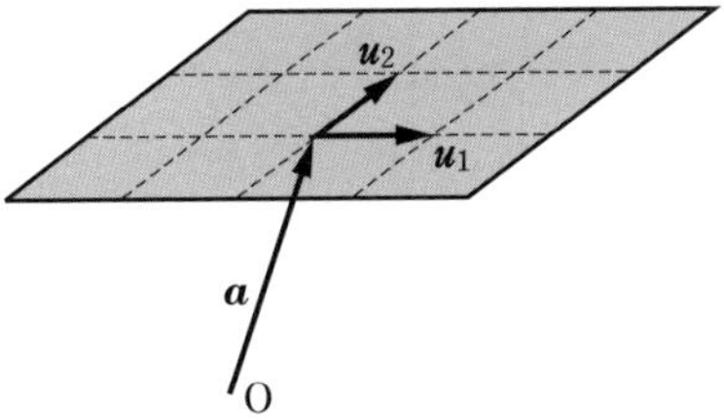

平面の場合はパラメータが2つあるのでベクトル $\begin{pmatrix} t_1 \\ t_2 \end{pmatrix}$ を考える．これは目盛りではなく**座標**（coordinate）と呼ぶのが自然であろう（役割は同じ）．札幌の街の中心部は街路が碁盤の目のようになっていて北四条東3丁目のように住所が表されており“座標”が定まっている．

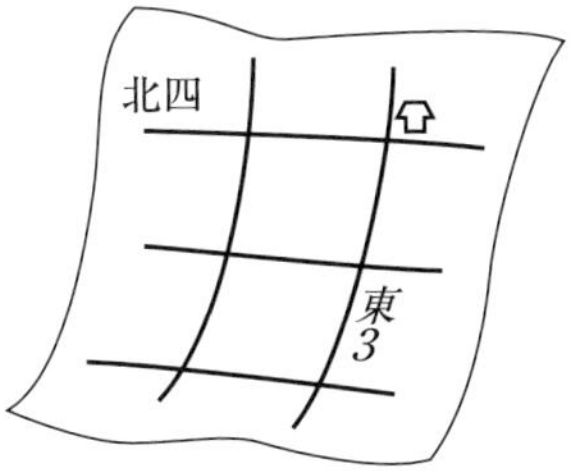

例 1.2.3　方程式 $x-2y+z=0$ をみたす $\mathbb{R}^3$ の元 (x,y,z) について考える．方程式を x について解いて $x=2y-z$ と書き直してみる．y と z に自由に値を与える．例えば $y=1, z=-2$ とする．このとき $x=2\cdot 1-(-2)=4$ とすれば（もちろん）方程式が成り立つ．一般に $y=t_1$, $z=t_2$ を自由に与えて $x=2t_1-t_2$ とおけば

$$\begin{pmatrix} x \\ y \\ z \end{pmatrix} = \begin{pmatrix} 2t_1-t_2 \\ t_1 \\ t_2 \end{pmatrix} = t_1\begin{pmatrix} 2 \\ 1 \\ 0 \end{pmatrix} + t_2\begin{pmatrix} -1 \\ 0 \\ 1 \end{pmatrix}$$

は方程式をみたす．方程式をみたす点 $(x,y,z)\in\mathbb{R}^3$ の全体が原点 O を含む平面 H をなしている．yz 平面をちょっと傾けたものに見える．

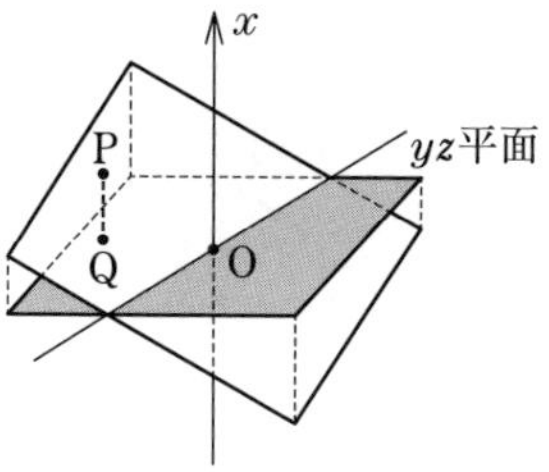

H 上の点を $(2t_1-t_2, t_1, t_2)$ と表すとき，x 軸方向を垂直とみなして P を yz 平面に射影して得られる点 Q の座標は $(0, t_1, t_2)$ である．■

定理 1.2.4　$(a,b,c)\neq(0,0,0)$ とする．$\mathbb{R}^3$ において方程式

$$ax+by+cz=d \tag{1.9}$$

をみたす点 (x,y,z) の全体は平面をなす．

証明　(1.9) の形の方程式で $a\neq 0$ ならば例 1.2.3 と同様に変数 y,z をパラメータに選べば平面の表示ができる（定数項 d があっても同様）．例えば $c\neq 0$ ならば x,y をパラメータに選ぶこともできる．いずれにしても x,y,z のうちの 2 つをパラメータに選んで平面としてのパラメータ表示ができる．□

変数や方程式の数が多い場合も変数からいくつか選んでパラメータとすることを考えてゆく．どのようにパラメータを選ぶかはとても重要である．

2 平面の交線

$\mathbb{R}^3$ 内の 2 つの平面 H_1, H_2 がそれぞれ方程式によって

$$H_1 : ax + by + cz = d, \quad H_2 : a'x + b'y + c'z = d' \tag{1.10}$$

と与えられているとする．もしも $(a', b', c') = \alpha\,(a, b, c)$ となるスカラー α $(\neq 0)$ が存在するならば，H_2 を定める方程式は

$$ax + by + cz = d'/\alpha$$

と同値になる．もしも $d = d'/\alpha$ ならば H_1 と H_2 は一致している．$d \neq d'/\alpha$ ならば H_1 と H_2 は平行であり共有点を持たない．2 つの平面 H_1, H_2 は平行でなければ 1 つの直線において交わることがわかるであろう（現時点では図を見て理解すればよい）．これを 2 平面の**交線**という．

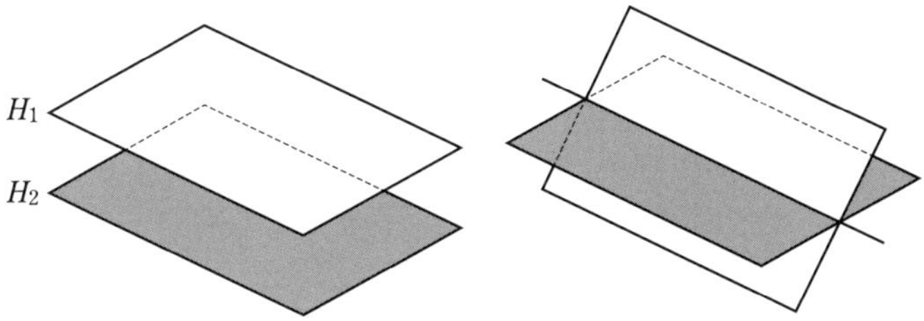

例 1.2.5　$\mathbb{R}^3$ 内の 2 つの平面

$$H_1 : x + y + 4z = -2, \quad H_2 : x + 2y + 5z = 0$$

を考える．これらは平行でない．交線のパラメータ表示を求めよう．集合としての交わり $H_1 \cap H_2$ は次の連立方程式の解集合である．

$$\begin{cases} x + y + 4z = -2 \\ x + 2y + 5z = 0 \end{cases} \tag{1.11}$$

t を定数として $z=t$ で定まる平面を $H(t)$ としよう．$H(t)$ に属すベクトルは (x,y,t)（t は固定）と書かれるので $H(t)$ は (x,y) 平面と同一視できる．$H_1 \cap H(t)$ は $x+y=-4t-2$，$H_2 \cap H(t)$ は $x+2y=-5t$ でそれぞれ定まる $H(t)$ 内の直線である．これらは平行でないので，交点がただ1つ定まる．その座標を t で表せば $x=-3t-4,\quad y=-t+2$ となる．

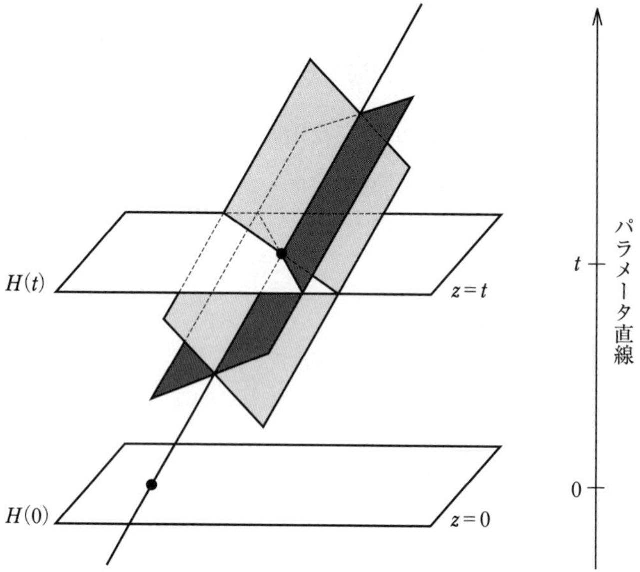

これと $z=t$ という式を合わせてベクトル形にすると次が得られる：

$$\begin{pmatrix} x \\ y \\ z \end{pmatrix} = \begin{pmatrix} -4 \\ 2 \\ 0 \end{pmatrix} + t \begin{pmatrix} -3 \\ -1 \\ 1 \end{pmatrix}.$$

■

上の例では変数を x,y およびパラメータの z の2種類に分けて

$$\begin{cases} x \qquad = -3z-4 \\ \qquad y = \ \ -z+2 \end{cases}$$

という分離した形にした．これがパラメータを選ぶ際の秘訣である．

高次元空間内の直線や平面，そして超平面

高次元の $\mathbb{R}^n$ 内においても幾何的な考察をしてみよう．直線，平面のパラメータ表示の考え方はまったく同様にできる．例えば $\mathbb{R}^4$ 内において方程式

$$x + y - z + 2w = 1$$

で定まる集合を考えよう．x に関して解ける形なので $y = t_1, z = t_2, w = t_3$ をパラメータとすれば $x = 1 - t_1 + t_2 - 2t_3$ であり

$$\begin{pmatrix} x \\ y \\ z \\ w \end{pmatrix} = \begin{pmatrix} 1 \\ 0 \\ 0 \\ 0 \end{pmatrix} + t_1 \begin{pmatrix} -1 \\ 1 \\ 0 \\ 0 \end{pmatrix} + t_2 \begin{pmatrix} 1 \\ 0 \\ 1 \\ 0 \end{pmatrix} + t_3 \begin{pmatrix} -2 \\ 0 \\ 0 \\ 1 \end{pmatrix}$$

という表示ができる．このようにして表される集合は $\mathbb{R}^4$ 内に含まれる 3 次元の線型な空間である．

例 1.2.6 $\mathbb{R}^4$ において $x_4 = 0$ で定義される超平面は x_1, x_2, x_3 を座標に持つ $\mathbb{R}^3$ とみることができる．xy 平面に x 軸が含まれていると考えるのと同じことである． ■

一般に $\mathbb{R}^n$ において 1 つの線型方程式で定まる集合は $(n-1)$ 次元の線型な部分集合になる．これを一般に**超平面**（hyperplane）と呼ぶ．$\mathbb{R}^3$ 内の超平面は通常の平面である．なお，平面を H_1, H_2 などと書いていたのは hyperplane の頭文字の H を用いていたのであって "Heimen"（平面）の頭文字ではない．

例 1.2.7 $\mathbb{R}^4$ 内の平行でない*1 2 つの超平面の交わりは平面である．例えば

$$H_1 : x + y - z + w = 1, \quad H_2 : x + 2y + 2z - w = 2$$

を考える．$H_1 \cap H_2$ を定める連立方程式は，例えば x, y に関して解けて

$$\begin{cases} x = -4z + 3w \\ y = 3z - 2w + 1 \end{cases}$$

*1 ここでは $(1, 1, -1, 1) = \alpha(1, 2, 2, -1)$ となるスカラー α がないという意味にとる．

を得る．$z = t_1$, $w = t_2$ をパラメータとして

$$\begin{pmatrix} x \\ y \\ z \\ w \end{pmatrix} = \begin{pmatrix} 0 \\ 1 \\ 0 \\ 0 \end{pmatrix} + t_1 \begin{pmatrix} -4 \\ 3 \\ 1 \\ 0 \end{pmatrix} + t_2 \begin{pmatrix} 3 \\ -2 \\ 0 \\ 1 \end{pmatrix}$$

という表示が得られる．■

上記の例では，4次元空間 $\mathbb{R}^4$ において2つの線型方程式の共通解の集合の次元は4から2だけ下がって2次元，すなわち平面になった．連立線型方程式の解集合の次元は方程式が1つ増えると原則的には1だけ下がる．ただし，あくまで原則的にである．上の例でも超平面が平行でないという条件ははずせない．空間の次元が高くなって，方程式も多くなったとき，何が起こるのかをこれから考えるのである．

課題 1.2　次の方程式で与えられる2平面を考える．

$$H_1 : x + y - z = 1, \quad H_2 : x + 2y + 2z = 2$$

(1) それぞれの平面のパラメータ表示を求めよ．

(2) 2平面の交線のパラメータ表示を求めよ．

1.3　連立線型方程式

空間内のベクトル，および直線や平面，そして超平面などに関係する幾何的な問題が連立線型方程式を解く問題に言い換えられることを見てきた．この節から連立線型方程式の扱いについて詳しい議論を始める．

掃き出し法

文字の個数や方程式の本数が増えた場合にも見通しよく計算を進めるためには**掃き出し法**（row reduction）と呼ばれる方法がある．

例 1.3.1 連立方程式

$$\begin{cases} x_1 + 2x_2 - \ x_3 = \ \ 4 & \cdots r_1 \\ x_1 + \ x_2 + \ x_3 = \ \ 1 & \cdots r_2 \\ -2x_1 - 3x_2 - 2x_3 = -3 & \cdots r_3 \end{cases} \tag{1.12}$$

を考える．i 行目の方程式を r_i と表すことにする（行は英語で row という）．まず

$$\begin{cases} x_1 + 2x_2 - \ x_3 \quad = \ \ 4 & \cdots r_1 \\ \quad - \ x_2 + 2x_3 \quad = -3 & \cdots r_2 - r_1 \\ \quad\quad x_2 - 4x_3 \quad = \ \ 5 & \cdots r_3 + 2r_1 \end{cases} \tag{1.13}$$

などと変形する．r_1 の何倍かを他の式に加えて x_1 の係数が 0 になるようにする．第 2 式以降の x_1 を消去すると表現する．大切なのは第 1 式は変化させずに，他の 2 式を変化させていることである．そうすれば第 2 式以降には x_1 が現れない（消去された）ので問題はやさしくなる．

次に，(1.13) の i 行目の方程式をあらためて r_i と表したとして

$$\begin{cases} x_1 + 2x_2 - \ x_3 = \ \ 4 & \cdots r_1 \\ \quad - \ x_2 + 2x_3 = -3 & \cdots r_2 \\ \quad\quad\quad - 2x_3 = \ \ 2 & \cdots r_3 + r_2 \end{cases}$$

と変形する．ここまでくれば解が（ベクトルとして）ただ 1 つ定まることは明らかであろう．式を下の方から見てゆくと x_3, x_2, x_1 の順番に値が決めてゆける（**後退代入**という）．実際に $x_1 = 1, x_2 = 1, x_3 = -1$ である． ■

最後の形は

$$\begin{cases} \bullet x_1 + * \, x_2 + * \, x_3 = * \\ \quad\quad \bullet x_2 + * \, x_3 = * \\ \quad\quad\quad\quad \bullet x_3 = * \end{cases}$$

と表せる．$*$ のところはどんな数であってもかまわないという意味である（同じ数でなくてもよい）．$\bullet$ のところは 0 でない数を意味する．この形の方程式は**上三角型**（upper triangular form）と呼ばれて 1 つの理想形である．いつでもこの形に変形できるわけではないのだけれど，この形を目指すのが掃き出し法の基本方針である．

方程式の変数を書くのを省いて，上で行った方程式の変形を

$$\left(\begin{array}{ccc|c} 1 & 2 & -1 & 4 \\ 1 & 1 & 1 & 1 \\ -2 & -3 & -2 & -3 \end{array}\right) \to \left(\begin{array}{ccc|c} 1 & 2 & -1 & 4 \\ 0 & -1 & 2 & -3 \\ 0 & 1 & -4 & 5 \end{array}\right) \to \left(\begin{array}{ccc|c} 1 & 2 & -1 & 4 \\ 0 & -1 & 2 & -3 \\ 0 & 0 & -2 & 2 \end{array}\right)$$

と表すのが便利である．一番右の列の数は方程式の右辺の値を表しており，他と意味が違うため縦線を入れて区別している．ここまでに

(i) ある式の定数倍を他の式に加える

というタイプの変形を用いた．このあと解を求める計算は

(ii) ある式に0でない定数をかける

も使って

$$\to \left(\begin{array}{ccc|c} 1 & 2 & -1 & 4 \\ 0 & -1 & 2 & -3 \\ 0 & 0 & 1 & -1 \end{array}\right) -\tfrac{1}{2}r_3 \qquad \to \left(\begin{array}{ccc|c} 1 & 2 & 0 & 3 \\ 0 & -1 & 0 & -1 \\ 0 & 0 & 1 & -1 \end{array}\right) \begin{array}{l} r_1 + r_3 \\ r_2 + 2r_3 \\ \end{array}$$

$$\to \left(\begin{array}{ccc|c} 1 & 2 & 0 & 3 \\ 0 & 1 & 0 & 1 \\ 0 & 0 & 1 & -1 \end{array}\right) -r_2 \qquad \to \left(\begin{array}{ccc|c} 1 & 0 & 0 & 1 \\ 0 & 1 & 0 & 1 \\ 0 & 0 & 1 & -1 \end{array}\right) \begin{array}{l} r_1 - 2r_2 \\ \\ \end{array}$$

と書くことができる．この他に基本的な変形として

(iii) 2つの式を交換する

がある．上の例ではタイプ (iii) の変形は必要なかったが，式の順番を変えてもかまわないのは明らかである．

原則的には変形は1つずつ行うべきである．ただし，(i) のタイプの変形に関しては，式を1つ決めてそれを変化させずに，その式の何倍かを他の複数の式に加えてもかまわない．

頭の中だけで第1式を第2式に加えるのと同時に第2式を第1式に加えるというのは不可．第1式を第2式に加えると第2式は変化しているのだから．

連立線型方程式 (1.12) の幾何的な意味として 3 平面の共有点を求めている という見方もできる.

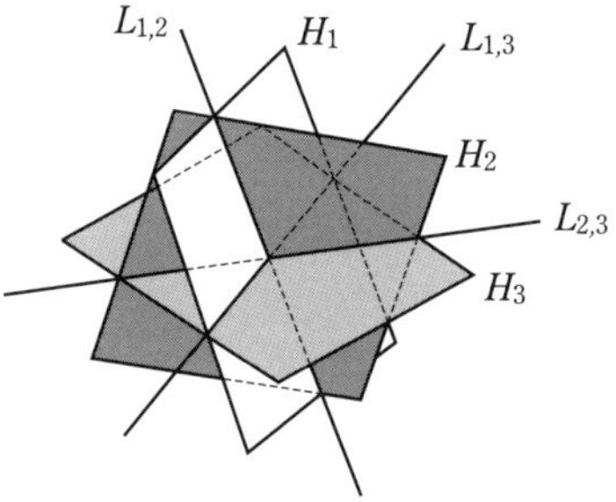

変形の結果，もしも

$$\left(\begin{array}{ccc|c} 1 & * & * & * \\ 0 & 1 & * & * \\ 0 & 0 & 0 & 1 \end{array}\right)$$

のような形になったら，第 3 行は $0 \cdot x_1 + 0 \cdot x_2 + 0 \cdot x_3 = 1$ という方程式なので，解は存在しない．したがって考えている連立方程式に解は存在しない．右辺は 1 でなくても 0 でない数ならば同様である．

例 1.3.2 $\mathbb{R}^3$ 内の 3 平面の共有点の集合は空集合のこともあるし，直線になる場合もある．例えば 3 平面の配置の様子が以下のような場合などがあり得る．

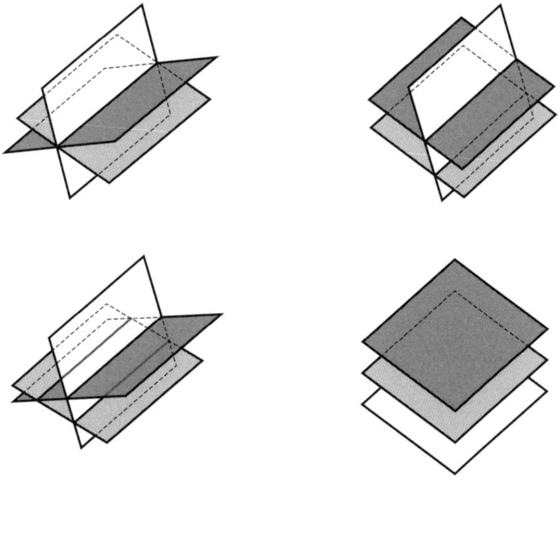

■

問 1.4　次の連立線型方程式を解け.

$$(1)\ \begin{cases} x_1 + x_2 + x_3 = 3 \\ x_1 + 2x_2 + 2x_3 = 2 \\ 2x_1 + x_2 + 2x_3 = 1 \end{cases},\quad (2)\ \begin{cases} 3x_1 + x_2 + x_3 = 2 \\ x_1 + x_2 + 2x_3 = 2 \\ 2x_1 + x_2 + 2x_3 = 1 \end{cases}.$$

課題 1.3　次の連立線型方程式を解け.

$$\begin{cases} x_1 + x_2 + x_3 = 0 \\ -2x_1 - x_2 + 2x_3 = 5 \\ x_1 + x_2 + 2x_3 = 2 \end{cases}.$$

1.4　行列——行階段行列と階数

連立線型方程式と関連付けて，線型代数の主役である行列を導入する．掃き出し法を本格的に定式化するとともに，行列の階数という重要な量を定める.

行列の導入

未知数 $x_1, \ldots, x_n$ に関する連立方程式として

$$\begin{cases} a_{11}x_1 + a_{12}x_2 & \cdots & + a_{1n}x_n = b_1 \\ a_{21}x_1 + a_{22}x_2 & \cdots & + a_{2n}x_n = b_2 \\ \quad\vdots \qquad \vdots & & \quad\vdots \qquad \vdots \\ a_{m1}x_1 + a_{m2}x_2 & \cdots & + a_{mn}x_n = b_m \end{cases}$$

を考える．a_{ij} などは与えられた定数であり**係数**（coefficients）と呼ばれる．i 番目の式の x_j の係数を a_{ij} と書いている．係数からなる長方形に並んだ数の集まりを 1 つのものと考えて

$$A = \begin{pmatrix} a_{11} & a_{12} & \cdots & a_{1n} \\ a_{21} & a_{22} & \cdots & a_{2n} \\ \vdots & \vdots & & \vdots \\ a_{m1} & a_{m2} & \cdots & a_{mn} \end{pmatrix}$$

などと書き，**行列**（matrix）と呼ぶ．横の数字の並びを**行**（row）と呼び，縦の数字の並びを**列**（column）と呼ぶ.

行列

A は m 個の行と n 個の列をもつ行列である．第 i 行，第 j 列にある数字を a_{ij} と表す．これを (i,j) **成分**と呼ぶ．行が m 個，列が n 個の行列は，$\boldsymbol{m}$ **行** $\boldsymbol{n}$ **列の行列**，あるいは簡単に $m \times n$ **型の行列**であるという．$n \times n$ 型の場合は行列は正方形なので n **次正方行列**であるという．

行列そのものがいったい何ものなのか，あるいは何を表しているのか，ということは第 2 章で詳しく論じる．ここでは，連立線型方程式の計算を見やすくするために導入したものだという立場で，必要最小限のことだけ説明する．

A の成分から第 j 列だけを取り出して $\mathbb{R}^m$ のベクトルとしたものが

$$\boldsymbol{a}_j = \begin{pmatrix} a_{1j} \\ a_{2j} \\ \vdots \\ a_{mj} \end{pmatrix} \qquad (1 \leq i \leq n)$$

である．これを A の j 番目の**列ベクトル**（column-vector）という．A は これらを横に並べたものという意味で $A = (\boldsymbol{a}_1, \ldots, \boldsymbol{a}_n)$ と書くことができる．上の連立方程式は，ベクトル形では

$$x_1\boldsymbol{a}_1 + \cdots + x_n\boldsymbol{a}_n = \boldsymbol{b} \tag{1.14}$$

である．n 個の未知数 $x_1, \ldots, x_n$ からベクトル

$$\boldsymbol{x} = \begin{pmatrix} x_1 \\ x_2 \\ \vdots \\ x_n \end{pmatrix}$$

を作る．ベクトル形の方程式 (1.14) の左辺のベクトルを行列 A とベクトル $\boldsymbol{x}$ の**積**と考えて $A\boldsymbol{x}$ と表記する．A の列の個数とベクトル $\boldsymbol{x}$ の成分がともに n 個であるのでこの積が定められることに注意しよう．

定義 1.4.1（行列とベクトルの積）　$m \times n$ 型行列 $A = (\boldsymbol{a}_1, \ldots, \boldsymbol{a}_n)$ と $\boldsymbol{v} \in \mathbb{R}^n$ との積を

$$A\boldsymbol{v} = v_1\boldsymbol{a}_1 + \cdots + v_n\boldsymbol{a}_n \in \mathbb{R}^m \tag{1.15}$$

により定める．v_i は $\boldsymbol{v}$ の第 i 成分である．

例 1.4.2　$A = \begin{pmatrix} 1 & 0 & -1 \\ 2 & 1 & 3 \end{pmatrix}$，$\boldsymbol{v} = \begin{pmatrix} 1 \\ -1 \\ -2 \end{pmatrix}$ のとき，A の列の個数と $\boldsymbol{v}$ の成分の個数がどちらも 3 なので積 $A\boldsymbol{v}$ が定まり

$$A\boldsymbol{v} = 1 \cdot \begin{pmatrix} 1 \\ 2 \end{pmatrix} - 1 \cdot \begin{pmatrix} 0 \\ 1 \end{pmatrix} - 2 \cdot \begin{pmatrix} -1 \\ 3 \end{pmatrix} = \begin{pmatrix} 3 \\ -5 \end{pmatrix} \tag{1.16}$$

である．■

基本的なものの見方として，$A\boldsymbol{v}$ を考えるとき，ほとんどの場合は，A が 1 つ与えられていて，$\boldsymbol{v}$ がいろいろ動くという意識が強い．それは，行列 A のことを，ベクトルを与えて別なベクトルを作る

入力ベクトル：$\boldsymbol{v} \to$ 出力ベクトル：$A\boldsymbol{v}$

という装置だとみなすことである．すなわち，**写像**（map）の概念である．このような視点は次章でとり扱う．

行列とベクトルの積の簡単な性質をここで確認しておく．A を行列，c をスカラーとするとき，A のすべての成分を c 倍して得られる行列を cA とする．

命題 1.4.3　A, B を $m \times n$ 型行列，$\boldsymbol{u}, \boldsymbol{v} \in \mathbb{R}^n$，$c \in \mathbb{R}$ とするとき次が成り立つ．

（1）$A(\boldsymbol{u} + \boldsymbol{v}) = A\boldsymbol{u} + A\boldsymbol{v}$,

（2）$A(c\boldsymbol{v}) = c(A\boldsymbol{v})$.

証明　（1）$A(\boldsymbol{u} + \boldsymbol{v}) = \sum_{j=1}^n (u_j + v_j)\boldsymbol{a}_j = \sum_{j=1}^n u_j\boldsymbol{a}_j + \sum_{j=1}^n v_j\boldsymbol{a}_j = A\boldsymbol{u} + A\boldsymbol{v}$.（2）$A(c\boldsymbol{v}) = \sum_{j=1}^n (cv_j)\boldsymbol{a}_j = c\sum_{j=1}^n v_j\boldsymbol{a}_j = c(A\boldsymbol{v})$.　□

こうして，もとの連立線型方程式は行列形の方程式

$$A\boldsymbol{x} = \boldsymbol{b}$$

に書き換えられる.

方程式を解くということは次のような問題に答えることである.

A. 解は存在するのか？

B. 解が存在する場合，それはただ１つの解か？

C. 解が複数存在する場合はどのくらい多く存在するのか？

D. 解全体の集合をいかにしてわかりやすく表示できるか？

以下では，このような問題に完全に答えることを目標にする.

行基本変形と行階段行列

連立線型方程式を行列によってとり扱うとき，１つ１つの方程式は行列の行によって表されている．よって行列の行に関する次のような操作（変形）を考えることは自然である.

定義 1.4.4（行基本変形） 行列への次の３種類の操作を**行基本変形**という.

(i) ある行の定数倍を他の行に加える.

(ii) ある行に０でない数をかける.

(iii) ２つの行を交換する.

原則として上三角型を目指してこのような変形を繰り返すのだが，いつでも上三角型にできるわけでなく，**行階段行列**（row-echelon form matrix）と呼ばれる形を作ってゆくのが**掃き出し法**と呼ばれる手法である.

行階段型行列の定義はなかなか飲み込みにくいので，具体例を見ながら計算手順を先に説明する．左から右に，上から下に形を決めてゆく.

第1列に0でない成分があれば，それが第1行にくるように行を交換する．

$$\begin{pmatrix} 0 & 2 & 4 & 1 \\ -2 & -2 & 5 & -3 \\ 1 & 2 & -1 & 1 \\ 1 & 6 & 4 & -3 \end{pmatrix} \to \begin{pmatrix} 1 & 2 & -1 & 1 \\ -2 & -2 & 5 & -3 \\ 0 & 2 & 4 & 1 \\ 1 & 6 & 4 & -3 \end{pmatrix} \quad \text{第1行と第3行を交換}$$

次にタイプ（i）の変形を用いて第1列の第2行以下の成分をすべて0にする．第1行の2倍を第2行に加え，第1行の -1 倍を第4行に加える．

$$\to \begin{pmatrix} 1 & 2 & -1 & 1 \\ 0 & 2 & 3 & -1 \\ 0 & 2 & 4 & 1 \\ 0 & 4 & 5 & -4 \end{pmatrix} \begin{matrix} r_1\text{：この行は固定} \\ r_2 + 2r_1 \\ r_3 \\ r_4 - r_1 \end{matrix} \quad \text{(1,1) 成分を要にして掃き出し}$$

この操作を $(1,1)$ 成分を要（かなめ）（pivot）にして**（下に）掃き出す**と表現する．

ここまでが1つのステップである．以降のステップでは，第1行と第1列は変化させない．なお，もしも初めから第1列の成分がすべて0の場合は一番左の0でない列から始める．

第2行第2列以降に同様のことを行う（第1行第1列は見なくてよい）：

$$\begin{pmatrix} - & - & - & - \\ - & 2 & 3 & -1 \\ - & 2 & 4 & 1 \\ - & 4 & 5 & -4 \end{pmatrix} \to \begin{pmatrix} - & - & - & - \\ - & 2 & 3 & -1 \\ - & 0 & 1 & 2 \\ - & 0 & -1 & -2 \end{pmatrix} \begin{matrix} \\ r_2\text{：この行は固定} \\ r_3 - 2r_2 \\ r_4 - 4r_2 \end{matrix}$$

$(2,2)$ 成分を要にして下に掃き出したのである．さらに $(3,3)$ 成分を要にして下に掃き出し，隠した部分も復活させると

$$\to \begin{pmatrix} 1 & 2 & -1 & 1 \\ 0 & 2 & 3 & -1 \\ 0 & 0 & 1 & 2 \\ 0 & 0 & 0 & 0 \end{pmatrix} \tag{1.17}$$

となる．以上で，行階段型行列という形になった．

この例のように，掃き出し終えた列のすぐ右隣の列に次の要を順調に（?）選んでゆけたとして，あるステップで下の成分がすべて 0 になって

$$\begin{pmatrix} \bullet & * & * & * & * & * & * & * \\ 0 & \bullet & * & * & * & * & * & * \\ 0 & 0 & \bullet & * & * & * & * & * \\ 0 & 0 & 0 & \bullet & * & * & * & * \\ 0 & 0 & 0 & 0 & 0 & 0 & 0 & 0 \end{pmatrix} \tag{1.18}$$

のような形になるのが典型例である．掃き出しの要に選んだ 0 でない成分を $\bullet$ で，任意の値をもつ成分を $*$ で表した．一般には，成分が 0 ばかりの行が下にくる．そのような行を**零行**という．零行が現れない場合もあるし，複数現れる場合もある．

零行でない行に対して，一番左の 0 でない成分をその行の**主成分**（pivot entry）と呼ぶ．上で $\bullet$ で示したのが主成分である．この形では，行の主成分は左上から斜め右下 45° 方向にまっすぐに並んでいるが，一般には，掃き出しが終わった列のすぐ右隣の列に要を選ぶことができない場合がある．

例 1.4.5 次の例では第 2 列に要を選ぶことができない．

$$\begin{pmatrix} 1 & 1 & 2 \\ 2 & 2 & 5 \end{pmatrix} \to \begin{pmatrix} 1 & 1 & 2 \\ 0 & 0 & 1 \end{pmatrix}.$$

次の要は第 3 列に選ぶことになる． ■

上の手続きで次のような形に必ずできる．

$$\begin{pmatrix} 0 & \bullet & * & * & * & * & * & * \\ 0 & 0 & 0 & \bullet & * & * & * & * \\ 0 & 0 & 0 & 0 & \bullet & * & * & * \\ 0 & 0 & 0 & 0 & 0 & 0 & 0 & \bullet \\ 0 & 0 & 0 & 0 & 0 & 0 & 0 & 0 \end{pmatrix} \tag{1.19}$$

ここまで，下向きの掃き出しのみを用いたが，必要に応じて，この後に上向きの掃き出しも行う．

以下の条件をみたす行列を**行階段行列**（row-echelon form matrix）という：

- 零行でない行の主成分が下の行ほど（1つ以上）右にある．
- 零行がある場合はまとめてすべて下にある．

どんな行列も行基本変形の繰り返しで行階段行列にできる．

ここまでで変形の操作は一段落である．なお，この段階では変形の結果は一意的ではないことに注意しておく．

問 1.5 $\begin{pmatrix} 1 & 2 & 0 & 3 \\ -1 & 0 & -2 & 0 \\ 2 & 1 & 3 & 1 \end{pmatrix}$ を行階段行列に変形せよ．

行列の階数

行階段行列に変形することで重要な量が読みとれる．

定義 1.4.6（行列の階数）　行列 A を行階段行列に変形したとき，零行でない行の個数を A の**階数**[*2]（rank）と呼び $\mathrm{rank}(A)$ と書く．

変形の結果として得られる行階段行列は1通りとは限らないし，変形の途中の掃き出しの手順も1通りとは限らないが，階数は A のみによって定まる値であることが証明できる（定理 1.6.13）．A が $m \times n$ 型ならば，行は m 個なので $\mathrm{rank}(A)$ は0以上 m 以下の整数である．行階段行列において，零行でない行の個数は主成分の個数と一致するので，階数は行階段行列に変形したときの主成分の個数でもある．行階段行列の主成分は各列に高々1つなので主成分の個数は列の個数 n を超えない．したがって，簡単だが重要な評価[*3]

$$0 \leq \mathrm{rank}(A) \leq \min(m, n) \tag{1.20}$$

が成り立つ（$\min(m, n)$ は m, n の最小値を表す）．

---

*2　A を連立線型方程式 $A\boldsymbol{x} = \boldsymbol{0}$ の係数行列として解釈をすると，独立な方程式が何個（何本）あるかという数が行列の階数である．より精密な議論は 2.6 節で行う．

*3　数学で「評価」という言葉は不等式とほぼ同義である．

問 1.6 次の行列の階数を求めよ．

$$(1) \begin{pmatrix} 1 & 2 & 3 \\ 2 & 4 & 6 \\ 3 & 6 & 9 \end{pmatrix}, \quad (2) \begin{pmatrix} 1 & 1 & 1 & 1 \\ 2 & 2 & 1 & 1 \\ 3 & 3 & 2 & 2 \end{pmatrix}, \quad (3) \begin{pmatrix} -1 & 0 & 1 & 0 & -2 \\ 6 & 2 & -2 & 1 & 8 \\ 8 & 3 & -2 & 2 & 11 \\ -11 & -4 & 3 & -2 & -14 \end{pmatrix}.$$

例 1.4.7 2×4 型の行列で階数が 2 の行階段行列の形は

$$\begin{pmatrix} \bullet & * & * & * \\ 0 & \bullet & * & * \end{pmatrix}, \quad \begin{pmatrix} \bullet & * & * & * \\ 0 & 0 & \bullet & * \end{pmatrix}, \quad \begin{pmatrix} \bullet & * & * & * \\ 0 & 0 & 0 & \bullet \end{pmatrix},$$

$$\begin{pmatrix} 0 & \bullet & * & * \\ 0 & 0 & \bullet & * \end{pmatrix}, \quad \begin{pmatrix} 0 & \bullet & * & * \\ 0 & 0 & 0 & \bullet \end{pmatrix}, \quad \begin{pmatrix} 0 & 0 & \bullet & * \\ 0 & 0 & 0 & \bullet \end{pmatrix}$$

の 6 通りのいずれかになる．$r \times n$ 型の行列で階数が r のものは主成分が何列めにあるかの選び方の分，したがって組合せの数 ${}_nC_r$ だけパターンがある．■

簡約化された行階段行列

必要に応じて，行階段行列をさらに変形して次のような形にする：

$$\begin{pmatrix} 0 & 1 & * & 0 & 0 & * & * & 0 \\ 0 & 0 & 0 & 1 & 0 & * & * & 0 \\ 0 & 0 & 0 & 0 & 1 & * & * & 0 \\ 0 & 0 & 0 & 0 & 0 & 0 & 0 & 1 \\ 0 & 0 & 0 & 0 & 0 & 0 & 0 & 0 \end{pmatrix} \tag{1.21}$$

行の主成分はすべて 1 で，主成分のある列の主成分以外の成分はすべて 0 である（1 の下だけでなく上も）．この形を**簡約化された行階段行列**（reduced row-echelon form matrix）と呼ぶ．行階段行列からさらに簡約化された行階段行列に変形する[*4]際には，右の列から順番に，主成分を要にして，まずそれを 1 にしてから上に向かって掃き出すことを繰り返せば効率的である．今度は右の方から形を決めてゆくのである．

*4 行階段形からさらに「簡約形」にする過程は，方程式の解法においては，主成分に対応する変数 x_i に関して解いて $x_i =$（定数）または $x_i =$（定数）+（パラメータを含む項）の形にする手続きにあたる．

例 1.4.8　行階段行列を簡約化する流れは次のようなものである.

$$\begin{pmatrix} 1 & -3 & 5 & -2 \\ 0 & -2 & 2 & -1 \\ 0 & 0 & 0 & 3 \end{pmatrix} \to \begin{pmatrix} 1 & -3 & 5 & -2 \\ 0 & -2 & 2 & -1 \\ 0 & 0 & 0 & 1 \end{pmatrix} \frac{1}{3}r_3$$

$$\to \begin{pmatrix} 1 & -3 & 5 & 0 \\ 0 & -2 & 2 & 0 \\ 0 & 0 & 0 & 1 \end{pmatrix} \begin{matrix} r_1 + 2r_3 \\ r_2 + r_3 \\ \\ \end{matrix} \to \begin{pmatrix} 1 & -3 & 5 & 0 \\ 0 & 1 & -1 & 0 \\ 0 & 0 & 0 & 1 \end{pmatrix} -\frac{1}{2}r_2$$

$$\to \begin{pmatrix} 1 & 0 & 2 & 0 \\ 0 & 1 & -1 & 0 \\ 0 & 0 & 0 & 1 \end{pmatrix} \begin{matrix} r_1 + 3r_2 \\ \\ \\ \end{matrix}$$

まず一番右にある主成分を1にして，その上にある成分をすべて0にする．その次に左にある主成分を1にして，その上にある成分をすべて0にする．■

問 1.7　(1.17) および問 1.5 の行列を簡約化された行階段行列に変形せよ．

与えられた行列 A に対して，行基本変形の繰り返しで得られる行階段行列は一意的ではないが，簡約化された行階段行列は一意的である（3.6 節で論じる）．これを $A_\circ$ と書くことにする．変形の過程を

$$\text{行列 } A \longrightarrow \text{行階段行列} \longrightarrow \text{簡約化された行階段行列 } A_\circ$$

と2段階にわけるのは計算の効率以上の意味がある．行階段行列にするところまでで解決する問題（解の存在と一意性など）もあるからである．

課題 1.4　次の行列を行基本変形により簡約化された行階段行列に変形せよ．

$$(1) \begin{pmatrix} 1 & -1 & -3 & 2 \\ -1 & -3 & -5 & -6 \\ 1 & 2 & 3 & 5 \end{pmatrix}, \quad (2) \begin{pmatrix} -2 & -1 & 1 & 1 & -1 \\ -1 & 1 & 2 & 1 & 2 \\ -1 & -2 & -1 & -1 & -5 \end{pmatrix}.$$

行基本変形は足し算とかけ算の繰り返しなので小学生でもできるはずの計算である．「何のためにこんな単調で面倒なことをするのか」という疑念が湧くかもしれない．連立線型方程式を完全に理解する方法だからやる価値があるといえるのだが，掃き出し法にはそれだけに留まらない線型代数学のエッセンスが含まれている．

1.5　解の存在条件と一般解のパラメータ表示

掃き出し法を用いて連立線型方程式の解の存在と一意性について論じる．

拡大係数行列と解の存在条件

A を m 行 n 列の行列，$\boldsymbol{b} \in \mathbb{R}^m$ とし，線型方程式

$$A\boldsymbol{x} = \boldsymbol{b} \tag{1.22}$$

を考える．n 個の文字に関する m 本の連立方程式である．$\boldsymbol{x}$ は未知数 $x_1, \ldots, x_n$ を成分とするベクトルである．A は方程式の**係数行列**と呼ばれる．右端に列ベクトル $\boldsymbol{b}$ を追加して得られる m 行 $(n+1)$ 列の行列 $\tilde{A} = (A \,|\, \boldsymbol{b})$ を考えて，これを**拡大係数行列**という．

$\boldsymbol{b} = \boldsymbol{0}$ の場合，つまり

$$A\boldsymbol{x} = \boldsymbol{0} \tag{1.23}$$

の形の線型連立方程式は**斉次形**（homogeneous）であるという．斉次形の場合は $\boldsymbol{x} = \boldsymbol{0}$ が明らかに解になっている．これを**自明解**（trivial solution）という．したがって自明解以外に解が存在するかどうかが基本的な問題である．

一般の $\boldsymbol{b}$ の場合の解の存在（問題 A）について，まず見ておこう．$\tilde{A}$ は A の右端に 1 列追加して得られるので，掃き出しの過程を考えると $\mathrm{rank}(\tilde{A})$ は $\mathrm{rank}(A)$ と等しいか 1 だけ増えるかどちらかであることがわかる．

定理 1.5.1　A を $m \times n$ 型行列，$\boldsymbol{b} \in \mathbb{R}^m$ とする．$\tilde{A} = (A|\boldsymbol{b})$ とおくとき

$$\mathrm{rank}(\tilde{A}) = \mathrm{rank}(A) \iff A\boldsymbol{x} = \boldsymbol{b} \text{ に解が存在する．}$$

証明　$(\Longleftarrow)$ 対偶を示すため $\mathrm{rank}(\tilde{A}) \neq \mathrm{rank}(A)$ と仮定する．このことは $\tilde{A}$ を行変形して行階段型にしたとき，右端の列に主成分が現れることを意味する．その成分を 1 にすることができる．そのとき，その行は

$$0 \cdot x_1 + \cdots + 0 \cdot x_n = 1$$

という方程式を表している．この方程式には明らかに解が存在しない．よって，この方程式を含む連立方程式と同値である $A\boldsymbol{x} = \boldsymbol{b}$ には解が存在しない．

($\Longrightarrow$) $\mathrm{rank}(\tilde{A}) = \mathrm{rank}(A)$ と仮定する．$\tilde{A}$ の簡約行階段行列を $\tilde{A}_\circ = (A_\circ | \boldsymbol{c})$ とする．$r = \mathrm{rank}(A)$ とするとき，行列 $A_\circ$ には 0 でない行が r 個ある．これらの行のうち k 番目の行の主成分のある列番号を i_k とする．階段行列の定義から $1 \leq i_1 < \cdots < i_r \leq n$ となっている．方程式 $A_\circ \boldsymbol{x} = \boldsymbol{c}$ において k 番目の方程式において変数 x_{i_k} の係数は 1 である．$x_{i_1}, \ldots, x_{i_r}$ 以外の変数の値をすべて 0 とし，$x_{i_k} = c_k$ $(1 \leq k \leq r)$ とすれば解が得られる．□

定理からすぐにわかること（系という）として次の事実がある．

系 1.5.2　もしも $\mathrm{rank}(A) = m$（m は A の行の個数）ならば，任意の $\boldsymbol{b} \in \mathbb{R}^m$ に対して $A\boldsymbol{x} = \boldsymbol{b}$ の解が存在する．

証明　条件 $\mathrm{rank}(A) = m$ は，A を行階段形に変形するとすべての行に主成分が現れるということを意味する．このときは，1 列追加した $\tilde{A}$ を行階段形にするとき，右端の列に主成分が現れる余地がない．□

系の逆も成立する．

定理 1.5.3　A を $m \times n$ 型行列とする．任意の $\boldsymbol{b} \in \mathbb{R}^m$ に対して $A\boldsymbol{x} = \boldsymbol{b}$ の解が存在するならば $\mathrm{rank}(A) = m$ が成り立つ．

証明　対偶を示す．$r = \mathrm{rank}(A)$ とし $r < m$ と仮定する．A を行階段行列 B に行変形する．$(B | \boldsymbol{e}_{r+1})$ を拡大係数行列とする線型方程式は解を持たない．$(B | \boldsymbol{e}_{r+1})$ に対して，逆の行変形をして得られる行列を $(A | \boldsymbol{b})$ とすることで $\boldsymbol{b} \in \mathbb{R}^m$ を定める．$(A | \boldsymbol{b})$ で定まる線型方程式は $(B | \boldsymbol{e}_{r+1})$ で定まるものと同値なので解を持たない．□

右端の列に主成分がない場合は一般には無数個の解が存在する．解の集合が直線をなしていたり，もっと高い次元の図形になっていることがある．解が 1 つに定まらないという状況はけっして異常なことではない．そういう場合は，解の全体像を知ることが方程式を「解く」ということだと考えよう．

一般解のパラメータ表示

係数行列 A の n 個の列が n 個の変数に対応していることを思い出そう.

定義 1.5.4 行列 A を行変形により行階段形にしたとき，主成分がある列に対応する変数を**主変数**（pivot variables）と呼び，それ以外の変数を**自由変数**（free variables）と呼ぶ.

一般解をパラメータ表示する方法（問題 D の答）を次の例で説明する.

例 1.5.5 次の拡大係数行列で定まる線型方程式 $A\boldsymbol{x} = \boldsymbol{b}$ を考える：

$$\widetilde{A} = \left(\begin{array}{ccccc|c} 1 & 2 & 2 & 0 & 3 & -1 \\ 2 & 4 & 0 & 1 & -1 & -4 \\ -1 & -2 & 1 & 1 & 4 & 6 \\ 1 & 2 & 1 & 3 & 4 & 4 \end{array}\right)$$

拡大係数行列に行基本変形を繰り返した結果，次を得る：

$$\widetilde{A}_\circ = \left(\begin{array}{ccccc|c} 1 & 2 & 0 & 0 & -1 & -3 \\ 0 & 0 & 1 & 0 & 2 & 1 \\ 0 & 0 & 0 & 1 & 1 & 2 \\ 0 & 0 & 0 & 0 & 0 & 0 \end{array}\right). \tag{1.24}$$

$\mathrm{rank}(\tilde{A}) = \mathrm{rank}(A)$ であるから解がある（定理 1.5.1 参照）. x_1, x_3, x_4 が主変数で，x_2, x_5 が自由変数である．変数を使って方程式の形に戻すと

$$\begin{cases} x_1 + 2x_2 \qquad\quad - \ x_5 = -3 \\ \qquad\qquad x_3 \quad + 2x_5 = \ \ 1 \\ \qquad\qquad\quad x_4 + \ x_5 = \ \ 2 \end{cases}.$$

なお，4 行目は $0 = 0$ なので省略した．ここで，自由変数を 0 とおくと

$$\begin{cases} x_1 = -3 \\ x_3 = \ \ 1 \\ x_4 = \ \ 2 \end{cases}$$

なので $x_1 = -3, \quad x_2 = 0, \quad x_3 = 1, \quad x_4 = 2, \quad x_5 = 0$ という解が得られる.

自由変数を含む項を右辺に移項すれば

$$
\begin{cases}
x_1 \qquad = -3 - 2x_2 + x_5 \\
\quad x_3 \ = \ 1 \qquad\quad - 2x_5 \\
\qquad x_4 = \ 2 \qquad\quad - x_5
\end{cases}
\tag{1.25}
$$

となる．自由変数の値を自由に選んで，主変数の値をこの等式によって定めれば方程式の解になる．そこで

$$x_2 = t_1, \quad x_5 = t_2$$

とおくとき，上の方程式 (1.25) は

$$
\begin{cases}
x_1 \qquad = -3 - 2t_1 + t_2 \\
\quad x_3 \ = \ 1 \qquad\quad - 2t_2 \\
\qquad x_4 = \ 2 \qquad\quad - t_2
\end{cases}
$$

と書ける．ベクトル形に直せば

$$
\boldsymbol{x} = \begin{pmatrix} -3 \\ 0 \\ 1 \\ 2 \\ 0 \end{pmatrix} + t_1 \begin{pmatrix} -2 \\ 1 \\ 0 \\ 0 \\ 0 \end{pmatrix} + t_2 \begin{pmatrix} 1 \\ 0 \\ -2 \\ -1 \\ 1 \end{pmatrix}
\tag{1.26}
$$

となる．この形が一般的な解のパラメータ表示（問題 D の答え）である．■

解が存在する場合には，以上に説明した方法で

$$\boldsymbol{x} = \boldsymbol{x}_0 + t_1\boldsymbol{u}_1 + \cdots + t_{n-r}\boldsymbol{u}_{n-r} \tag{1.27}$$

という形の一般解の表示（問題 D の答え）が得られる．r は行列 A の階数である．自由変数すなわちパラメータの個数を**解の自由度**（degree of freedom）と呼ぶ．つまり

$$(\text{解の自由度}) = (\text{変数の個数}) - \operatorname{rank}(A) = n - r$$

である．解全体の集合が何次元の空間なのかを表している（問題 C の答え）．

例 1.5.6　一般解のパラメータ表示 (1.26) を $\boldsymbol{x} = \boldsymbol{x}_0 + t_1\boldsymbol{u}_1 + t_2\boldsymbol{u}_2$ と書こう．これが実際に解であるということを確認するには

$$A\boldsymbol{x}_0 = \boldsymbol{b}, \quad A\boldsymbol{u}_1 = \boldsymbol{0}, \quad A\boldsymbol{u}_2 = \boldsymbol{0}$$

をチェックすれば十分である．実際，命題 1.4.3 より

$$\begin{aligned} A\boldsymbol{x} &= A(\boldsymbol{x}_0 + t_1\boldsymbol{u}_1 + t_2\boldsymbol{u}_2) \\ &= A\boldsymbol{x}_0 + t_1 A\boldsymbol{u}_1 + t_2 A\boldsymbol{u}_2 \\ &= \boldsymbol{b} + t_1\boldsymbol{0} + t_2\boldsymbol{0} \\ &= \boldsymbol{b} \end{aligned}$$

となるからである．例えば $A\boldsymbol{x}_0 = \boldsymbol{b}$ は

$$\left\{\begin{array}{rrrrrl} 1\cdot(-3) & +2\cdot 0 & +2\cdot 1 & +0\cdot 2 & +3\cdot 0 = & -1 \\ 2\cdot(-3) & +4\cdot 0 & +0\cdot 1 & +1\cdot 2 & -1\cdot 0 = & -4 \\ -1\cdot(-3) & -2\cdot 0 & +1\cdot 1 & +1\cdot 2 & +4\cdot 0 = & 6 \\ 1\cdot(-3) & +2\cdot 0 & +1\cdot 1 & +3\cdot 2 & +4\cdot 0 = & 4 \end{array}\right.$$

と確認できる．これと同じ計算を行列とベクトルの積として

$$\begin{pmatrix} 1 & 2 & 2 & 0 & 3 \\ 2 & 4 & 0 & 1 & -1 \\ -1 & -2 & 1 & 1 & 4 \\ 1 & 2 & 1 & 3 & 4 \end{pmatrix} \begin{pmatrix} -3 \\ 0 \\ 1 \\ 2 \\ 0 \end{pmatrix} = \begin{pmatrix} -1 \\ -4 \\ 6 \\ 4 \end{pmatrix}$$

と表すのである．同様に $A\boldsymbol{u}_1 = A\boldsymbol{u}_2 = \boldsymbol{0}$ も確かめてほしい．　■

「検算をした方がいいですよ」「え？　やり方がわかりません」となりがちだが，方程式を解いているんだから，解を代入して確かめるのは自然なことのはず．

例 1.5.7（斉次形方程式の基本解）　$A \to A_\circ = \begin{pmatrix} 1 & 2 & 0 & 0 & 3 & -5 \\ 0 & 0 & 1 & 0 & 7 & 6 \\ 0 & 0 & 0 & 1 & -4 & 0 \\ 0 & 0 & 0 & 0 & 0 & 0 \end{pmatrix}$

とする．$A\boldsymbol{x} = \boldsymbol{0}$ の基本解は $A_\circ$ の形を見てすぐに書き下せる．まず自由変数とパラメータの対応をつけて（$x_2 = t_1$, $x_5 = t_2$, $x_6 = t_3$ なので），

$$\boldsymbol{u}_1 = \begin{pmatrix} - \\ 1 \\ - \\ - \\ 0 \\ 0 \end{pmatrix}, \quad \boldsymbol{u}_2 = \begin{pmatrix} - \\ 0 \\ - \\ - \\ 1 \\ 0 \end{pmatrix}, \quad \boldsymbol{u}_3 = \begin{pmatrix} - \\ 0 \\ - \\ - \\ 0 \\ 1 \end{pmatrix}$$

とし，残りの成分は自由変数に対応する $A_\circ$ の列の r 行までの成分（網かけの成分）の符号を変えた数を書き込めばよい．つまり

$$\boldsymbol{u}_1 = \begin{pmatrix} -2 \\ 1 \\ 0 \\ 0 \\ 0 \\ 0 \end{pmatrix}, \quad \boldsymbol{u}_2 = \begin{pmatrix} -3 \\ 0 \\ -7 \\ 4 \\ 1 \\ 0 \end{pmatrix}, \quad \boldsymbol{u}_3 = \begin{pmatrix} 5 \\ 0 \\ -6 \\ 0 \\ 0 \\ 1 \end{pmatrix}$$

である．■

主変数と自由変数の番号をそれぞれ次のようにおく：

$$i_1 < \cdots < i_r, \ j_1 < \cdots < j_{n-r}.$$

$A_\circ$ の第 j_k 列を $(b_{ik})_{i=1}^m$ とするとき次が成り立つ：

$$\boldsymbol{u}_k = \boldsymbol{e}_{j_k} - \sum_{l=1}^{r} b_{lk} \boldsymbol{e}_{i_l} \quad (1 \leq k \leq n-r)$$

このような式を暗記する必要はなく，上の例を理解することが大切である．

解の一意性

ここまでの議論で，基本的な問題（問題 B）がもう 1 つ解決している．

定理 1.5.8　$A\boldsymbol{x} = \boldsymbol{b}$ の解が存在すると仮定する．解が一意的であることと $\mathrm{rank}(A) = n$（n は変数の個数）が成り立つことは同値である．

証明　$\mathrm{rank}(A) = n$ は解の自由度が 0 であること，すなわち自由変数が存在しないことを意味する．自由変数がなければ「各変数 $=$ 定数」という式に変形できることになるので解は明らかに一意的である．$n < \mathrm{rank}(A)$ ならば自由変数が 1 つ以上あるので解は無数にある．よって解は一意的ではない．　□

斉次形の場合の非自明解の存在問題も解決している．

系 1.5.9　斉次形の方程式 $A\boldsymbol{x} = \boldsymbol{0}$ に自明解しか存在しないことは次と同値である：

$$\mathrm{rank}(A) = n \quad (n\text{ は変数の個数})$$

証明　斉次系の場合は自明な解は存在するので，一意性は，それ以外の解がないということである．　□

一般解の表示方法はここで説明した方法以外にも無数にあり，取り扱う問題によっては他の表示の方が優れていることもあり得る．初学者はまずこの標準的なパラメータ表示の方法を理解し，使いこなすことに慣れるのがよい．この方法の利点の 1 つは，解に対してパラメータの値（の組）が一意的であることである．このことを理解するために次の問を考えてみよ．

問 1.8　$x_1 = -10$, $x_2 = 2$, $x_3 = 7$, $x_4 = 5$, $x_5 = -3$ が例 1.5.5 の線型方程式の解であることを示し，パラメータ t_1, t_2 の値を求めよ．

自由変数を $x_{j_1},\ldots,x_{j_{n-r}}$ とするとき，一般解の表示 (1.27) の j_k 番目の成分は等式 $x_{j_k}=t_k$ を意味するので，解が与えられたとき，パラメータの値は直接に読みとれる．このことから，(1.27) によって解を表示する際の $n-r$ 個のパラメータの値は一意的に定まることがわかる．この事実は $\boldsymbol{u}_1,\ldots,\boldsymbol{u}_{n-r}\in\mathbb{R}^m$ が線型独立であると表現される．ベクトルの線型独立性について次節で考察しよう．

問 1.9　行列 $A=\begin{pmatrix}1&1&1\\a&1&1\\a&a&1\end{pmatrix}$ で定まる斉次形方程式 $A\boldsymbol{x}=\mathbf{0}$ が自明でない解をもつために a がみたすべき条件を求めよ．

課題 1.5　次の拡大係数行列により与えられる線型方程式 $A\boldsymbol{x}=\boldsymbol{b}$ に解が存在するかどうか調べ，存在する場合は一般解のパラメータ表示を与えよ．

$$(1)\left(\begin{array}{ccccc|c}2&2&1&3&1&4\\1&1&-1&0&2&-1\\-1&-1&1&0&-2&1\end{array}\right),$$

$$(2)\left(\begin{array}{ccccc|c}-2&5&7&5&-7&7\\1&-3&-4&-3&4&-4\\3&-7&-10&-7&10&-9\end{array}\right)$$

1.6　ベクトルの線型独立性と行列の階数

第1章で簡単に議論したベクトルの線型独立性について，より詳しく論じる．また，行列の階数の本質的な意味について説明する．

線型独立性の定義

定義 1.6.1（線型独立）　$\mathbb{R}^n$ のベクトル $\boldsymbol{a}_1,\ldots,\boldsymbol{a}_k$ に対して

$$c_1\boldsymbol{a}_1+\cdots+c_k\boldsymbol{a}_k=\mathbf{0}\Longrightarrow c_1=\cdots=c_k=0 \tag{1.28}$$

が成り立つとき $\boldsymbol{a}_1,\ldots,\boldsymbol{a}_k$ は**線型独立**であるという．線型独立でないとき**線型従属**であるという．

線型独立性は線型結合の係数の一意性，つまり

$$c_1\boldsymbol{a}_1 + \cdots + c_k\boldsymbol{a}_k = c'_1\boldsymbol{a}_1 + \cdots + c'_k\boldsymbol{a}_k \Longrightarrow c_1 = c'_1, \ldots, c_k = c'_k$$

と同値である（移項すればよい）．つまり，両辺の係数比較ができるという性質であるとも理解できる．

問 1.10 $k = 1$ の場合を考えよう．$\boldsymbol{a}_1$ が線型独立であることと $\boldsymbol{a}_1 \neq \boldsymbol{0}$ は同値であることを示せ．

$k = 2$ の場合は，2 つのベクトルが平行ではないという幾何的な意味はわかりやすいが，ベクトルの個数が増えると，幾何的な直観だけでは線型独立性を議論するのは難しい．基本はあくまで定義に基づいた議論である．

例 1.6.2 次のベクトルの集まりは線型独立だろうか？

$$\boldsymbol{a}_1 = \begin{pmatrix} 1 \\ -2 \\ -1 \\ 0 \end{pmatrix}, \quad \boldsymbol{a}_2 = \begin{pmatrix} 1 \\ 0 \\ 1 \\ 2 \end{pmatrix}, \quad \boldsymbol{a}_3 = \begin{pmatrix} 0 \\ 2 \\ 2 \\ 2 \end{pmatrix}, \quad \boldsymbol{a}_4 = \begin{pmatrix} 4 \\ -2 \\ 2 \\ 6 \end{pmatrix}.$$

例えば

$$4\,\boldsymbol{a}_1 + 0\,\boldsymbol{a}_2 + 3\,\boldsymbol{a}_3 - \boldsymbol{a}_4 = \boldsymbol{0} \tag{1.29}$$

が成り立っている．どうやってこの関係式を見つけたかが気になるかもしれないが，ここではひとまず知る必要はない（問 1.13 参照）．よって $\boldsymbol{a}_1, \boldsymbol{a}_2, \boldsymbol{a}_3$, $\boldsymbol{a}_4$ は線型従属である．$c_1 = 4, c_2 = -0, c_3 = 3, c_4 = -1$ として $c_1\boldsymbol{a}_1 + c_2\boldsymbol{a}_2 + c_3\boldsymbol{a}_3 + c_4\boldsymbol{a}_4 = \boldsymbol{0}$ が成り立っているけれど，$c_1 = c_2 = c_3 = c_4 = 0$ ではないからである．「すべての c_i が 0」ということの否定は「c_i の中に 0 でないものがある」ということであることに注意しよう． ■

線型関係式という言葉を用いると便利である．ベクトル $\boldsymbol{a}_1, \ldots, \boldsymbol{a}_k$ に対する等式

$$c_1\boldsymbol{a}_1 + \cdots + c_k\boldsymbol{a}_k = \boldsymbol{0} \tag{1.30}$$

を $\boldsymbol{a}_1, \ldots, \boldsymbol{a}_k$ の**線型関係式**（linear relation）という．特に $c_1 = \cdots = c_k = 0$ として得られる線型関係式を**自明な線型関係式**という．これ以外の場合，つまり等式 (1.30) において $c_i \neq 0$ であるような i が少なくとも1つあるならば，これは非自明な線形関係式である．

命題 1.6.3　ベクトルの集まりは，それらに対する非自明な線型関係式が存在するとき，そのときに限り線型従属である．

証明　ベクトルの集まりが線型独立であることは，それらに対する線型関係式はすべて自明であるというのが定義である．それを否定すると「自明でない線型関係式が存在する」となる．　□

問 1.11　$\boldsymbol{a}_1, \ldots, \boldsymbol{a}_k$ が線型従属であることと，この中の1つが他のベクトルの線型結合であることが同値であることを示せ．

問 1.12　次のベクトルの集まりが線型独立かどうか調べよ．線型従属の場合は非自明な線型関係式を1つ与えよ．

(1) $\begin{pmatrix} 1 \\ 2 \\ 1 \end{pmatrix}, \begin{pmatrix} -1 \\ -1 \\ 1 \end{pmatrix}, \begin{pmatrix} 1 \\ 1 \\ -1 \end{pmatrix}$, (2) $\begin{pmatrix} 1 \\ -1 \\ 2 \end{pmatrix}, \begin{pmatrix} 1 \\ 1 \\ 1 \end{pmatrix}, \begin{pmatrix} 2 \\ 0 \\ 3 \end{pmatrix}, \begin{pmatrix} 2 \\ 5 \\ 1 \end{pmatrix}$.

非自明解の存在と有限従属性定理

斉次形方程式 $A\boldsymbol{x} = \boldsymbol{0}$ の非自明解の存在に対して次の解釈もできる．

命題 1.6.4　$m \times n$ 型行列 A の列ベクトルを $\boldsymbol{a}_1, \ldots, \boldsymbol{a}_n$ とする．このとき

$$A\boldsymbol{x} = \boldsymbol{0} \text{ に自明でない解がある} \iff \boldsymbol{a}_1, \ldots, \boldsymbol{a}_n \text{ が線型従属である．}$$

証明　$A\boldsymbol{x} = \boldsymbol{0}$ がベクトルの等式 $x_1\boldsymbol{a}_1 + \cdots + x_n\boldsymbol{a}_n = \boldsymbol{0}$ と同じものであることを踏まえると，$A\boldsymbol{x} = \boldsymbol{0}$ の自明でない解 $(c_i)_{i=1}^n$ と非自明な線型関係式

$c_1\boldsymbol{a}_1 + \cdots + c_n\boldsymbol{a}_n = \boldsymbol{0}$ は同じものである．よって命題は線型従属性の定義から明らかである． □

問 1.13 例 1.6.2 のベクトルに対して $A = (\boldsymbol{a}_1, \boldsymbol{a}_2, \boldsymbol{a}_3, \boldsymbol{a}_4)$ とおく．非自明な線型関係式 (1.29) に対応する $A\boldsymbol{x} = \boldsymbol{0}$ の非自明な解を基本解の線型結合として表せ．

斉次形の方程式に自明でない解が存在することは解の自由度が 0 ではないことと同値である（系 1.5.9）．一般に斉次形の線型方程式 $A\boldsymbol{x} = \boldsymbol{0}$ の解の自由度は n を変数の個数とするとき $n - \mathrm{rank}(A)$ なので，次が成り立つ．

定理 1.6.5 $\boldsymbol{a}_1, \ldots, \boldsymbol{a}_n \in \mathbb{R}^m$ に対して $A = (\boldsymbol{a}_1, \ldots, \boldsymbol{a}_n)$ とおく．このとき

$$\boldsymbol{a}_1, \ldots, \boldsymbol{a}_n \text{ が線型独立である} \iff \mathrm{rank}(A) = n.$$

このことから，次の重要な結論が導かれる．あまりにも重要なので**有限従属性定理**と呼ぶ[*5]ことにする．

系 1.6.6（有限従属性定理） $\mathbb{R}^m$ 内の m 個よりも多いベクトルからなる集合は線型従属である．

証明 $\boldsymbol{a}_1, \ldots, \boldsymbol{a}_n \in \mathbb{R}^m$ とすると $A = (\boldsymbol{a}_1, \ldots, \boldsymbol{a}_n)$ は $m \times n$ 型行列である．(1.20) より $\mathrm{rank}(A) \leq m$ であるから，もしも列の方が行よりも多い，つまり $n > m$ ならば $\mathrm{rank}(A) = n$ が成り立つことはない． □

この結論は幾何的な直観からは自然であろう．平面 $\mathbb{R}^2$ 内に 3 つ以上のベクトルがあれば自動的に線型従属になる．この事実は次元の概念を議論する際の基礎になる．同じことを線型方程式の文脈に言い換えると次のようになる．

系 1.6.7（有限従属性定理の方程式版） 斉次線型方程式 $A\boldsymbol{x} = \boldsymbol{0}$ において，変数の個数が方程式の個数よりも多いときには非自明な解が存在する．

問 1.14（有限従属性定理の抽象版） $\boldsymbol{v}_1, \ldots, \boldsymbol{v}_k \in \mathbb{R}^n$ とする．$\langle \boldsymbol{v}_1, \ldots, \boldsymbol{v}_k \rangle$ に含まれる k 個よりも多い個数のベクトルの集合は線型従属であることを示せ．

---

*5 特に決まった呼び方はない．やや硬いけれども名前をつけてみた．

行列の階数の解釈

さて，方程式 $A\boldsymbol{x} = \boldsymbol{0}$ と関連付けながら，行列 A の階数についての考察をさらに進めよう．次の簡単な事実は行変形のもっとも重要な性質である．

命題 1.6.8（行変形は列ベクトルの線型関係を保つ）　行列 $A = (\boldsymbol{a}_1, \ldots, \boldsymbol{a}_n)$ に行の変形を施して $B = (\boldsymbol{b}_1, \ldots, \boldsymbol{b}_n)$ が得られたとする．このとき

$$\sum_{i=1}^{n} c_i \boldsymbol{a}_i = \boldsymbol{0} \Longleftrightarrow \sum_{i=1}^{n} c_i \boldsymbol{b}_i = \boldsymbol{0}.$$

特に $\{\boldsymbol{a}_1, \ldots, \boldsymbol{a}_n\}$ が線型独立 $\Longleftrightarrow$ $\{\boldsymbol{b}_1, \ldots, \boldsymbol{b}_n\}$ が線型独立.

証明　$\boldsymbol{v} = (c_i)_{i=1}^n \in \mathbb{R}^n$ に対する条件として $A\boldsymbol{v} = \boldsymbol{0}$ と $B\boldsymbol{v} = \boldsymbol{0}$ が同値であることを言い換えているだけである．　□

定義 1.6.9（主列ベクトル）　行列 $A = (\boldsymbol{a}_1, \ldots, \boldsymbol{a}_n)$ を行階段形にしたときに主成分のある列番号を $i_1, \ldots, i_r$ とする．r は A の階数である．このとき $\boldsymbol{a}_{i_1}, \ldots, \boldsymbol{a}_{i_r}$ を A の**主列ベクトル**（pivot vectors）という．

例 1.6.10　例 1.6.2 のベクトル $\boldsymbol{a}_1, \boldsymbol{a}_2, \boldsymbol{a}_3, \boldsymbol{a}_4$ の場合は，行変形で

$$A = \begin{pmatrix} 1 & 1 & 0 & 4 \\ -2 & 0 & 2 & -2 \\ -1 & 1 & 2 & 2 \\ 0 & 2 & 2 & 6 \end{pmatrix} \to B = \begin{pmatrix} 1 & 0 & -1 & 1 \\ 0 & 1 & 1 & 3 \\ 0 & 0 & 0 & 0 \\ 0 & 0 & 0 & 0 \end{pmatrix} = (\boldsymbol{b}_1, \boldsymbol{b}_2, \boldsymbol{b}_3, \boldsymbol{b}_4)$$

とできるので A の階数は 2 であり $\boldsymbol{a}_1, \boldsymbol{a}_2$ が主列ベクトルであることもわかる（命題 1.6.8）*6．$\boldsymbol{b}_1, \boldsymbol{b}_2$ はそれぞれ $\boldsymbol{e}_1, \boldsymbol{e}_2$ であり，明らかに線型独立なので $\boldsymbol{a}_1, \boldsymbol{a}_2$ は線型独立である（命題 1.6.8）．また，$\boldsymbol{b}_3 = -\boldsymbol{b}_1 + \boldsymbol{b}_2, \boldsymbol{b}_4 = \boldsymbol{b}_1 + 3\boldsymbol{b}_2$ はすぐに読みとれるので，$\boldsymbol{a}_3 = -\boldsymbol{a}_1 + \boldsymbol{a}_2, \boldsymbol{a}_4 = \boldsymbol{a}_1 + 3\boldsymbol{a}_2$ が成り立つ．　■

---

*6　列ベクトルの順番を変えると主列ベクトルは一般には変わる．例えば $(\boldsymbol{a}_3, \boldsymbol{a}_1, \boldsymbol{a}_2)$ の主列ベクトルは $\boldsymbol{a}_3, \boldsymbol{a}_1$ である．

命題 1.6.11 行列の主列ベクトルの集合は線型独立である．また，主列ベクトル以外の列ベクトルは主列ベクトルの線型結合である．

証明 A を簡約化された行階段行列 $A_\circ = (\boldsymbol{b}_1, \ldots, \boldsymbol{b}_n)$ に変形する．A の主列ベクトルを $\boldsymbol{a}_{i_1}, \ldots, \boldsymbol{a}_{i_r}$ とするとき，$A_\circ$ において対応する列ベクトルは $\boldsymbol{e}_1, \ldots, \boldsymbol{e}_r$ である．これらは線型独立なので $\boldsymbol{a}_{i_1}, \ldots, \boldsymbol{a}_{i_r}$ は線型独立である（命題 1.6.8）．$\boldsymbol{a}_j$ を主列ベクトルでない列ベクトルとする．$A_\circ$ は r 行より下の成分が（あれば）すべて 0 なので，$\boldsymbol{b}_j$ は $\boldsymbol{e}_1, \ldots, \boldsymbol{e}_r$ の線型結合である．よって $\boldsymbol{a}_j$ は $\boldsymbol{a}_{i_1}, \ldots, \boldsymbol{a}_{i_r}$ の線型結合（係数はそのまま）である（命題 1.6.8）．

□

掃き出し法は，行列の列ベクトルの中から $\mathrm{rank}(A)$ 個の線型独立なベクトルを選び出す方法を与えているのである．実は次が成り立つ．

命題 1.6.12 行列 A の列ベクトルから $\mathrm{rank}(A)$ 個よりも多いベクトルを選ぶと線型従属になる．

証明 行列 A の階数を r とし，A から r 個よりも多い個数の列ベクトル $\boldsymbol{a}_{j_1}, \ldots, \boldsymbol{a}_{j_k}$ $(k > r)$ を任意に選び出す．A を行変形して行階段行列 B にするとき，対応する B の列ベクトル $\boldsymbol{b}_{j_1}, \ldots, \boldsymbol{b}_{j_k}$ が線型従属であることを示せばよい（命題 1.6.8）．B が r 段の行階段行列であることに注意して，これらのベクトルから r 行よりも下の成分を（あれば）とり除いて r 次の数ベクトル $\boldsymbol{b}'_{j_1}, \ldots, \boldsymbol{b}'_{j_k} \in \mathbb{R}^r$ を考えよう．成分の個数 r（空間の次元）よりもベクトルの個数 k が多いのでこれらは線型従属である（系 1.6.6）．このことから $\boldsymbol{b}_{j_1}, \ldots, \boldsymbol{b}_{j_k}$ も線型従属であることがわかる． □

以上によって，行列の階数に関する次の理解が得られたことになる．

定理 1.6.13 行列 A の階数 $\mathrm{rank}(A)$ は，A の列ベクトルに含まれる線型独立なベクトルの最大個数と一致する．

証明 A の列ベクトルから $\mathrm{rank}(A)$ 個の線型独立なものを選び出せる（命題 1.6.11）．これと命題 1.6.12 を合わせると「最大個数」の意味になる． □

「行変形を繰り返して行階段形にしたときの（0でない）段の数」としていわば暫定的に導入した階数という量の，より本質的な意味がわかったのである．特に，行変形によって定めた階数が行変形の仕方によらないという事実[*7]がこの定理からしたがう．

定理は，求めたいものを求める方法がわかるとか，証明したいことの根拠にできるという意味で「道具」である．一方，定理には「基礎固め」の役割もある．そもそもその事実が正しいことが確認できていなければ，きちんとした議論を進められないような種類の事柄である．定理と付き合うには，道具として使ってみて良さを実感し，基礎固めの意義を理解するのがよい．

問 1.15　A, B を同じ型の行列とするとき，次を示せ．

$$\mathrm{rank}(A+B) \leq \mathrm{rank}(A) + \mathrm{rank}(B).$$

課題 1.6　次のベクトルが線型従属となる a の値を求めよ．また，求めた a の各値について $A = (\boldsymbol{a}_1, \boldsymbol{a}_2, \boldsymbol{a}_3, \boldsymbol{a}_4)$ の階数を求めよ．

$$\boldsymbol{a}_1 = \begin{pmatrix} 1 \\ 1 \\ 1 \\ a \end{pmatrix}, \quad \boldsymbol{a}_2 = \begin{pmatrix} 1 \\ 1 \\ a \\ 1 \end{pmatrix}, \quad \boldsymbol{a}_3 = \begin{pmatrix} 1 \\ a \\ 1 \\ 1 \end{pmatrix}, \quad \boldsymbol{a}_4 = \begin{pmatrix} a \\ 1 \\ 1 \\ 1 \end{pmatrix}.$$

ヒント：$a = 1$ のときは線型従属であることは一目でわかる．それ以外の値で線型従属になることはあるのだろうか？　a の値によって場合分けをしながら行基本変形を繰り返すと見えてくる．

*7　鋭い読者は，まさにこの事実を上記の証明で使っているのではないかと疑うかもしれない．しかし，上の議論は，与えられた行列 A を r 段の行階段行列に行変形できる（1通りの方法でいいから）ということだけを使えばできるので，循環論法にはなっていない．

連立線型方程式のまとめ

A を $m \times n$ 型行列とし，$\boldsymbol{b} \in \mathbb{R}^m$ を与えるとき，$\boldsymbol{x} \in \mathbb{R}^n$ を未知ベクトルとする線型方程式 $A\boldsymbol{x} = \boldsymbol{b}$ を考える．n は変数の個数，m は連立する方程式の個数（本数）という意味がある．

斉次形

$\boldsymbol{b} = \boldsymbol{0}$ の場合の方程式 $A\boldsymbol{x} = \boldsymbol{0}$ を考える．この形の方程式は斉次形であるという．斉次形の線型方程式 $A\boldsymbol{x} = \boldsymbol{0}$ には $\boldsymbol{x} = \boldsymbol{0} \in \mathbb{R}^n$ という解が存在する．これを自明解という．A の階数を $r = \operatorname{rank}(A)$ とする．一般には $n - r$ 個のパラメータ $t_1, \ldots, t_{n-r}$ を用いて一般解のパラメータ表示ができる．$n - r$ を解の自由度と呼ぶ．

$$\text{解の自由度が } 0 \Longleftrightarrow A\boldsymbol{x} = \boldsymbol{0} \text{ には自明解しか存在しない}$$

が成り立つ．線型独立な解 $\boldsymbol{u}_1, \ldots, \boldsymbol{u}_{n-r} \in \mathbb{R}^n$ を掃き出し法を用いて構成できる．これらを基本解と呼ぶ．特に，変数に比べて方程式が少ない $m < n$ の場合は $A\boldsymbol{x} = \boldsymbol{0}$ には必ず非自明解が存在する（有限従属性定理）．

非斉次形

一般に $\boldsymbol{b}$ が $\boldsymbol{0}$ ではない場合に方程式 $A\boldsymbol{x} = \boldsymbol{b}$ を考える．拡大係数行列 $\tilde{A} = (A \mid \boldsymbol{b})$ を考える．このとき

$$\operatorname{rank}(\tilde{A}) = \operatorname{rank}(A) \Longleftrightarrow A\boldsymbol{x} = \boldsymbol{b} \text{ の解が存在する}$$

が成立する．解が存在する場合は $\boldsymbol{x} = \boldsymbol{x}_0$ を特殊解とするとき一般解のパラメータ表示

$$\boldsymbol{x} = \boldsymbol{x}_0 + t_1\boldsymbol{u}_1 + \cdots + t_{n-r}\boldsymbol{u}_{n-1}$$

ができる．ここで $\boldsymbol{u}_1, \ldots, \boldsymbol{u}_{n-r}$ は斉次形方程式 $A\boldsymbol{x} = \boldsymbol{0}$ の基本解である．これは解の一意的な表示である．つまり任意の解に対してパラメータ $t_1, \ldots, t_{n-r}$ の値が 1 組決まる．

章末問題

問題 1.1 $A = \begin{pmatrix} 1 & 1 \\ 0 & -1 \\ 1 & 2 \\ 1 & -1 \end{pmatrix}$ とする．$A\boldsymbol{x} = \boldsymbol{b}$ に解が存在するために $\boldsymbol{b} \in \mathbb{R}^4$ がみたすべき条件を求めよ．また，得られた条件を用いて $\boldsymbol{b} = \begin{pmatrix} 2 \\ 1 \\ 1 \\ 0 \end{pmatrix}$ に対して $A\boldsymbol{x} = \boldsymbol{b}$ の解が存在するかどうか調べよ．

問題 1.2 $\mathbb{R}^4$ の超平面 H_1, H_2, H_3 がそれぞれ次で与えられているとする：

$$x + y + z + 4w = 0, \quad -x + y + 3z - 2w = 0, \quad 2x + y + 7w = 0.$$

交わりの集合 $H_1 \cap H_2 \cap H_3$ のパラメータ表示を与えよ．

問題 1.3 A を 3 次正方行列，$\boldsymbol{b} \in \mathbb{R}^3$ とし $\widetilde{A} = (A|\,\boldsymbol{b})$ とする．$\widetilde{A}$ の 3 つの行が $\mathbb{R}^3$ の 3 平面を表している．例 1.3.2 の各図のような 3 平面の配置に対して $r := \mathrm{rank}(A)$ および $\tilde{r} := \mathrm{rank}(\widetilde{A})$ の値を答えよ．

問題 1.4 次の行列の階数をパラメータ a, b の値により分類して述べよ．

$$(1) \begin{pmatrix} 1 & 1 & 1 & b \\ 1 & 1 & a & 1 \end{pmatrix}, \quad (2) \begin{pmatrix} 1 & 0 & 0 & 1 \\ a & -1 & 1 & a \\ b & 1 & b & 1 \end{pmatrix}.$$

問題 1.5（正規方程式） A を $m \times n$ 型行列，$\boldsymbol{b} \in \mathbb{R}^m$ とする．$\boldsymbol{x} \in \mathbb{R}^n$ の関数

$$S(\boldsymbol{x}) = \|A\,\boldsymbol{x} - \boldsymbol{b}\,\|^2$$

を考える．条件 $\dfrac{\partial S(\boldsymbol{x})}{\partial x_k} = 0$ $(1 \leq k \leq n)$ は次と同値であることを示せ．

$$^tAA\,\boldsymbol{x} = {}^tA\,\boldsymbol{b}. \tag{1.31}$$

注意 1.6.14 $A\boldsymbol{x} = \boldsymbol{b}$ の解が存在しないとき $S(\boldsymbol{x})$ を最小にする $\boldsymbol{x}$ を求める問題はデータ解析において重要であり**最小 2 乗問題**という．方程式の個数 m が変数の個数 n に比べて大きい場合が実際の問題ではよく起きる．(2.24) は**正規方程式**と呼ばれる．問題 2.10 も参照せよ．

第2章　線型写像と行列

この章では線型写像の概念を導入し，その性質や取り扱い方を学ぶ．線型写像は比例関数のベクトル版である．行列は比例定数に対応するものとして理解される．行列の計算を駆使して，線型写像の性質を調べることが線型代数学の基本的な目的である．

2.1　線型写像とその表現行列

この節では線型写像[*1]の概念を導入し，線型写像に行列を対応させることを説明する．逆に，行列から線型写像が得られる．写像の概念に慣れていない読者は付録の A.1 節を参照しながら徐々に慣れてゆけばよい．

線型写像の定義

定義 2.1.1　写像 $f : \mathbb{R}^n \to \mathbb{R}^m$ が**線型写像**（linear map）であるとは以下の 2 つの条件が成立することである．

(i)　$f(c\boldsymbol{v}) = cf(\boldsymbol{v})$ がすべての $c \in \mathbb{R}$, $\boldsymbol{v} \in \mathbb{R}^n$ に対して成り立つ．

(ii)　$f(\boldsymbol{u} + \boldsymbol{v}) = f(\boldsymbol{u}) + f(\boldsymbol{v})$ がすべての $\boldsymbol{u}, \boldsymbol{v} \in \mathbb{R}^n$ に対して成り立つ．

---

*1　1 次写像と呼ぶこともある．「はじめに」で述べたように，'線型' と '1 次' はどちらも linear の訳であって，ほとんどの場合は言い換えが可能である．線型変換，線型独立は，それぞれ 1 次変換，1 次独立ともいう．

(i)，(ii) を写像 f の**線型性**と呼ぶ．$m = n$ のとき，線型写像 $f : \mathbb{R}^n \to \mathbb{R}^n$ を「$\mathbb{R}^n$ **の線型変換**」(linear transformation of $\mathbb{R}^n$) と呼ぶ．線型変換は空間 $\mathbb{R}^n$ からそれ自身への写像なので $\mathbb{R}^n$ 内においてベクトルが変化している（あるいは f が空間 $\mathbb{R}^n$ に**作用**しているニュアンス）とみることができる．

$f : \mathbb{R}^n \to \mathbb{R}^m$ を線型写像とするとき，(i) から $f(0 \cdot \mathbf{0}) = 0 \cdot f(\mathbf{0})$ なので

$$f(\mathbf{0}) = \mathbf{0}$$

が成り立つ．つまり，零ベクトルは線型写像によって零ベクトルに写される．なお $f(\mathbf{0})$ の $\mathbf{0}$ は $\mathbb{R}^n$ の零ベクトルで，右辺の $\mathbf{0}$ は $\mathbb{R}^m$ の零ベクトルである．

例 2.1.2　もっとも簡単な $m = n = 1$ のときは，線型写像 $f : \mathbb{R}^1 \to \mathbb{R}^1$ は通常の意味の関数である．(i) の性質から

$$f(c) = f(c \cdot 1) = c \cdot f(1) \quad (c \in \mathbb{R} = \mathbb{R}^1)$$

が成り立つので，$a = f(1) \in \mathbb{R}$ とおくと

$$f(x) = ax \quad (x \in \mathbb{R})$$

と書ける．つまり f は a を比例定数とする比例関数である．■

問 2.1　$f : \mathbb{R}^n \to \mathbb{R}^m$ を線型写像，$i \geq 1$ を自然数とする．$\boldsymbol{v}_1, \ldots, \boldsymbol{v}_i \in \mathbb{R}^n$, $c_1, \ldots, c_i \in \mathbb{R}$ に対して $f(\sum_{k=1}^{i} c_k \boldsymbol{v}_k) = \sum_{k=1}^{i} c_k f(\boldsymbol{v}_k)$ を示せ．

例 2.1.3　f が $\mathbb{R}^2$ の線型変換であって

$$f(\boldsymbol{e}_1) = \begin{pmatrix} 1 \\ 2 \end{pmatrix}, \quad f(\boldsymbol{e}_2) = \begin{pmatrix} 0 \\ -1 \end{pmatrix}$$

であるとする．この情報だけから f は写像として決まる．例えば $\boldsymbol{a} = \begin{pmatrix} 2 \\ 3 \end{pmatrix}$ に対して，$\boldsymbol{a} = 2\,\boldsymbol{e}_1 + 3\,\boldsymbol{e}_2$ なので線型性より

$$f(\boldsymbol{a}) = f(2\,\boldsymbol{e}_1 + 3\,\boldsymbol{e}_2) = 2f(\boldsymbol{e}_1) + 3f(\boldsymbol{e}_2) = 2 \cdot \begin{pmatrix} 1 \\ 2 \end{pmatrix} + 3 \cdot \begin{pmatrix} 0 \\ -1 \end{pmatrix} = \begin{pmatrix} 2 \\ 1 \end{pmatrix}$$

と計算できる．■

線型写像の表現行列

$f:\mathbb{R}^n \to \mathbb{R}^m$ を線型写像とする．各基本ベクトル $\boldsymbol{e}_j$ の f による像 を

$$f(\boldsymbol{e}_j) = \boldsymbol{a}_j = \begin{pmatrix} a_{1j} \\ a_{2j} \\ \vdots \\ a_{mj} \end{pmatrix} \quad (1 \leq j \leq n)$$

と書こう．これらを横に並べることによって m 行 n 列の行列を作る．

$$A = \begin{pmatrix} a_{11} & a_{12} & \cdots & a_{1n} \\ a_{21} & a_{22} & \cdots & a_{2n} \\ \vdots & \vdots & & \vdots \\ a_{m1} & a_{m2} & \cdots & a_{mn} \end{pmatrix} = (\, \boldsymbol{a}_1, \ldots, \boldsymbol{a}_n \,)$$

この行列 A を f の**表現行列**（matrix of a linear map f）という．特に，$\mathbb{R}^n$ の線型変換の表現行列は n 次正方行列である．$\mathbb{R}^n$ の一般のベクトル $\boldsymbol{v}$ を基本ベクトルの線型結合として $\boldsymbol{v} = \sum_{i=1}^n v_i \boldsymbol{e}_i$ と書く．このとき，f の線型性より

$$f(\boldsymbol{v}) = \sum_{j=1}^n v_j \boldsymbol{a}_j$$

となる．このベクトルの第 i 成分は

$$a_{i1}v_1 + \cdots + a_{in}v_n$$

と書ける．これは $A\boldsymbol{v}$ の第 i 成分である（定義 1.4.1）．したがって，この記法を踏まえて

$$f(\boldsymbol{v}) = A\,\boldsymbol{v} \tag{2.1}$$

という表記ができる．これが線型写像 f とその表現行列 A の関係である．

比例関数が比例定数 a だけで決まるのと同じように，線型写像は表現行列 A が与えられれば決まる．

例 2.1.4　例 2.1.3 の f に対する表現行列は $A = \begin{pmatrix} 1 & 0 \\ 2 & -1 \end{pmatrix}$ である．例えば $\boldsymbol{a} = \begin{pmatrix} 2 \\ 3 \end{pmatrix}$ に対して $f(\boldsymbol{a}) = A\boldsymbol{a} = \begin{pmatrix} 1 & 0 \\ 2 & -1 \end{pmatrix}\begin{pmatrix} 2 \\ 3 \end{pmatrix} = \begin{pmatrix} 2 \\ 1 \end{pmatrix}$ と計算できる．

もちろん，これは例 2.1.3 での計算と同じである．■

例 2.1.5　$f : \mathbb{R}^n \to \mathbb{R}^m$ を，すべての $\boldsymbol{v} \in \mathbb{R}^n$ に対して $f(\boldsymbol{v}) = \boldsymbol{0}$ と定めると明らかに線型写像である．これを**零写像**と呼ぶ．表現行列はすべての成分が 0 である行列である．これを**零行列**と呼び O（アルファベットの O）で表す．$m \times n$ 型であることを明示するために $O_{m,n}$ と書くこともある．また，n 次正方の場合は O_n と書く．■

例 2.1.6　$f : \mathbb{R}^n \to \mathbb{R}^n$ を，すべての $\boldsymbol{v} \in \mathbb{R}^n$ に対して $f(\boldsymbol{v}) = \boldsymbol{v}$ と定めると明らかに線型写像である．これを**恒等写像**（identity map）と呼び $f = \mathrm{id}_{\mathbb{R}^n}$ と書く．$f(\boldsymbol{e}_j) = \boldsymbol{e}_j$ $(1 \leq j \leq n)$ なので表現行列は

$$E = (\boldsymbol{e}_1, \ldots, \boldsymbol{e}_n) = \begin{pmatrix} 1 & 0 & \cdots & 0 \\ 0 & 1 & \cdots & 0 \\ \vdots & \vdots & \ddots & \vdots \\ 0 & 0 & \cdots & 1 \end{pmatrix} \tag{2.2}$$

である．これを**単位行列**（unit matrix）と呼ぶ．n 次であることを明示したいときは E_n と書く．■

線型写像 f から行列 A を作ったのとは逆に，任意の行列から線型写像を作ることができる．

命題 2.1.7　$m \times n$ 型行列 A に対して $f(\boldsymbol{v}) = A\boldsymbol{v}$ $(\boldsymbol{v} \in \mathbb{R}^n)$ によって写像 $f : \mathbb{R}^n \to \mathbb{R}^m$ を定めれば f は線型写像である．f の表現行列は A である．

証明　f が線型写像であることは命題 1.4.3 からわかる．f の定義から明らかに A は f の表現行列である．□

$\mathbb{R}^2$ の線型変換の例

例 2.1.8（スカラー変換） $a \in \mathbb{R}$ として，ベクトルに a をかけることで定まる写像 $f(\boldsymbol{v}) = a\,\boldsymbol{v}$ は $\mathbb{R}^2$ の線型変換である．これを**スカラー変換**と呼ぶ．表現行列は次で与えられる：

$$\begin{pmatrix} a & 0 \\ 0 & a \end{pmatrix}.$$

特別な場合として $a = 0, 1$ のときはそれぞれ，零写像，恒等写像である． ■

例 2.1.9（対角型の変換） 次の形の行列を**対角行列**（diagonal matrix）と呼ぶ．

$$\begin{pmatrix} a & 0 \\ 0 & b \end{pmatrix}.$$

対角行列に対応する線型変換は**対角型の線型変換**であるという．x 軸，y 軸方向のベクトルはそれ自身のスカラー倍に写される（方向が変わらない）． ■

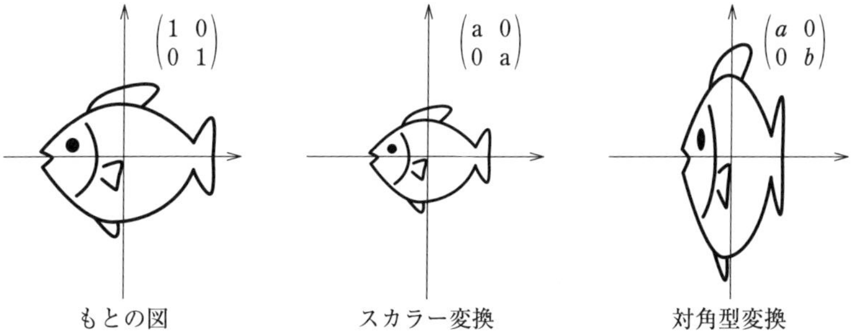

例 2.1.10　$a \in \mathbb{R}$ として

$$\begin{pmatrix} 1 & a \\ 0 & 1 \end{pmatrix}$$

により表現される線型変換は

$$f(\boldsymbol{e}_1) = \boldsymbol{e}_1, \quad f(\boldsymbol{e}_2) = a\,\boldsymbol{e}_1 + \boldsymbol{e}_2$$

という規則で決まる．a が正のとき，y 成分が正ならば右方向に，負ならば左方向に x 軸と平行にズラす変換である．英語では shear（剪断（せんだん））と呼ばれる．

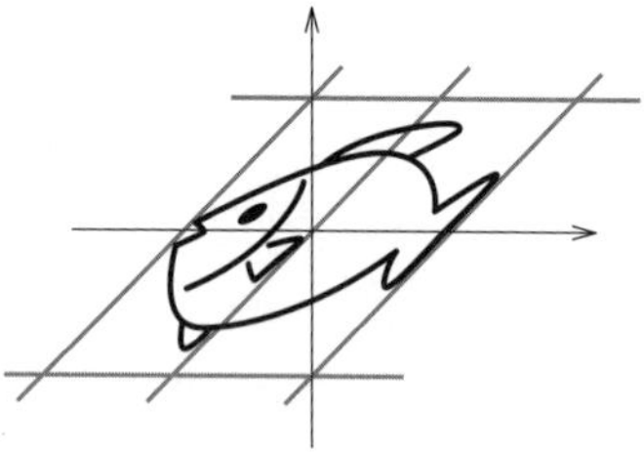

$\begin{pmatrix} 1 & 0 \\ a & 1 \end{pmatrix}$ は縦方向の shear を表している．■

例 2.1.11（回転）　原点を中心としてベクトルを一定の角度だけ回転させる変換は線型写像である．反時計回りに角度 θ だけ回転する線型変換は行列

$$R_\theta = \begin{pmatrix} \cos\theta & -\sin\theta \\ \sin\theta & \cos\theta \end{pmatrix}$$

により表現される．

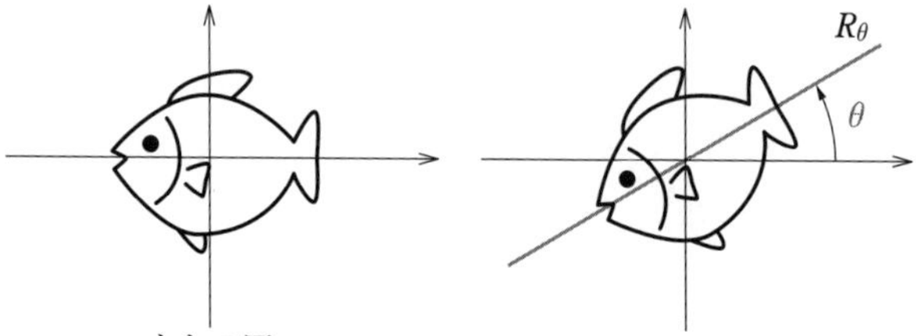

もとの図

■

例 2.1.12（座標軸に関する鏡映変換）　行列 $\begin{pmatrix} 1 & 0 \\ 0 & -1 \end{pmatrix}$ は x 軸に関する鏡映変換を表している．ベクトルが $\begin{pmatrix} x \\ y \end{pmatrix} \mapsto \begin{pmatrix} x \\ -y \end{pmatrix}$ と写る．小学校で習う言葉では線対称である．同様に $\begin{pmatrix} -1 & 0 \\ 0 & 1 \end{pmatrix}$ は y 軸に関する鏡映変換を表す行列である． ■

例 2.1.13　一般に原点を通る直線を対称の軸とする鏡映変換は線型変換である．いくつかわかりやすい例を挙げる．例えば $\begin{pmatrix} 0 & 1 \\ 1 & 0 \end{pmatrix}$ は $y = x$ で定まる直線に関する鏡映変換，$\begin{pmatrix} 0 & -1 \\ -1 & 0 \end{pmatrix}$ は $y = -x$ で定まる直線に関する鏡映変換を表す．

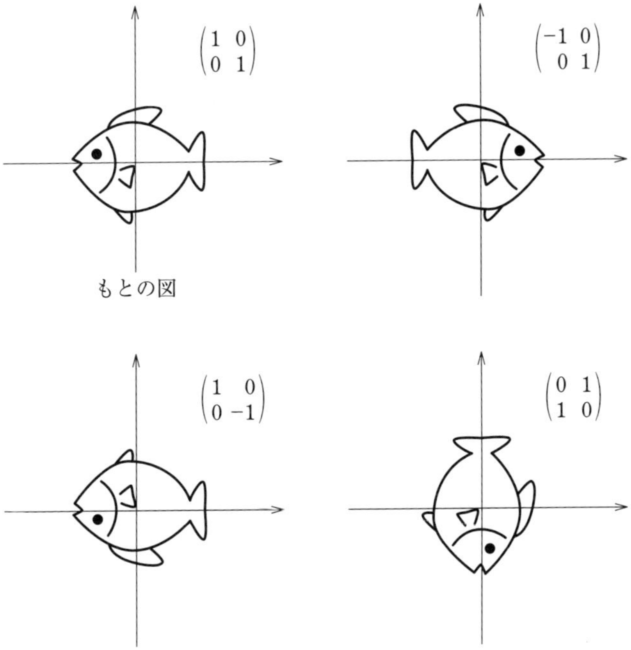

■

一般の鏡映変換は

$$T_\theta = \begin{pmatrix} \cos\theta & \sin\theta \\ \sin\theta & -\cos\theta \end{pmatrix} \tag{2.3}$$

という形の行列で表現される．回転を表す行列 R_θ と似ているが，第2列の符号が逆になっていることに注意しよう．

命題 2.1.14　T_θ は直線 $y = \tan\left(\dfrac{\theta}{2}\right) x$ に関する鏡映変換を表現する．

証明　$\boldsymbol{v}_1, \boldsymbol{v}_2 \in \mathbb{R}^2$

$$\boldsymbol{v}_1 = \begin{pmatrix} \cos(\theta/2) \\ \sin(\theta/2) \end{pmatrix}, \quad \boldsymbol{v}_2 = \begin{pmatrix} -\sin(\theta/2) \\ \cos(\theta/2) \end{pmatrix} \tag{2.4}$$

と定めるとき $T_\theta(\boldsymbol{v}_1) = \boldsymbol{v}_1$，$T_\theta(\boldsymbol{v}_2) = -\boldsymbol{v}_2$ が成り立つ．$\boldsymbol{v}_1$ と $\boldsymbol{v}_2$ が直交していることに注意しよう．$c_1\boldsymbol{v}_1 + c_2\boldsymbol{v}_2$ が $c_1\boldsymbol{v}_1 - c_2\boldsymbol{v}_2$ に写されるので $\boldsymbol{v}_1, \boldsymbol{v}_2$ で与えられる座標が $\begin{pmatrix} c_1 \\ c_2 \end{pmatrix} \mapsto \begin{pmatrix} c_1 \\ -c_2 \end{pmatrix}$ と変化しているから，例 2.1.12 の $\begin{pmatrix} 1 & 0 \\ 0 & -1 \end{pmatrix}$ のように見える．

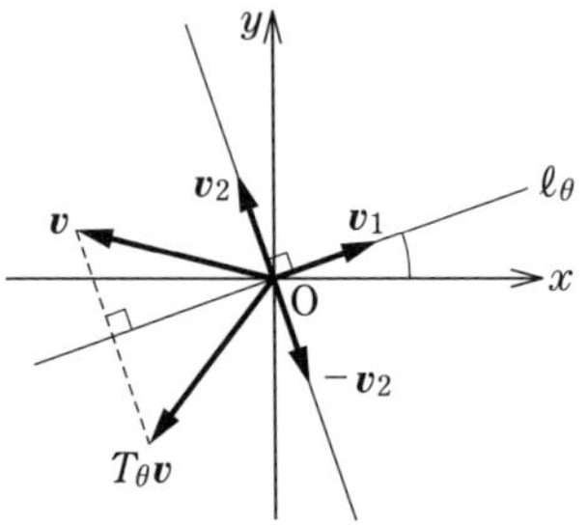

$\boldsymbol{v}_1$ を方向ベクトルとし，原点を通る直線が $y = \tan\left(\dfrac{\theta}{2}\right) x$ で定まる．この直線を ℓ_θ とする．$\boldsymbol{v}_2$ は ℓ_θ と直交する方向であるから T_θ は ℓ_θ に関する鏡映である．　□

例 2.1.13 の2つの行列がそれぞれ $\theta = \dfrac{\pi}{2}, \dfrac{3\pi}{2}$ の特別な場合の T_θ と一致していることを確認してほしい．

例 2.1.15（座標軸への射影）　行列 $\begin{pmatrix} 1 & 0 \\ 0 & 0 \end{pmatrix}$ は x 軸への（直交）射影を表している．y 軸上のベクトルはすべて原点に写される．

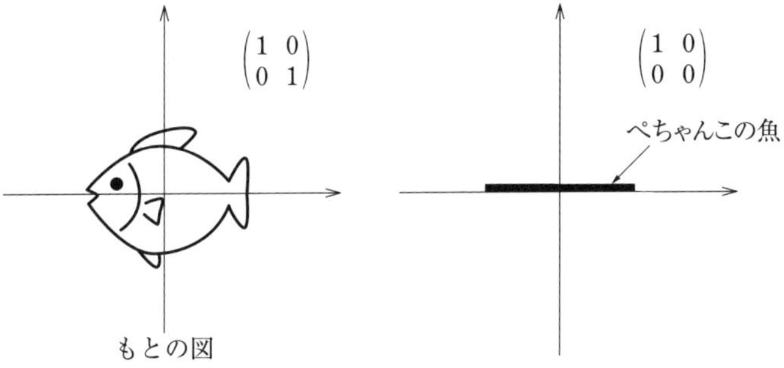

同様に $\begin{pmatrix} 0 & 0 \\ 0 & 1 \end{pmatrix}$ は y 軸への射影を表す．■

この例のように $\mathbf{0}$ でないベクトルが f によって $\mathbf{0}$ に写される場合は平面全体の**像**が平面にならずに直線や 1 点（原点のみ）に**つぶれる**．これまでに挙げた $\mathbb{R}^2$ の線型変換 f の例については，零写像と射影（例 2.1.15）を除けば，f によってベクトルが**つぶれない**という性質，つまり，

$$\boldsymbol{v} \neq \mathbf{0} \Longrightarrow f(\boldsymbol{v}) \neq \mathbf{0} \tag{2.5}$$

をみたすことが見てとれる（サカナの像がサカナに見える）この性質がみたされない場合をもう 1 つ挙げておく．

例 2.1.16　$A = \begin{pmatrix} 1 & 2 \\ 3 & 6 \end{pmatrix}$ で表現される $\mathbb{R}^2$ の線型変換を f とする．このとき

$$A \begin{pmatrix} -2 \\ 1 \end{pmatrix} = \begin{pmatrix} 0 \\ 0 \end{pmatrix} = \mathbf{0}$$

なので $\boldsymbol{a} = \begin{pmatrix} -2 \\ 1 \end{pmatrix}$ は f により $\mathbf{0}$ に写される．したがって，直線 $\langle \boldsymbol{a} \rangle$ 上のベクトルは f によって $\mathbf{0}$ に写される（直線が 1 点につぶれている）．$\boldsymbol{b} = \begin{pmatrix} 1 \\ 3 \end{pmatrix}$ とおくとき，f の像は $\langle \boldsymbol{b} \rangle$ という直線である．■

例 2.1.17（$\mathbb{R}^3$ の線型変換）　(1) z 軸に関する角度 θ の回転変換，(2) z 平面に関する鏡映変換，(3) xy 平面への直交射影はそれぞれ次の通り．

$$\begin{pmatrix} \cos\theta & -\sin\theta & 0 \\ \sin\theta & \cos\theta & 0 \\ 0 & 0 & 1 \end{pmatrix}, \quad \begin{pmatrix} 1 & 0 & 0 \\ 0 & 1 & 0 \\ 0 & 0 & -1 \end{pmatrix}, \quad \begin{pmatrix} 1 & 0 & 0 \\ 0 & 1 & 0 \\ 0 & 0 & 0 \end{pmatrix}$$

■

線型写像 f とその表現行列 A を同一視することは線型代数の基本的な態度なのだが，これはあくまで基本である．行列が線型写像以外のものを表していると考えることが有効な場合もある（例えば 6.2 節）．

課題 2.1　次の行列で与えられる $\mathbb{R}^2$ の線型変換 f に対して，もとの図の f による像をスケッチせよ．(1) $\begin{pmatrix} 0 & 1 \\ 2 & 0 \end{pmatrix}$，(2) $\begin{pmatrix} -2 & 1 \\ -1 & -1 \end{pmatrix}$．

2.2　行列の演算

行列に対する自然な演算について，対応する線型写像について理解しよう．

行列の積

$\mathbb{R}^n$ から $\mathbb{R}^m$ への線型写像 g と，$\mathbb{R}^m$ から $\mathbb{R}^l$ への線型写像 f が与えられているとき，これらを合成して得られる写像

$$f \circ g : \mathbb{R}^n \xrightarrow{g} \mathbb{R}^m \xrightarrow{f} \mathbb{R}^l$$

を考える．次の命題の証明が自力で書けるかどうか試してみよう．

命題 2.2.1　$f \circ g$ は $\mathbb{R}^n$ から $\mathbb{R}^l$ への線型写像である．

問 2.2　命題 2.2.1 を示せ．

f と g の表現行列をそれぞれ $A = (a_{ij})$，$B = (b_{ij})$ とする．A は $l \times m$ 型，B は $m \times n$ 型の行列である．$f \circ g$ は $l \times n$ 型行列で表現される．それを C と書くことにして，その成分を計算しよう．基本ベクトルの写り先を見ればよい．B を列ベクトルに分解して $B = (\boldsymbol{b}_1, \ldots, \boldsymbol{b}_n)$ と書くとき

$$(f \circ g)(\boldsymbol{e}_j) = f(g(\boldsymbol{e}_j)) = f(\boldsymbol{b}_j) = A\boldsymbol{b}_j \quad (1 \leq j \leq n)$$

なので

$$C = (A\boldsymbol{b}_1, \ldots, A\boldsymbol{b}_n)$$

となる．C の (i, j) 成分は $A\boldsymbol{b}_j$ の第 i 成分なので

$$a_{i1}b_{1j} + a_{i2}b_{2j} + \cdots + a_{im}b_{mj} = \sum_{k=1}^{m} a_{ik}b_{kj} \tag{2.6}$$

により与えられる．C の (i, j) 成分を計算するときは A の第 i 行，B の第 j 列だけを見ればよい：

$$\begin{pmatrix} & & & \\ a_{i1} & a_{i2} & \cdots & a_{im} \\ & & & \end{pmatrix} \begin{pmatrix} & b_{1j} & \\ & b_{2j} & \\ & \vdots & \\ & b_{mj} & \end{pmatrix} = \begin{pmatrix} & \vdots & \\ \cdots & \sum_{k=1}^{m} a_{ik}b_{kj} & \cdots \\ & \vdots & \end{pmatrix}.$$

このようにして得られた $l \times n$ 型行列 C を AB と書き，A と B の**積**と呼ぶ．

A を $m \times n$ 型とするとき次が成り立つことは簡単にわかる：

$$E_m A = A, \quad AE_n = A, \quad O_m A = AO_n = O_{m,n}.$$

例 2.2.2 3×2 型と 2×4 型行列の積の例

$$\begin{pmatrix} 1 & 1 \\ 0 & 1 \\ 2 & 1 \end{pmatrix} \begin{pmatrix} 2 & 1 & 1 & 1 \\ -1 & 3 & 4 & 5 \end{pmatrix} = \begin{pmatrix} 1 & 4 & 5 & 6 \\ -1 & 3 & 4 & 5 \\ 3 & 5 & 6 & 7 \end{pmatrix}.$$

3×4 型行列が得られる．3×1 型と 1×4 型行列の積の例

$$\begin{pmatrix} 1 \\ 2 \\ 3 \end{pmatrix} \begin{pmatrix} 1 & 2 & 3 & 4 \end{pmatrix} = \begin{pmatrix} 1 \cdot 1 & 1 \cdot 2 & 1 \cdot 3 & 1 \cdot 4 \\ 2 \cdot 1 & 2 \cdot 2 & 2 \cdot 3 & 2 \cdot 4 \\ 3 \cdot 1 & 3 \cdot 2 & 3 \cdot 3 & 3 \cdot 4 \end{pmatrix}.$$

やはり 3×4 型行列が得られる． ■

例 2.2.3　角度 α の回転を行った後に角度 β の回転をすれば角度 $\alpha+\beta$ の回転になるはずである．また，順序を変えて，角度 β の回転を先に，角度 α の回転を後にしても結果は同じになるはずである．よって合成変換の表現行列は

$$\begin{pmatrix} \cos\alpha & -\sin\alpha \\ \sin\alpha & \cos\alpha \end{pmatrix} \begin{pmatrix} \cos\beta & -\sin\beta \\ \sin\beta & \cos\beta \end{pmatrix} = \begin{pmatrix} \cos(\alpha+\beta) & -\sin(\alpha+\beta) \\ \sin(\alpha+\beta) & \cos(\alpha+\beta) \end{pmatrix}$$

と2通りに書ける．この等式は三角関数の加法定理と同値である．■

上の例では2つの行列の積が順番によらなかった．そのような場合，2つの行列は**可換**（commutative）であるという．一般には2つの行列は可換であるとは限らない．つまり AB と BA は一般には異なる．

例 2.2.4　A を $\frac{\pi}{2}$ 回転，B を x 軸に関する鏡映変換のそれぞれの表現行列とする．AB と BA を計算すると

$$AB = \begin{pmatrix} 0 & 1 \\ 1 & 0 \end{pmatrix}, \quad BA = \begin{pmatrix} 0 & -1 \\ -1 & 0 \end{pmatrix}.$$

である．

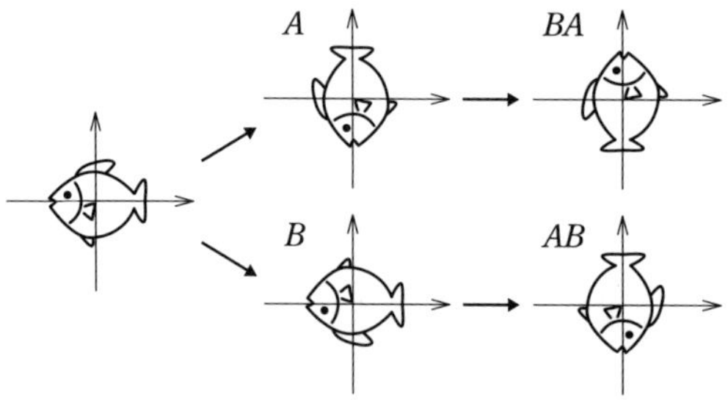

例 2.1.13 の図とも見比べてみよう．■

問 2.3　$\begin{pmatrix} 0 & 1 \\ 0 & 0 \end{pmatrix}$ と可換な行列をすべて求めよ．

問 2.4　次を示せ．(1) $\mathrm{rank}(AB) \leq \mathrm{rank}(B)$，(2) $\mathrm{rank}(AB) \leq \mathrm{rank}(A)$.

行列の和とスカラー倍

A, B がともに $m \times n$ 型行列であるとき，それぞれの (i, j) 成分を足すことで行列の**和** $A + B$ を定める．**分配法則**

$$A(B+C) = AB + AC, \quad (A+B)C = AC + BC$$

が成り立つことは（積が定義できるとき）明らかであろう．

行列 A, B の積 AB が定義できるとき，つまり A の列の個数と B の行の個数が同じであるとき，$c \in \mathbb{R}$ に対して

$$(cA)B = A(cB) = c(AB)$$

が成り立つ．

問 2.5（線型写像の和）　$f, g : \mathbb{R}^n \to \mathbb{R}^m$ を線型写像とし

$$h(\boldsymbol{v}) = f(\boldsymbol{v}) + g(\boldsymbol{v}) \quad (\boldsymbol{v} \in \mathbb{R}^n)$$

により写像 $h : \mathbb{R}^n \to \mathbb{R}^m$ を定める．(1) h は線型写像であることを示せ．(2) f, g の表現行列を A, B とするとき，h の表現行列は $A+B$ であることを示せ．なお，$h = f + g$ と書き，f, g の**和**という．

c をスカラーとするとき cE の形の行列を**スカラー行列**という

$$cE = \begin{pmatrix} c & 0 & \cdots & 0 \\ 0 & c & \cdots & 0 \\ \vdots & \vdots & \ddots & \vdots \\ 0 & 0 & \cdots & c \end{pmatrix}.$$

行列 A にスカラー行列をかけることは

$$(cE)A = A(cE) = cA$$

のように，スカラー c をかけるのと同じである．

積の結合法則

定理 2.2.5（積の結合法則）積 AB, BC がともに定義できるとき

$$(AB)C = A(BC).$$

証明　A, B, C がそれぞれ $q \times m, m \times n, n \times p$ 型行列だとする．線型写像の合成

$$\mathbb{R}^p \xrightarrow{h} \mathbb{R}^n \xrightarrow{g} \mathbb{R}^m \xrightarrow{f} \mathbb{R}^q$$

を考える．f, g, h の表現行列をそれぞれ A, B, C とする．一般的な写像の合成の性質として $(f \circ g) \circ h = f \circ (g \circ h)$ が成り立つから，$(AB)C = A(BC)$ がしたがう．□

結合法則の別証明： 積の計算規則 (2.6) にしたがって計算する．A の成分を a_{ij} などと小文字の a に添字をつけて表す．B, C も同様にそれぞれ小文字の b, c を用いて成分を表そう．$(AB)C$ の (i,j) 成分を和の記号を用いて書こう．AB の (i,l) 成分を $(AB)_{il}$ など[*2]と表すことにする．積の定め方から

$$(AB)_{il} = \sum_{k=1}^{m} a_{ik} b_{kl}$$

である．計算するのは $((AB)C)_{ij}$ である．まず

$$((AB)C)_{ij} = \sum_{l=1}^{n} (AB)_{il} c_{lj} = \sum_{l=1}^{n} \left(\sum_{k=1}^{m} a_{ik} b_{kl} \right) c_{lj} \tag{2.7}$$

である．和の記号 $\sum$ が2重になっていて添字がたくさんあることに戸惑うかもしれないので詳しく説明してみる．まず i, j はいま固定されているので和には関係がないことに注意しよう．動いているのは k, l だけである．次の書き換えができる：

$$\sum_{l=1}^{n} \left(\sum_{k=1}^{m} a_{ik} b_{kl} \right) c_{lj} = \sum_{l=1}^{n} \left(\sum_{k=1}^{m} a_{ik} b_{kl} c_{lj} \right) = \sum_{l=1}^{n} \sum_{k=1}^{m} a_{ik} b_{kl} c_{lj}.$$

---

*2　列の添字を j ではなく l としたのは，j を後で使うためである．

1つめの等号で c_{lj} を括弧の中に入れている．$\sum_{l=1}^{n}$ の右にある式は l に関する和をとる前のものなので l は止まっていると考えてよく，単純な分配法則が使える．2つめの等号では何もしていないけれど括弧を書くのをやめている．括弧がなくても，k に関する和を先にとって，その後で l に関する和をとっていると読むことができる．和の順番を交換してもよいから，同じように

$$\begin{aligned}\sum_{l=1}^{n}\sum_{k=1}^{m} a_{ik}b_{kl}c_{lj} &= \sum_{k=1}^{m}\sum_{l=1}^{n} a_{ik}b_{kl}c_{lj} \\ &= \sum_{k=1}^{m} a_{ik}\left(\sum_{l=1}^{n} b_{kl}c_{lj}\right) \quad \left(\sum_{k=1}^{m} \text{の右では } k \text{ は止まっている}\right) \\ &= \sum_{k=1}^{m} a_{ik}(BC)_{kj} \quad (BC \text{ の定義})\end{aligned}$$

とできる．これは $A(BC)$ の (i,j) 成分である． □

結合法則が成り立つことが示されたので，$(AB)C$ または $A(BC)$ を表すとき，括弧を書かずに単に ABC と書いても問題ない．行列の個数が増えても同様である．例えば4個の場合

$$(A(BC))D = ((AB)C)D = (AB)(CD)$$

などのように，「括弧の付け方」が違う

$$((AB)C))D, \quad (A(BC))D, \quad A((BC)D), \quad (AB)(CD), \quad A(B(CD))$$

の5通り*3の行列は結合法則を繰り返し使えばいずれも同一の行列であることがわかる．これを単に $ABCD$ と書く．また A が正方行列の場合は $A^2 = AA, A^3 = AAA$ などのように書く．

---

*3 n 個の文字の括弧の付け方の総数を**カタラン数** (Catalan number) という．$(n+1)^{-1}{}_{2n}C_n$ と表される．

例 2.2.6　次の鏡映を表す行列 T_θ を思い出そう．かけ算を実行して

$$T_\theta = R_{\theta/2} T_0 R_{-\theta/2}$$

が確認できる．$y = \tan(\theta/2)x$ で定まる直線は $R_{-\theta/2}$ で x 軸に写る．T_0 は x 軸に関する鏡映である．その後で反時計回りに $\theta/2$ だけ回転する．その結果が行列 T_θ で表される．

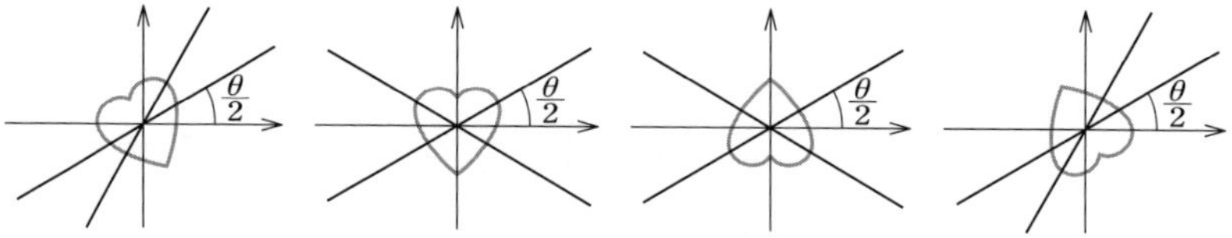

■

問 2.6　$I = \begin{pmatrix} 0 & -1 \\ 1 & 0 \end{pmatrix}$ とおき，行列 $\alpha = aE + bI = \begin{pmatrix} a & -b \\ b & a \end{pmatrix}$ $(a, b \in \mathbb{R})$ を考える．次が成り立つことを示せ．(1) $I^2 = -E$. (2) $\alpha = aE + bI$, $\beta = cE + dI$ とするとき，$\alpha + \beta = (a + c)E + (b + d)I$ および $\alpha\beta = \beta\alpha = (ad + bc)E + (ad - bc)I$. (3) $\alpha = aE + bI \neq O$ のとき $r = \sqrt{a^2 + b^2}$, $\cos\theta = a/r$, $\sin\theta = b/r$ とおくと $\alpha = rR_\theta$. (4) $\alpha = aE + bI$ に対して $\overline{\alpha} = aE - bI$ と定めるとき $\alpha\overline{\alpha} = \overline{\alpha}\alpha = (a^2 + b^2)E$.

注意 2.2.7　$\alpha = aE + bI$ $(a, b \in \mathbb{R})$ という形の行列を‘複素数’(complex number) と呼ぶことにより，複素数の定義ができる．通常は $a + bi$ と書かれるものを行列として実現している．複素数全体の集合を $\mathbb{C}$ で表す．(2) の結果は $\mathbb{C}$ が加法と乗法に関して閉じていると表現される．

問 2.7　3次の正方行列

$$A_1 := \begin{pmatrix} 0 & 1 & 0 \\ 1 & 0 & 0 \\ 0 & 0 & 1 \end{pmatrix}, \quad A_2 := \begin{pmatrix} 1 & 0 & 0 \\ 0 & 0 & 1 \\ 0 & 1 & 0 \end{pmatrix}$$

に対して次が成り立つことを示せ：

$$A_1 A_2 A_1 = A_2 A_1 A_2. \tag{2.8}$$

注意 2.2.8 A_i は $x_i = x_{i+1}$ で定まる平面に関する $\mathbb{R}^3$ の鏡映を表す行列である．等式 (2.8) は組紐(くみひも)関係式（braid relation）と呼ばれる．

正方行列 $A = (a_{ij})$ に対して a_{ii} を**対角成分**（diagonal entry）と呼ぶ．対角成分以外の成分がすべて 0 である行列は**対角行列** (diagonal matrix) という．$a_{ii} = c_i$ $(1 \leq i \leq n)$ である対角行列を $\mathrm{diag}(c_1, \ldots, c_n)$ と表す．つまり

$$\mathrm{diag}(c_1, \ldots, c_n) = \begin{pmatrix} c_1 & & \\ & \ddots & \\ & & c_n \end{pmatrix}. \tag{2.9}$$

問 2.8 右から対角行列をかけると各列ベクトルがスカラー倍になる．すなわち $A = (\boldsymbol{a}_1, \ldots, \boldsymbol{a}_n)$ とすると

$$A \cdot \mathrm{diag}(c_1, \ldots, c_n) = (c_1\boldsymbol{a}_1, \ldots, c_n\boldsymbol{a}_n) \tag{2.10}$$

が成り立つ．これを示せ．

課題 2.2 次の行列を A とするとき A^k $(k \geq 1)$ を求めよ．

(1) $\begin{pmatrix} a & 0 \\ 0 & b \end{pmatrix}$，(2) R_θ，(3) T_θ，(4) $\begin{pmatrix} 1 & a \\ 0 & 1 \end{pmatrix}$，(5) $\begin{pmatrix} 2 & 0 \\ -1 & 1 \end{pmatrix}$.

ヒント：(4)，(5) は小さい n に対して A^k を計算し，結果を予想してそれを帰納法で証明せよ．

正方行列 A に対して A^k を計算することはそれほど簡単ではない．一般的な計算方法は第 5 章で議論する．

行列の区分け

行列を $A = \begin{pmatrix} A_{11} & A_{12} \\ A_{21} & A_{22} \end{pmatrix}$ のようなブロック型に区分けして計算することがよくある．A が $m \times n$ 型のとき $m = m_1 + m_2$, $n = n_1 + n_2$ として A_{ij} は $m_i \times n_j$ 型である．また B が $n \times l$ 型で $n = n_1 + n_2$, $l = l_1 + l_2$ と区分けして $B = \begin{pmatrix} B_{11} & B_{12} \\ B_{21} & B_{22} \end{pmatrix}$ とするとき

$$\begin{aligned} AB &= \begin{pmatrix} A_{11} & A_{12} \\ A_{21} & A_{22} \end{pmatrix} \begin{pmatrix} B_{11} & B_{12} \\ B_{21} & B_{22} \end{pmatrix} \\ &= \begin{pmatrix} A_{11}B_{11} + A_{12}B_{21} & A_{11}B_{12} + A_{12}B_{22} \\ A_{21}B_{11} + A_{22}B_{21} & A_{21}B_{12} + A_{22}B_{22} \end{pmatrix} \end{aligned}$$

のように A_{ij} などが行列の成分であるかのようにして（ただし積の順序は変えずに）積が計算できる．A の列の区分けと B の行の区分けの仕方が同じであることが必要である．3 つ以上のブロックに分ける場合も同様である．

問 2.9　正方行列 $A = (a_{ij})$ に対して $\sum_{i=1}^{n} a_{ii}$ を A の**トレース**（trace）と呼び $\mathrm{tr}(A)$ と表す．次を示せ．

（1）$\mathrm{tr}(A + B) = \mathrm{tr}(A) + \mathrm{tr}(B)$,（2）$\mathrm{tr}(cA) = c\,\mathrm{tr}(A)$,（3）$\mathrm{tr}(AB) = \mathrm{tr}(BA)$.

問 2.10　$AB - BA = E$ をみたす正方行列 A, B は存在しないことを示せ．

ハイゼンベルク流の量子力学では物理量は行列であり，関係式

$$[\hat{x}, \hat{p}] = i\hbar$$

がその基礎にある．ここで $[A, B]$ は $AB - BA$ を表す．$\hat{x}, \hat{p}$ はそれぞれ位置と運動量に対応する行列であって，$\hbar$ はプランク定数と呼ばれる．i は虚数単位である．ハイゼンベルクは無限次の行列を用いて量子力学を定式化した（問 2.10 によれば有限次の行列はハイゼンベルクの関係式をけっして満たさない）．人類が行列に出会ったのは実質的にはその時がはじめてかもしれない．

2.3　線型写像の性質

線型写像とベクトルの線型独立性

線型写像とベクトルの線型独立性について，いったん行列との関係を離れて議論しておこう．

定理 2.3.1　$f : \mathbb{R}^n \to \mathbb{R}^m$ を線型写像，$\boldsymbol{v}_1, \ldots, \boldsymbol{v}_k \in \mathbb{R}^n$ とする．

(1) $\{f(\boldsymbol{v}_1), \ldots, f(\boldsymbol{v}_k)\}$ が線型独立ならば $\{\boldsymbol{v}_1, \ldots, \boldsymbol{v}_k\}$ は線型独立．

(2) $\{\boldsymbol{v}_1, \ldots, \boldsymbol{v}_k\}$ が線型従属ならば $\{f(\boldsymbol{v}_1), \ldots, f(\boldsymbol{v}_k)\}$ は線型従属．

抽象的な思考のトレーニングとして格好の題材である．読者にはまず自分で証明を試みることを薦める．何をすればよいかわからない場合は，まず線型独立という言葉の意味，つまり定義を知ることが大切である．索引を使えば，定義が書かれた箇所を見つけられる．ネット検索するよりも前に，今読んでいる本の索引を活用しよう．定理の仮定と結論を正確に把握しよう．

正確な論証をする一方で，定理の内容を幾何的な直観により理解することも大切である．例えば (2) は平行なベクトルを線型写像で写した結果，平行でなくなったりはしないというようなことをいっている．

問 2.11　定理 2.3.1 を証明せよ．

問 2.12　定理 2.3.1 と同じ設定で $\{\boldsymbol{v}_1, \ldots, \boldsymbol{v}_k\}$ が線型独立でも $\{f(\boldsymbol{v}_1), \ldots, f(\boldsymbol{v}_k)\}$ が線型独立とは限らないことを反例を挙げて説明せよ．

問 2.13　次は定理 2.3.1 (1) の証明の失敗例である．どこに問題があるか指摘せよ：$\{f(\boldsymbol{v}_1), \ldots, f(\boldsymbol{v}_k)\}$ が線型独立であるとする．線型関係式 $c_1 f(\boldsymbol{v}_1) + \cdots + c_k f(\boldsymbol{v}_k) = \boldsymbol{0}$ が成り立つとき $c_1 = \cdots = c_k = 0$ である．ここで $c_1 \boldsymbol{v}_1 + \cdots + c_k \boldsymbol{v}_k = \boldsymbol{0}$ が成り立つとすると $c_1 = \cdots = c_k = 0$ である．よって $\{\boldsymbol{v}_1, \ldots, \boldsymbol{v}_k\}$ は線型独立である．

命題 2.3.2　線型写像 $f:\mathbb{R}^n \to \mathbb{R}^m$ に対して次は同値.

(i) $\boldsymbol{v} \neq \boldsymbol{0}$ ならば $f(\boldsymbol{v}) \neq \boldsymbol{0}$.

(ii) $\boldsymbol{v}_1, \ldots, \boldsymbol{v}_k \in \mathbb{R}^n$ が線型独立ならば $f(\boldsymbol{v}_1), \ldots, f(\boldsymbol{v}_k)$ も線型独立.

証明　(i) $\Longrightarrow$ (ii)：(i) を仮定し，$\boldsymbol{v}_1, \ldots, \boldsymbol{v}_k$ が線型独立であるとする．線型関係式

$$c_1 f(\boldsymbol{v}_1) + \cdots + c_k f(\boldsymbol{v}_k) = \boldsymbol{0}$$

があるとすると f の線型性より

$$f(c_1\boldsymbol{v}_1 + \cdots + c_k\boldsymbol{v}_k) = \boldsymbol{0}$$

なので (i) の対偶より

$$c_1\boldsymbol{v}_1 + \cdots + c_k\boldsymbol{v}_k = \boldsymbol{0}.$$

$\boldsymbol{v}_1, \ldots, \boldsymbol{v}_k$ は仮定により線型独立だから $c_1 = \cdots = c_k = 0$ が導かれる．つまり $f(\boldsymbol{v}_1), \ldots, f(\boldsymbol{v}_k)$ は線型独立である.

(i) は (ii) の $k=1$ の場合なので (ii) $\Longrightarrow$ (i) は明らか.　□

命題 2.3.2 の条件は線型写像 f が**単射** (injective) であるということを意味している．このことを以下で示す．写像の単射性について慣れていなければ付録 A.1 節で確認しよう．幾何的には，例えば平行四辺形の像が線分や 1 点になったりしないことなどを (ii) は意味している．2.1 節の最後のところで，ベクトルがつぶれないと説明した f の性質である.

命題 2.3.3　線型写像 f が単射であることと次は同値である.

$$f(\boldsymbol{v}) = \boldsymbol{0} \Longrightarrow \boldsymbol{v} = \boldsymbol{0}. \tag{2.11}$$

証明　線型写像 f が単射であるとする．$f(\boldsymbol{v}) = \boldsymbol{0}$ とすると $f(\boldsymbol{v}) = f(\boldsymbol{0})$ と f の単射性から $\boldsymbol{v} = \boldsymbol{0}$ がしたがう．逆に (2.11) を仮定する．$f(\boldsymbol{v}_1) = f(\boldsymbol{v}_2)$ とすると f の線型性より $f(\boldsymbol{v}_1 - \boldsymbol{v}_2) = f(\boldsymbol{v}_1) - f(\boldsymbol{v}_2) = \boldsymbol{0}$ である．(2.11) より $\boldsymbol{v}_1 - \boldsymbol{v}_2 = \boldsymbol{0}$ すなわち $\boldsymbol{v}_1 = \boldsymbol{v}_2$ が成り立つ.　□

線型写像の単射性と全射性

線型写像 f の単射性を表現行列 A の言葉で述べよう.

命題 2.3.4　線型写像 $f : \mathbb{R}^n \to \mathbb{R}^m$ の表現行列を A とする. 次は同値.

(i) f は単射.

(ii) $A\boldsymbol{x} = \boldsymbol{0}$ は自明な解しか持たない.

(iii) $\mathrm{rank}(A) = n$.

証明　(i) と (ii) が同値であることは f と A の関係 $A\boldsymbol{v} = f(\boldsymbol{v})$ $(\boldsymbol{v} \in \mathbb{R}^n)$ と命題 2.3.3 によりわかる. (ii) $\Longleftrightarrow$ (iii) は系 1.5.9 そのものである.　□

(i) は抽象的な概念, (ii) 方程式論的な言葉, (iii) は数値的な条件. このように言い換えが自由にできるように意識して勉強しよう.

例 2.3.5　以下の行列で与えられる $\mathbb{R}^2$ から $\mathbb{R}^3$ への線型写像を考える.

$$(1)\begin{pmatrix}1&0\\0&1\\0&0\end{pmatrix},\quad (2)\begin{pmatrix}1&0\\0&1\\0&1\end{pmatrix},\quad (3)\begin{pmatrix}1&0\\1&1\\2&1\end{pmatrix},\quad (4)\begin{pmatrix}1&2\\1&2\\1&2\end{pmatrix}.$$

(1) の場合 $\begin{pmatrix}x\\y\end{pmatrix} \in \mathbb{R}^2$ に対して $\begin{pmatrix}x\\y\\0\end{pmatrix} \in \mathbb{R}^3$ を対応させる写像である. $\mathbb{R}^2$ が $\mathbb{R}^3$ 内の xy 平面にそのまま埋め込まれる.

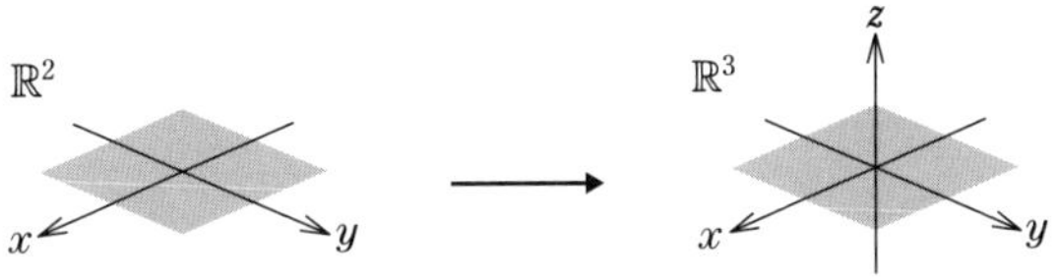

(2), (3) も対応する線型写像は単射であって $\mathbb{R}^2$ の像は $\mathbb{R}^3$ 内の平面になる.

(4) に対応する線型写像は単射ではない. $\begin{pmatrix}2\\-1\end{pmatrix}$ が $\boldsymbol{0}$ につぶれる.　■

単射性と対比して, 全射性の理解も表現行列の言葉で整理しておこう. 写像 f の全射性や像集合 $\mathrm{Im}(f)$ については, 付録 A.1 節で確認しよう.

命題 2.3.6　線型写像 $f : \mathbb{R}^n \to \mathbb{R}^m$ の表現行列を A とする. 次は同値.

(i) f は全射.

(ii) 任意の $\boldsymbol{b} \in \mathbb{R}^m$ に対して $A\boldsymbol{x} = \boldsymbol{b}$ には解が存在する.

(iii) $\mathrm{rank}(A) = m$.

証明　f が全射であるとは，その定義から，任意の $\boldsymbol{v} \in \mathbb{R}^m$ に対して $f(\boldsymbol{u}) = \boldsymbol{v}$ をみたす $\boldsymbol{u} \in \mathbb{R}^n$ が存在することなので，f と A の対応から (i) $\Longleftrightarrow$ (ii) は単なる言い換え（および文字の置き換え）である．(ii) $\Longleftrightarrow$ (iii) は線型連立方程式の理論（系 1.5.2，定理 1.5.3）による．□

f が全射であることは $\mathrm{Im}(f) = \mathbb{R}^m$ と同値である.

例 2.3.7　$A = \begin{pmatrix} 1 & 0 & 0 \\ 0 & 1 & 0 \end{pmatrix}$ によって与えられる線型写像 $f : \mathbb{R}^3 \to \mathbb{R}^2$ は

$$\begin{pmatrix} x \\ y \\ z \end{pmatrix} \mapsto \begin{pmatrix} x \\ y \end{pmatrix}$$

である.

$\mathbb{R}^3$ が $\mathbb{R}^2$（xy 平面）上に全射に写される．これは，z 軸方向につぶれる写像である．$\mathrm{rank}(A) = 2$ を確認しよう．■

問 2.14　以下の行列で与えられる各線型写像が次のどの場合にあてはまるか答えよ．（ア）全単射，（イ）単射だが全射ではない，（ウ）全射だが単射ではない，（エ）単射でも全射でもない.

$$(1) \begin{pmatrix} 1 & 1 \\ 1 & 1 \end{pmatrix}, (2) \begin{pmatrix} 1 & 1 \\ 0 & 1 \end{pmatrix}, (3) \begin{pmatrix} 1 & 1 & 1 \\ 0 & 1 & 1 \end{pmatrix}, (4) \begin{pmatrix} 1 & 1 \\ 0 & 1 \\ 1 & 1 \end{pmatrix}, (5) \begin{pmatrix} 1 & 1 & 1 \\ 0 & 1 & 2 \\ 1 & 1 & 1 \end{pmatrix},$$

$$(6) \begin{pmatrix} 1 & 1 & 1 & 1 \\ 0 & 1 & 2 & 1 \\ 1 & 1 & 1 & 1 \end{pmatrix}, (7) \begin{pmatrix} 1 & 1 & 1 & 1 \\ 0 & 1 & 2 & 1 \\ 1 & 0 & 1 & 1 \end{pmatrix}, (8) \begin{pmatrix} 4 & 3 & 8 & 6 \\ 0 & -2 & -2 & -1 \\ 1 & 2 & 3 & 2 \end{pmatrix}.$$

線型写像 $f:\mathbb{R}^n\to\mathbb{R}^m$ の全射性は $\mathbb{R}^m$ の部分集合である像空間 $\mathrm{Im}(f)$ と関係している．一方，f の単射性と関連して $\mathbb{R}^n$ の部分集合

$$\mathrm{Ker}(f)=\{\boldsymbol{v}\in\mathbb{R}^n \mid f(\boldsymbol{v})=\mathbf{0}\}$$

を考え，これを f の**核空間**（kernel）と呼ぶ．核空間という用語よりも f の**カーネル**という方が通りがよいかもしれない．次は命題 2.3.3 を言い換えただけであるが，たいへん有用な命題である．

定理 2.3.8　線型写像 f が単射 $\Longleftrightarrow$ $\mathrm{Ker}(f)=\{\mathbf{0}\}$.

問 2.15　$f:\mathbb{R}^n\to\mathbb{R}^m$ を線型写像とする．次を示せ：(1) $\boldsymbol{u},\boldsymbol{v}\in\mathrm{Ker}(f)$ ならば $\boldsymbol{u}+\boldsymbol{v}\in\mathrm{Ker}(f)$，(2) $\boldsymbol{v}\in\mathrm{Ker}(f)$, $c\in\mathbb{R}$ ならば $c\,\boldsymbol{v}\in\mathrm{Ker}(f)$.

核空間 $\mathrm{Ker}(f)$ は新しく登場した難しいものではない．線型写像 $f:\mathbb{R}^n\to\mathbb{R}^m$ の表現行列を A とするとき

$$\mathrm{Ker}(A)=\{\boldsymbol{v}\in\mathbb{R}^n \mid A\,\boldsymbol{v}=\mathbf{0}\}$$

と定めると $\mathrm{Ker}(f)$ と $\mathrm{Ker}(A)$ は同じものである．これは斉次形の連立線型方程式 $A\,\boldsymbol{x}=\mathbf{0}$ の解空間そのものである．$\mathrm{Ker}(A)$ の元は $A\,\boldsymbol{x}=\mathbf{0}$ の基本解を使ってパラメータ表示できる，我々にとってわかりやすい空間である．

課題 2.3　次の行列によって与えられる線型写像が単射（全射）になるために a がみたす条件を求めよ：

$$(1)\begin{pmatrix}1&1&1\\a&1&1\\a&a&1\end{pmatrix},\quad (2)\begin{pmatrix}1&1&1\\a&1&1\\a&a&1\\a&a&a\end{pmatrix},\quad (3)\begin{pmatrix}1&1&1&1\\a&1&1&1\\a&a&1&1\end{pmatrix}.$$

2.4 正則な線型変換

$\mathbb{R}^n$ からそれ自身への線型写像 f を $\mathbb{R}^n$ の線型変換と呼ぶのであった．一般の線型写像と対比して線型変換の大きな特徴は以下が成り立つことである．

定理 2.4.1（線型代数における鳩の巣原理）　f を $\mathbb{R}^n$ の線型変換とし，A を f の表現行列とする．次が成り立つ．

$$f \text{ は単射} \iff f \text{ は全射} \iff f \text{ は全単射} \iff \operatorname{rank}(A) = n.$$

証明　線型写像 $f : \mathbb{R}^n \to \mathbb{R}^m$ に対する単射性の条件（命題 2.3.2（v）），および全射性の条件（命題 2.3.6（vi））において $m = n$ の場合より明らか．　□

単射と全射は，一般には一方から他方が導かれるわけではない 2 つの性質だが，$\mathbb{R}^n$ からそれ自身への線型写像の場合は同値になる．上の定理は，いわば線型代数版「鳩の巣原理」である．有限集合 $X = \{1, 2, \ldots, n\}$ からそれ自身への写像 f に対して，単射と全射は同値である．この事実は鳩の巣原理[*4]と呼ばれる．n 羽の鳩が n 個の巣箱に入っているとき，1 つの巣箱に 2 羽以上は入らないことと，空きの巣箱がないことは同値であると理解できる．

*4　歴史的には部屋割り論法とも呼ばれ「n 個のものを m 個の箱に入れるとき，$n > m$ であれば，少なくとも 1 個の箱には 1 個より多いものが中にある」を指す．ここで鳩の巣原理と呼んだのはこの命題そのものではないがその‘変種’と考えてよいだろう．

定義 2.4.2 線型変換 f は全単射であるとき**正則な線型変換**であるという．正方行列 A は，それが正則な線型変換を与えるとき**正則行列**であるという．

次は定理 2.4.1 から明らかである．

系 2.4.3 n 次正方行列 A に対して，A が正則行列 $\Longleftrightarrow \operatorname{rank}(A) = n$.

線型変換 f（もしくは正方行列 A）が正則かどうかについて，階数という 1 つの数値で判定できることを系 2.4.3 は示している．なお，n 次の行列式を用いると，正則性に対して，さらに切れ味のよい判定法が得られるのだが，行列式について学ぶのはもう少し基礎を固めてからにしよう．

命題 2.4.4 n 次正方行列 A について

$$A = (\boldsymbol{a}_1, \ldots, \boldsymbol{a}_n) \text{ が正則} \Longleftrightarrow \boldsymbol{a}_1, \ldots, \boldsymbol{a}_n \text{ が線型独立.}$$

証明 $\boldsymbol{a}_1, \ldots, \boldsymbol{a}_n \in \mathbb{R}^n$ が線型独立であるということは $\operatorname{rank}(A) = n$ と同値である（定理 1.6.5）．よって系 2.4.3 より結果がしたがう． □

次の問の解答がすらすら書けるかどうか，自分の理解を確認してみよう．写像 f が全単射であれば逆写像 f^{-1} が存在する（付録 A.1 節）．

問 2.16 f を $\mathbb{R}^n$ の正則な線型変換とするとき，逆写像 f^{-1} は線型である．

n 次正則行列 A は正則な線型変換 $f : \mathbb{R}^n \to \mathbb{R}^n$ と対応している．逆写像 f^{-1} が存在し，線型であるから，ある n 次正方行列 B が対応するはずである．$f \circ f^{-1} = f^{-1} \circ f = \mathrm{id}_{\mathbb{R}^n}$ であるから

$$AB = BA = E \tag{2.12}$$

が成り立つ（線型写像の合成は行列の積に対応する）．このような B を A の**逆行列**と呼び，A^{-1}（A インヴァース）と書く．

問 2.17 正方行列 A に対して，A の逆行列は（存在するならば）一意的であることを示せ．

例 2.4.5 $\begin{pmatrix} 1 & a \\ 0 & 1 \end{pmatrix}$ は正則であり，逆行列は $\begin{pmatrix} 1 & -a \\ 0 & 1 \end{pmatrix}$ である．$a \neq 0, b \neq 0$ ならば $\begin{pmatrix} a & 0 \\ 0 & b \end{pmatrix}$ は正則であり，逆行列は $\begin{pmatrix} a^{-1} & 0 \\ 0 & b^{-1} \end{pmatrix}$ である．R_θ は正則で逆行列は $R_{-\theta}$ である．T_θ は正則で逆行列は T_θ そのものである．■

問 2.18 $A = \begin{pmatrix} a & b \\ c & d \end{pmatrix} = (\boldsymbol{a}_1, \boldsymbol{a}_2)$ とする．(1) $\det A = 0$ のとき

$$d\,\boldsymbol{a}_1 + (-c)\,\boldsymbol{a}_2 = \boldsymbol{0}, \quad (-b)\,\boldsymbol{a}_1 + a\,\boldsymbol{a}_2 = \boldsymbol{0} \tag{2.13}$$

を示せ．これを用いて，$\det A = 0$ ならば A が正則ではないことを示せ．

(2) $\det A \neq 0$ とする．A が正則であり，次が成り立つことを示せ：

$$A^{-1} = \frac{1}{\det A}\begin{pmatrix} d & -b \\ -c & a \end{pmatrix}. \tag{2.14}$$

正則行列 A に対して，方程式 $A\boldsymbol{x} = \boldsymbol{b}$ の（ただ1つの）解は次で与えられる：

$$\boldsymbol{x} = A^{-1}\boldsymbol{b}.$$

A^{-1} が計算できれば，行列のかけ算によって線型方程式の解が求められる．

問 2.19 連立線型方程式 (1.7) を逆行列の公式 (2.14) を用いて解け．

正則行列 A の逆行列を計算するためにまず，次のことに注目しよう．

命題 2.4.6 正方行列 A に対して，$AB = E$ をみたす正方行列 B があるならば A は正則であり，B は A の逆行列である．

証明 はじめに A が正則であることを示そう．A, B に対応する線型変換を f, g とする．$f \circ g = \mathrm{id}_{\mathbb{R}^n}$ なので，特に f は全射[*5]である．定理 2.4.1 より f は全単射，したがって A は正則である．よって $AB = E$ をみたす B が高々1つしか存在しないことを示せば命題はしたがう．$B = (\boldsymbol{b}_1, \ldots, \boldsymbol{b}_n)$ とすると $AB = E$ は，ベクトル $\boldsymbol{b}_1, \ldots, \boldsymbol{b}_i$ に対する次の線型方程式と等価である：

---

*5　$f \circ g$ が全射ならば f は全射である（付録問 A.2 参照）．

$$A\boldsymbol{b}_i = \boldsymbol{e}_i \quad (1 \leq i \leq n). \tag{2.15}$$

$\mathrm{rank}(A) = n$ なので，これらの方程式には一意的な解が存在する．つまり方程式 $AB = E$ によって B は一意的に求まる．よって命題は成立する． □

上の命題の証明は逆行列の計算法のヒントを含んでいる．A の逆行列 B を求めるには，n 個の線型方程式 (2.15) を解けばよい．A は階数 n の n 次正方行列なので，行変形で A から E に到達することができる．$\boldsymbol{b}_i$ を求めるには行変形により

$$(A \mid \boldsymbol{e}_i) \to \cdots \to (E \mid \boldsymbol{b}_i)$$

とすればよい．i ごとに掃き出し法を何度も実行しないといけないのかと思いきや，一度にまとめられることに気が付くだろうか？　つまり

$$(A|E) = (A \mid \boldsymbol{e}_1, \ldots, \boldsymbol{e}_n) \to \cdots \to (E \mid \boldsymbol{b}_1, \ldots, \boldsymbol{b}_n) = (E|B)$$

とすればよいのである．このように行変形は 1 通りで十分である．

例 2.4.7 $A = \begin{pmatrix} 1 & 1 & 0 \\ 0 & 1 & 1 \\ 0 & 0 & 1 \end{pmatrix}$ ならば

$$\left(\begin{array}{ccc|ccc} 1 & 1 & 0 & 1 & 0 & 0 \\ 0 & 1 & 1 & 0 & 1 & 0 \\ 0 & 0 & 1 & 0 & 0 & 1 \end{array}\right) \to \left(\begin{array}{ccc|ccc} 1 & 0 & 0 & 1 & -1 & 1 \\ 0 & 1 & 0 & 0 & 1 & -1 \\ 0 & 0 & 1 & 0 & 0 & 1 \end{array}\right)$$

なので

$$A^{-1} = \begin{pmatrix} 1 & -1 & 1 \\ 0 & 1 & -1 \\ 0 & 0 & 1 \end{pmatrix}$$

である．検算する場合はもちろん元の行列とのかけ算をすればよい． ■

注意 2.4.8 A を m 次正則行列，B を $m \times n$ 型行列とする．$A^{-1}B$ を計算するには，上記の A^{-1} の計算と同様に $(A|B)$ に行の変形を行って $(E|C)$ とすればよい．このとき $C = A^{-1}B$ である．2.6 節も参照せよ．

命題 2.4.9　対角成分がすべて 0 でない上三角行列は正則である.

証明　n 次正方行列 A が上三角行列であって，対角成分がすべて 0 でなければ，そのままで階段行列であって，階数が n である．よって A は正則行列である（系 2.4.3). □

問 2.20　正則行列 A, B の積 AB は正則行列であること，また $(AB)^{-1} = B^{-1}A^{-1}$ が成り立つことを示せ.

問 2.21　次の行列の逆行列があれば求めよ.

$$(1)\ \begin{pmatrix} -1 & 5 & -3 \\ 1 & -3 & 2 \\ 1 & -2 & 1 \end{pmatrix},\quad (2)\ \begin{pmatrix} 1 & 2 & 2 \\ 1 & 1 & 1 \\ 2 & 1 & 1 \end{pmatrix},\quad (3)\ \begin{pmatrix} 1 & a & 0 & 0 \\ 0 & 1 & a & 0 \\ 0 & 0 & 1 & a \\ 0 & 0 & 0 & 1 \end{pmatrix}.$$

注意 2.4.10　あらかじめ A が正則かどうかわからなくても $(A|E)$ を計算してみると，その過程で A の階数がわかるので A が正則かどうかわかる．A の階数を先に求めて正則かどうか調べてから逆行列を求めるのは二度手間になる.

正則な上三角行列と関連して次の簡単な事実を述べておこう.

問 2.22　$A = \begin{pmatrix} 1 & -1 & 0 & 1 & -1 \\ 1 & 0 & -1 & 0 & 1 \\ 1 & -1 & 2 & -1 & 1 \\ 1 & 1 & 0 & -1 & -1 \\ 1 & 3 & 2 & 3 & 1 \end{pmatrix}$, $B = \begin{pmatrix} 1 & 0 & 0 & 0 & 0 \\ 1 & 1 & 0 & 0 & 0 \\ 1 & 0 & 2 & 0 & 0 \\ 1 & 2 & 2 & 2 & 0 \\ 1 & 4 & 6 & 12 & 24 \end{pmatrix}$ とおく．A は正則である．$K := A^{-1}B$ を求めよ（注意 2.4.8 参照).

注意 2.4.11　K は対角成分が 1 の上三角行列であり，成分はすべて非負の整数である．K の成分は**コストカ数**（Kostka numbers）と呼ばれる．上記の問の $B = AK$ という等式は対称群の表現論においてヤングの規則（[2, 系 8.5.9]）と呼ばれるもの（4 次対称群の場合）にあたる.

正則な上三角行列と関連して次の簡単な事実を述べておこう.

命題 2.4.12　正則行列 A に対して，行のスカラー倍以外の行基本変形を繰り返し行って対角行列にできる.

証明　A は正則なので行変形で対角成分が 0 でない上三角行列にできる．その際に行のスカラー倍は必要ない．得られる上三角行列は対角成分が 0 でないので上向きに掃き出せば対角線より上の成分を消せる．　□

例 2.4.13　必要に応じて行の交換を使うが，行のスカラー倍をしないで

$$A = \begin{pmatrix} 0 & 0 & 7 \\ 3 & 6 & 3 \\ 2 & 2 & 1 \end{pmatrix} \to \begin{pmatrix} 3 & 6 & 3 \\ 0 & 0 & 7 \\ 2 & 2 & 1 \end{pmatrix} \to \begin{pmatrix} 3 & 6 & 3 \\ 0 & 0 & 7 \\ 0 & -2 & -1 \end{pmatrix} \to \begin{pmatrix} 3 & 6 & 3 \\ 0 & -2 & -1 \\ 0 & 0 & 7 \end{pmatrix}$$

と行変形できて $\begin{pmatrix} 3 & 0 & 0 \\ 0 & -2 & 0 \\ 0 & 0 & 7 \end{pmatrix}$ を得る．

■

注意 2.4.14　列基本変形についても同様で，正則行列に対して列のスカラー倍以外の列基本変形で対角行列にできる．

問 2.23　A を n 次正則行列，D を m 次正方行列とする．B, C をそれぞれ $n \times m$ 型，$m \times l$ 型の行列とするとき次を示せ：

$$\begin{pmatrix} A & B \\ C & D \end{pmatrix} = \begin{pmatrix} E & O \\ CA^{-1} & E \end{pmatrix} \begin{pmatrix} A & O \\ O & D - CA^{-1}B \end{pmatrix} \begin{pmatrix} E & A^{-1}B \\ O & E \end{pmatrix}. \tag{2.16}$$

課題 2.4　次の行列の逆行列を求めよ．

$$\begin{pmatrix} 1 & 1 & 1 & 1 & 1 \\ 0 & 1 & 2 & 3 & 4 \\ 0 & 0 & 1 & 3 & 6 \\ 0 & 0 & 0 & 1 & 4 \\ 0 & 0 & 0 & 0 & 1 \end{pmatrix}.$$

上三角成分は 2 項係数である．また，これを n 次に一般化せよ．つまり 2 項係数 ${}_mC_k$ を用いて n 次正方行列 $A = (a_{ij})$ を $i > j$ ならば $a_{ij} = 0$, $i \leq j$ ならば $a_{ij} = {}_{j-1}C_{i-1}$ と定めるとき，逆行列を求めよ．

2.5　直交変換

線型変換のうちで回転や鏡映のように2つのベクトルの内積の値を変えないものを直交変換と呼ぶ．直交変換は正則変換の典型的な例である．

$\mathbb{R}^n$ 上の内積

まず，内積を $\mathbb{R}^n$ に拡張することから始めよう．内積はベクトルの長さや「なす角」と関連するということを $\mathbb{R}^2$ の場合に簡単に説明した．$\mathbb{R}^n$ にはベクトル演算という構造があるわけだが，内積という付加的な構造を定める．$\boldsymbol{a} = (a_i)_{i=1}^n$, $\boldsymbol{b} = (b_i)_{i=1}^n \in \mathbb{R}^n$ に対して，次を定める：

$$(\boldsymbol{a}, \boldsymbol{b}) = \sum_{i=1}^{n} a_i b_i. \tag{2.17}$$

特に

$$(\boldsymbol{a}, \boldsymbol{a}) = a_1^2 + \cdots + a_n^2 \geq 0 \tag{2.18}$$

なので

$$\|\boldsymbol{a}\| := \sqrt{(\boldsymbol{a}, \boldsymbol{a})} \geq 0$$

が定義できる．$\|\boldsymbol{a}\|$ をベクトルの**長さ**（あるいは**ノルム**）という．

命題 2.5.1　$\boldsymbol{u}, \boldsymbol{v}, \boldsymbol{u}_1, \boldsymbol{u}_2, \boldsymbol{v}_1, \boldsymbol{v}_2 \in \mathbb{R}^n, c \in \mathbb{R}$ に対して，以下が成立する：

- $(\boldsymbol{u}_1 + \boldsymbol{u}_2, \boldsymbol{v}) = (\boldsymbol{u}_1, \boldsymbol{v}) + (\boldsymbol{u}_2, \boldsymbol{v})$, $(c\,\boldsymbol{u}, \boldsymbol{v}) = c(\boldsymbol{u}, \boldsymbol{v})$,
- $(\boldsymbol{u}, \boldsymbol{v}_1 + \boldsymbol{u}_2) = (\boldsymbol{u}, \boldsymbol{v}_1) + (\boldsymbol{u}, \boldsymbol{v}_2)$, $(\boldsymbol{u}, c\,\boldsymbol{v}) = c(\boldsymbol{u}, \boldsymbol{v})$,
- （対称性）$(\boldsymbol{u}, \boldsymbol{v}) = (\boldsymbol{v}, \boldsymbol{u})$,
- （正値性）$(\boldsymbol{u}, \boldsymbol{u}) \geq 0$ であり，等号は $\boldsymbol{u} = \boldsymbol{0}$ のときのみ成立する．

証明　初めの2つを合わせて**双線型性**という．行列のかけ算と和に関する分配法則，行列のスカラー倍についての性質からしたがう．対称性は定め方から明らかである．正値性は (2.18) からわかる．　□

問 2.24（コーシー・シュワルツの不等式） $\boldsymbol{a}, \boldsymbol{b} \in \mathbb{R}^n$ および任意の $t \in \mathbb{R}$ に対して $\| t\boldsymbol{a} - \boldsymbol{b} \|^2 \geq 0$ である．このことから $|(\boldsymbol{a}, \boldsymbol{b})| \leq \|\boldsymbol{a}\|\|\boldsymbol{b}\|$ を示せ．

$\boldsymbol{a}, \boldsymbol{b}$ が $\boldsymbol{0}$ でないとき，$\boldsymbol{a}, \boldsymbol{b}$ の**なす角** θ を定めることができる（$\mathbb{R}^2$ のときと同様）．$(\boldsymbol{a}, \boldsymbol{b}) = 0$ のとき $\boldsymbol{a}$ と $\boldsymbol{b}$ は**直交**するといい $\boldsymbol{a} \perp \boldsymbol{b}$ と書く．

問 2.25 $\boldsymbol{a} = \begin{pmatrix} 1 \\ -1 \\ 0 \end{pmatrix}$, $\boldsymbol{b} = \begin{pmatrix} -1 \\ 2 \\ -1 \end{pmatrix}$ のなす角を求めよ．

注意 2.5.2 内積の概念は命題 2.5.1 の性質をみたすものとして抽象化できる．つまり $\mathbb{R}^n$ 上の内積は (2.17) が唯一無二のものではない．線型代数を使った議論を行うとき，考えたい問題に応じて内積を定めることもよくある（一例を問題 2.1 に挙げた）．

直交変換，直交行列

$\mathbb{R}^n$ の線型変換 f が**直交変換**であるとは

$$(f(\boldsymbol{u}), f(\boldsymbol{v})) = (\boldsymbol{u}, \boldsymbol{v}) \quad (\boldsymbol{u}, \boldsymbol{v} \in \mathbb{R}^n) \tag{2.19}$$

が成り立つことである．$\|\boldsymbol{v}\| = \sqrt{(\boldsymbol{v}, \boldsymbol{v})}$ であるから，直交変換 f はベクトルの長さを変えない：

$$\|f(\boldsymbol{v})\| = \|\boldsymbol{v}\| \quad (\boldsymbol{v} \in \mathbb{R}^n). \tag{2.20}$$

問 2.26 ベクトルの長さを変えない線型変換は直交変換であることを示せ．

問 2.27 任意の直交変換は正則であることを示せ．

直交変換を表現する行列のことを**直交行列**（orthogonal matrix）と呼ぶ．つまり n 次正方行列 A は

$$(A\boldsymbol{u}, A\boldsymbol{v}) = (\boldsymbol{u}, \boldsymbol{v}) \quad (\boldsymbol{u}, \boldsymbol{v} \in \mathbb{R}^n) \tag{2.21}$$

をみたすとき直交行列であるという．単位行列 E は明らかに直交行列である．

正方行列 A が直交行列であるという性質を，計算で扱いやすい形に言い換える．準備として，行列 A（正方とは限らない）の**転置**（transpose）について説明しておく．$A=(a_{ij})$ を $m\times n$ 型行列とするとき (i,j) 成分が a_{ji} である $n\times m$ 型行列を A の**転置行列**と呼び ${}^tA$ により表す．英語の transpose の頭文字 t を A の左肩に書く．右肩に書くと t 乗に見えてしまう*6からである．${}^tA$ に対して転置をもう一度して得られる行列 ${}^t({}^tA)={}^{tt}A$ は A と一致する．

特別な場合として n 次の数ベクトル $\boldsymbol{v}\in\mathbb{R}^n$ を $n\times 1$ 型行列とみて転置したもの ${}^t\boldsymbol{v}$ は $1\times n$ 型行列，すなわち n 次の**横ベクトル***7（row vector）である．今後，スペースを節約するために，例えば $\begin{pmatrix}1\\2\end{pmatrix}$ を ${}^t(1,2)$ などと表記する場合もある．横ベクトルのより本質的な意味は 3.7 節で詳しく論じる．

内積は転置の記法により次のように書ける：

$$(\boldsymbol{a},\boldsymbol{b})={}^t\boldsymbol{a}\cdot\boldsymbol{b}=\begin{pmatrix}a_1 & \cdots & a_n\end{pmatrix}\begin{pmatrix}b_1\\ \vdots\\ b_n\end{pmatrix} \tag{2.22}$$

ここで ${}^t\boldsymbol{a}$ は $1\times n$ 型行列だとみて $n\times 1$ 型行列 $\boldsymbol{b}$ との積をとっている．結果は 1×1 型行列，すなわちスカラーである．

命題 2.5.3（転置と行列の積）　行列 A,B の積 AB が定義できるとき

$${}^t(AB)={}^tB\,{}^tA.$$

証明　$A=(a_{ij}),B=(b_{ij})$ とし，AB の (i,j) 成分を $(AB)_{ij}$ などと書くとき

$$\begin{aligned}({}^t(AB))_{ij}&=(AB)_{ji}=\sum_k a_{jk}b_{ki}\\&=\sum_k({}^tA)_{kj}({}^tB)_{ik}=\sum_k({}^tB)_{ik}({}^tA)_{kj}=\left({}^tB{}^tA\right)_{ij}.\end{aligned}$$

すべての成分が等しいので ${}^t(AB)={}^tB\,{}^tA$ である．　□

*6　A^T と書く流儀もある．

*7　行ベクトルという用語もある．本書では行列を構成している横ベクトルを指すときのみ行ベクトルと呼び，そうでない場合は単に横ベクトルと呼ぶ．

転置行列と内積は次の公式によってうまく関係している.

命題 2.5.4（随伴公式） A を n 次正方行列とするとき

$$(A\,\boldsymbol{u},\boldsymbol{v})=(\boldsymbol{u},{}^{t}A\,\boldsymbol{v})\quad(\boldsymbol{u},\boldsymbol{v}\in\mathbb{R}^n).$$

証明 行列の積の結合性と命題 2.5.3 などから次のように示せる：

$$\begin{aligned}(A\,\boldsymbol{u},\boldsymbol{v})&={}^{t}(A\,\boldsymbol{u})\,\boldsymbol{v}&&\text{（転置を使って内積を書く (2.22)）}\\&=({}^{t}\boldsymbol{u}{}^{t}A)\,\boldsymbol{v}&&\text{（命題 2.5.3）}\\&={}^{t}\boldsymbol{u}\,({}^{t}A\,\boldsymbol{v})&&\text{（結合法則）}\\&=(\boldsymbol{u},{}^{t}A\,\boldsymbol{v})&&\text{（再び (2.22)）}.\end{aligned}$$

□

定理 2.5.5 正方行列 A が直交行列であることは次と同値である：

$${}^{t}AA=A{}^{t}A=E.$$

証明 定理の条件が成り立つとき随伴公式から

$$(A\,\boldsymbol{u},A\,\boldsymbol{v})=({}^{t}AA\,\boldsymbol{u},\boldsymbol{v})=(E\boldsymbol{u},\boldsymbol{v})=(\boldsymbol{u},\boldsymbol{v}).$$

逆に A が直交行列であるとすると

$${}^{t}\boldsymbol{a}_i\,\boldsymbol{a}_j=(\boldsymbol{a}_i,\boldsymbol{a}_j)=(A\,\boldsymbol{e}_i,A\,\boldsymbol{e}_j)=(\boldsymbol{e}_i,\boldsymbol{e}_j)$$

がしたがう．行列 ${}^{t}AA$ の (i,j) 成分は定義から ${}^{t}\boldsymbol{a}_i\,\boldsymbol{a}_j$ である．$(\boldsymbol{e}_i,\boldsymbol{e}_j)$ は $i=j$ のとき 1 でそれ以外のときは 0 なので ${}^{t}AA=E$ がわかる．${}^{t}AA=E$ は ${}^{t}A=A^{-1}$ を意味する（命題 2.4.6）ので $A\,{}^{t}A=E$ も成り立つ． □

注意 2.5.6 証明の最後でみたように，A が直交行列であることを示すためには ${}^{t}AA=E$（あるいは $A\,{}^{t}A=E$）をみたすことを示せばよい．

問 2.28 定理 2.5.5 を用いて R_θ, T_θ が直交行列であることを示せ．また 2 次の直交行列は R_θ または T_θ であることを示せ．

上の定理の証明からわかったように，A を直交行列とするとき，A の列ベクトル $\boldsymbol{a}_1, \ldots, \boldsymbol{a}_n$ は

$$(\boldsymbol{a}_i, \boldsymbol{a}_j) = \delta_{ij} \tag{2.23}$$

をみたす．ここで δ_{ij} は**クロネッカーのデルタ**（記号）と呼ばれ

$$\delta_{ij} = \begin{cases} 1 & (i = j) \\ 0 & (i \neq j) \end{cases}$$

と定められる．この条件 (2.23) が成り立つとき，ベクトルの集まり $\boldsymbol{a}_1, \ldots, \boldsymbol{a}_n$ は**正規直交系**（orthonormal system）をなすという．それぞれの長さが 1 であって，相異なるものどうしが直交している．つまり

$$\| \boldsymbol{a}_i \| = 1 \quad (1 \leq i \leq n), \quad \boldsymbol{a}_i \perp \boldsymbol{a}_j \ (i \neq j)$$

という内容である．

系 2.5.7　直交行列の列ベクトル（行ベクトル）は正規直交系をなす．

証明　定理 2.5.5 の証明の中でみたように，列ベクトルについては定理 2.5.5 の言い換えである．A の行ベクトルは ${}^tA$ の列ベクトルなので，行ベクトルについては $A{}^tA = E$ からしたがう．□

問 2.29　正規直交系をなすベクトルの集合は線型独立であることを示せ．

例 2.5.8　次は直交行列である：

$$\begin{pmatrix} \frac{1}{\sqrt{3}} & \frac{1}{\sqrt{6}} & \frac{1}{\sqrt{2}} \\ \frac{1}{\sqrt{3}} & \frac{-2}{\sqrt{6}} & 0 \\ \frac{1}{\sqrt{3}} & \frac{1}{\sqrt{6}} & \frac{-1}{\sqrt{2}} \end{pmatrix}.$$

列ベクトル $\boldsymbol{a}_1, \boldsymbol{a}_2, \boldsymbol{a}_3$ が正規直交系をなしていることを確かめよう．例えば

$$(\boldsymbol{a}_1, \boldsymbol{a}_2) = \frac{1}{\sqrt{3}} \frac{1}{\sqrt{6}} (1 \cdot 1 + 1 \cdot (-2) + 1 \cdot 1) = 0$$

である．■

次が成り立つから正規直交系は便利である．

命題 2.5.9 $\boldsymbol{a}_1, \ldots, \boldsymbol{a}_k$ を正規直交系とする．$\boldsymbol{v} \in \langle \boldsymbol{a}_1, \ldots, \boldsymbol{a}_k \rangle$ に対して

$$\boldsymbol{v} = (\boldsymbol{a}_1, \boldsymbol{v})\,\boldsymbol{a}_1 + \cdots + (\boldsymbol{a}_k, \boldsymbol{v})\,\boldsymbol{a}_k.$$

証明 $\boldsymbol{v} = \sum_{i=1}^{k} c_i \boldsymbol{a}_i$ とする．このとき，内積の性質を用いて

$$(\boldsymbol{a}_j, \boldsymbol{v}) = (\boldsymbol{a}_j, \sum_{i=1}^{k} c_i \boldsymbol{a}_i) = \sum_{i=1}^{k} c_i (\boldsymbol{a}_j, \boldsymbol{a}_i) = \sum_{i=1}^{k} c_i \delta_{ji} = c_j.$$

最後の等号はクロネッカーのデルタを用いる計算の典型例である．j は固定されていて i が動く．$i = j$ の項だけが生き残ってそれ以外は消える． □

線型結合の係数を求めることは基本的には線型方程式を解くことである．次の問を解いてみれば命題 2.5.9 の有用さがわかるだろう．

問 2.30 例 2.5.8 の直交行列に対応する正規直交系を $\boldsymbol{a}_1, \boldsymbol{a}_2, \boldsymbol{a}_3$ とする．命題 2.5.9 を用いて $\boldsymbol{v} = {}^t(1, -1, 2)$ を $\boldsymbol{a}_1, \boldsymbol{a}_2, \boldsymbol{a}_3$ の線型結合として表せ．

命題 2.5.10 A, B を直交行列とするとき，積 AB も直交行列である．

証明 直交変換の合成が直交変換であることからわかる．行列の計算で示すなら以下のようにする．A, B が直交行列であるとすると ${}^t(AB)AB = {}^tB{}^tAAB = {}^tBEB = {}^tBB = E$ なので AB も直交行列である． □

問 2.31 2 次の鏡映を表す行列を 2 つかけると回転行列になることを示せ．

問 2.32 $\boldsymbol{a} \in \mathbb{R}^n$ が $\boldsymbol{0}$ でないとする．このとき

$$T_{\boldsymbol{a}}(\boldsymbol{v}) = \boldsymbol{v} - 2\frac{(\boldsymbol{a}, \boldsymbol{v})}{(\boldsymbol{a}, \boldsymbol{a})}\boldsymbol{a} \quad (\boldsymbol{v} \in \mathbb{R}^n) \tag{2.24}$$

により $\mathbb{R}^n$ の直交変換 $T_{\boldsymbol{a}}$ が定まることを示せ（問題 2.5 参照）．また，$T_{\boldsymbol{a}}$ の行列を

$$T_{\boldsymbol{a}} = E - \frac{2\,\boldsymbol{a}\,{}^t\boldsymbol{a}}{\|\boldsymbol{a}\|^2}$$

と書く[*8]ことができることを示せ．

*8 $\frac{2\,\boldsymbol{a}\,{}^t\boldsymbol{a}}{\|\boldsymbol{a}\|^2}$ はスカラー $\frac{2}{\|\boldsymbol{a}\|^2}$ を $n \times n$ 型行列 $\boldsymbol{a}\,{}^t\boldsymbol{a}$ にかけて得られる行列．

問 2.33　(2.4) で定めた $\boldsymbol{v}_2$ に対して，$T_{\boldsymbol{v}_2}$ が T_θ と一致することを示せ．

問 2.34　$n = 3, \boldsymbol{a} = {}^t(1,1,1)$ として (2.24) により $T_{\boldsymbol{a}}$ を定めるとき，その表現行列を求めよ．またそれが直交行列であることを確かめよ．

問 2.35　$\boldsymbol{x}, \boldsymbol{y} \in \mathbb{R}^n$ をノルムが等しい相異なるベクトルとする．$\boldsymbol{a} = \boldsymbol{x} - \boldsymbol{y}$ とするとき $T_{\boldsymbol{a}}(\boldsymbol{x}) = \boldsymbol{y}$, $T_{\boldsymbol{a}}(\boldsymbol{y}) = \boldsymbol{x}$ を示せ．

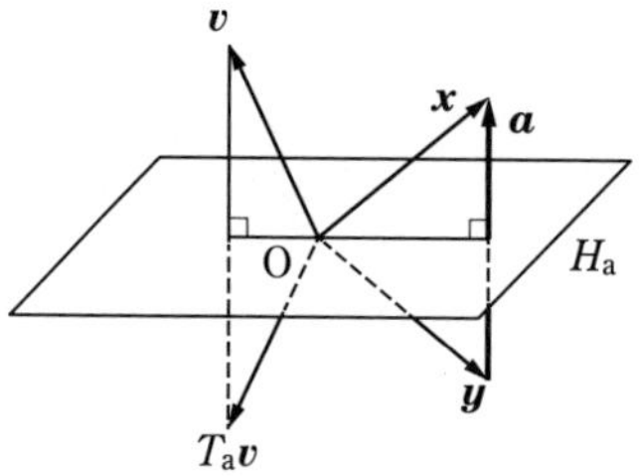

グラム・シュミットの直交化法

$\boldsymbol{a}_1, \ldots, \boldsymbol{a}_m \in \mathbb{R}^n$ が線型独立であるとする．$V = \langle \boldsymbol{a}_1, \ldots, \boldsymbol{a}_m \rangle$ の正規直交基底を構成する方法である**グラム・シュミットの直交化法**について説明する．

まず，$m = 1$ の場合，つまり $\boldsymbol{0}$ でないベクトル $\boldsymbol{a}_1 = \boldsymbol{a}$ が与えられているとき $V = \langle \boldsymbol{a} \rangle$ の正規直交基底を作る．V は1次元なので，基底は $\{\boldsymbol{u}\}$ のように1つのベクトルからなる．$\boldsymbol{u} = c\boldsymbol{a}(c \in \mathbb{R})$ として $(\boldsymbol{u}, \boldsymbol{u}) = 1$ が成り立つように c を決めよう．$(\boldsymbol{u}, \boldsymbol{u}) = (c\boldsymbol{a}, c\boldsymbol{a}) = c^2(\boldsymbol{a}, \boldsymbol{a}) = c^2|\boldsymbol{a}|^2$ なので $c = \pm|\boldsymbol{a}|^{-1}$ とすればよい．特別な理由がない限りプラスの符号を選ぶ．このように $\boldsymbol{a}$ から

$$\boldsymbol{u} = |\boldsymbol{a}|^{-1}\boldsymbol{a} \tag{2.25}$$

を作る操作を**正規化**という．正規化の意味は "正の実数をかけてノルムを1にする" ということである．適当に正の実数をかけたのちに正規化しても同じベクトルが得られる．

例 2.5.11　$\begin{pmatrix} 7 \\ 7 \end{pmatrix} = 7\begin{pmatrix} 1 \\ 1 \end{pmatrix}$ を正規化すると $\dfrac{1}{\sqrt{2}}\begin{pmatrix} 1 \\ 1 \end{pmatrix}$ になる．　■

$m = 2$ の場合が基本的である．$\boldsymbol{a}_1, \boldsymbol{a}_2$ が線型独立であるとする．まず $\boldsymbol{a}_1$

を正規化して $\boldsymbol{u}_1$ を作る．$\boldsymbol{a}_2$ は $\boldsymbol{u}_1$ と 直交しているとは限らないので $\boldsymbol{a}_2$ を修正して $\boldsymbol{a}'_2 = \boldsymbol{a}_2 - c\boldsymbol{u}_1$ として $\boldsymbol{a}'_2$ が $\boldsymbol{u}_1$ と直交するようにする．そのためには

$$0 = (\boldsymbol{u}_1, \boldsymbol{a}'_2) = (\boldsymbol{u}_1, \boldsymbol{a}_2 - c\,\boldsymbol{u}_1) = (\boldsymbol{u}_1, \boldsymbol{a}_2) - c(\boldsymbol{u}_1, \boldsymbol{u}_1) = (\boldsymbol{u}_1, \boldsymbol{a}_2) - c$$

が成り立つように $c = (\boldsymbol{u}_1, \boldsymbol{a}_2)$ とすればよい．したがって

$$\boldsymbol{a}'_2 = \boldsymbol{a}_2 - (\boldsymbol{u}_1, \boldsymbol{a}_2)\boldsymbol{u}_1$$

である．$\boldsymbol{a}'_2$ は $\boldsymbol{0}$ になることはない．もしも $\boldsymbol{a}'_2 = \boldsymbol{0}$ ならば $\boldsymbol{u}_1$ と $\boldsymbol{a}_2$ が線型従属になる．$\boldsymbol{u}_1$ は $\boldsymbol{a}_1$ のスカラー倍なので $\boldsymbol{a}_1$ と $\boldsymbol{a}_2$ が線型従属であることになり仮定に反する．よって $\boldsymbol{a}'_2$ を正規化することができるので，得られたベクトルを $\boldsymbol{u}_2$ とする．このとき $\boldsymbol{u}_2$ は $\boldsymbol{u}_1$ と直交する．構成の仕方から $\boldsymbol{u}_1, \boldsymbol{u}_2 \in V$ であって，直交性より $\boldsymbol{u}_1, \boldsymbol{u}_2$ は線型独立である．V は 2 次元なので $\boldsymbol{u}_1, \boldsymbol{u}_2$ は V の基底である．

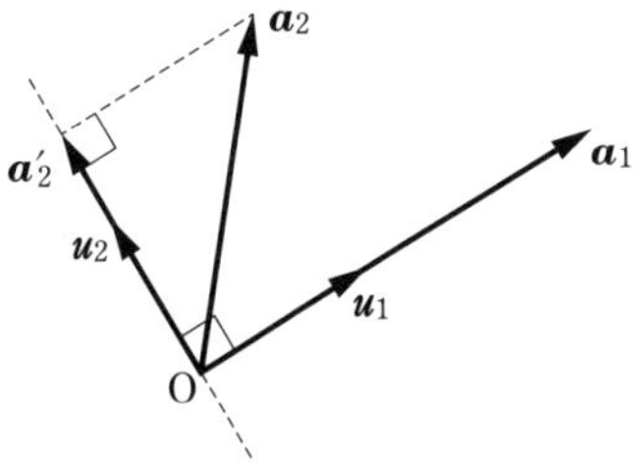

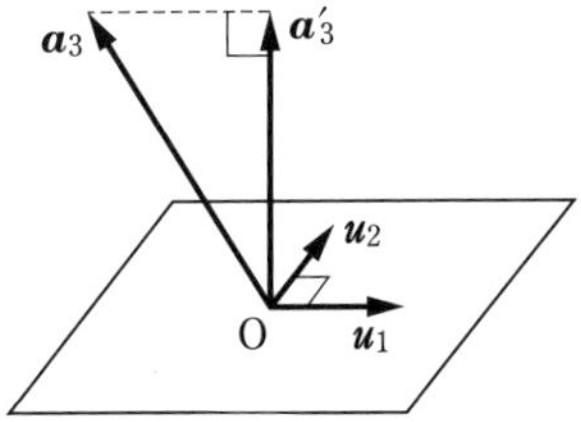

$m = 3$ の場合は $\boldsymbol{a}_1, \boldsymbol{a}_2$ に対して上記の方法で $\boldsymbol{u}_1, \boldsymbol{u}_2$ を作り，

$$\boldsymbol{a}'_3 = \boldsymbol{a}_3 - (\boldsymbol{u}_1, \boldsymbol{a}_3)\boldsymbol{u}_1 - (\boldsymbol{u}_2, \boldsymbol{a}_3)\boldsymbol{u}_2 \tag{2.26}$$

とおく．このとき $(\boldsymbol{u}_1, \boldsymbol{a}'_3) = (\boldsymbol{u}_2, \boldsymbol{a}'_3) = 0$ が確認できる．$\boldsymbol{a}'_3$ を正規化したものを $\boldsymbol{u}_3$ とすればよい．一般に $\boldsymbol{u}_1, \ldots, \boldsymbol{u}_{i-1}$ まで求めたとして

$$\boldsymbol{a}'_i = \boldsymbol{a}_i - \sum_{j=1}^{i-1} (\boldsymbol{u}_j, \boldsymbol{a}_i)\boldsymbol{u}_j$$

とおき，これを正規化したものを $\boldsymbol{u}_i$ とする[*9]．

例 2.5.12 $\boldsymbol{a}_1 = \begin{pmatrix} 1 \\ -1 \\ 0 \end{pmatrix}$，$\boldsymbol{a}_2 = \begin{pmatrix} 1 \\ 0 \\ 1 \end{pmatrix}$，$\boldsymbol{a}_3 = \begin{pmatrix} 0 \\ 1 \\ -1 \end{pmatrix}$ をグラム・シュミ

*9 $\boldsymbol{a}_1, \ldots, \boldsymbol{a}_i$ の線型独立性から $\boldsymbol{a}'_i = \boldsymbol{0}$ となることはない．

ットの方法で正規直交化しよう．$\boldsymbol{a}_1$ を正規化すると $\boldsymbol{u}_1 = \frac{1}{\sqrt{2}}\begin{pmatrix}1\\-1\\0\end{pmatrix}$ が得られる．このとき

$$\boldsymbol{a}_2' = \boldsymbol{a}_2 - (\boldsymbol{u}_1, \boldsymbol{a}_2)\boldsymbol{u}_1 = \begin{pmatrix}1\\0\\1\end{pmatrix} - \frac{1}{\sqrt{2}}\cdot\frac{1}{\sqrt{2}}\begin{pmatrix}1\\-1\\0\end{pmatrix} = \frac{1}{2}\begin{pmatrix}1\\1\\2\end{pmatrix}$$

であるから，これを正規化して $\boldsymbol{u}_2 = \frac{1}{\sqrt{6}}\begin{pmatrix}1\\1\\2\end{pmatrix}$ を得る[*10]．さらに

$$\begin{aligned}\boldsymbol{a}_3' &= \boldsymbol{a}_3 - (\boldsymbol{u}_1, \boldsymbol{a}_3)\boldsymbol{u}_1 - (\boldsymbol{u}_2, \boldsymbol{a}_3)\boldsymbol{u}_2\\ &= \begin{pmatrix}0\\1\\-1\end{pmatrix} - \frac{-1}{\sqrt{2}}\cdot\frac{1}{\sqrt{2}}\begin{pmatrix}1\\-1\\0\end{pmatrix} - \frac{-1}{\sqrt{6}}\cdot\frac{1}{\sqrt{6}}\begin{pmatrix}1\\1\\2\end{pmatrix} = \frac{2}{3}\begin{pmatrix}1\\1\\-1\end{pmatrix}\end{aligned}$$

なので，これを正規化して $\boldsymbol{u}_3 = \frac{1}{\sqrt{3}}\begin{pmatrix}1\\1\\-1\end{pmatrix}$ を得る．■

問 2.36（QR 分解）　正則行列 A に対して，直交行列 Q と 上三角行列 R が存在して $A = QR$ が成り立つことをグラム・シュミットの方法を用いて[*11]示せ．

課題 2.5　$\boldsymbol{a}_1 = \begin{pmatrix}1\\-1\\0\end{pmatrix}$，$\boldsymbol{a}_2 = \begin{pmatrix}1\\0\\-1\end{pmatrix}$，$\boldsymbol{a}_3 = \begin{pmatrix}3\\4\\-5\end{pmatrix}$ を正規直交化せよ．

---

*10　式 (2.25) の通りに正直に $\|\boldsymbol{a}_2'\| = \sqrt{(\frac{1}{2})^2 + (\frac{1}{2})^2 + 1^2} = \sqrt{\frac{3}{2}}$ と計算して $\boldsymbol{u}_2 = \left(\sqrt{\frac{3}{2}}\right)^{-1} {}^t(\frac{1}{2}, \frac{1}{2}, 1) = {}^t(\frac{1}{\sqrt{6}}, \frac{1}{\sqrt{6}}, \frac{2}{\sqrt{6}})$ としなくてもよい（間違えそうだから）．例 2.5.11 とその上の説明を参照せよ．

*11　QR 分解は固有値の数値的な計算などにも有効である．ただし，数値計算ではグラム・シュミットの方法ではなく別な方法で QR 分解を求めることが多い．例えば，直交鏡映を用いるハウスホルダー法と呼ばれるものがある（問題 2.11 参照）．

2.6 探究——基本変形と基本行列

基本変形を行列のかけ算によって実現することができる．この事実から，行変形の理論的な意味を再解釈し，これまでに学んだことを整理しよう．

基本行列

行基本変形 α を単位行列 E に行った結果を E_α とする．これを α に対応する**基本行列**と呼ぶ．第 i 行の c 倍を第 j 行に加えるという変形を $r_j \mapsto r_j + c\,r_i$ と書き表すことを思い出そう．

例 2.6.1 α を $r_3 \mapsto r_3 + c\,r_2$，β を $r_2 \leftrightarrow r_3$ とすると

$$E_\alpha = \begin{pmatrix} 1 & 0 & 0 \\ 0 & 1 & 0 \\ 0 & c & 1 \end{pmatrix}, \quad E_\beta = \begin{pmatrix} 1 & 0 & 0 \\ 0 & 0 & 1 \\ 0 & 1 & 0 \end{pmatrix}.$$

■

定理 2.6.2 行列 A に行基本変形 α を行って得られる行列を B とすると

$$B = E_\alpha A.$$

証明 2 行の行列に対する $\alpha : r_2 \mapsto r_2 + c\,r_1$ という基本変形については，対応する基本行列は $E_\alpha = \begin{pmatrix} 1 & 0 \\ c & 1 \end{pmatrix}$ であり

$$\begin{pmatrix} 1 & 0 \\ c & 1 \end{pmatrix} \begin{pmatrix} a_1 & \cdots & a_n \\ b_1 & \cdots & b_n \end{pmatrix} = \begin{pmatrix} a_1 & \cdots & a_n \\ b_1 + c\,a_1 & \cdots & b_n + c\,b_n \end{pmatrix}$$

が成り立つ．一般に $i \neq j$ として $r_j \mapsto r_j + c\,r_i$ という変形は i 行と j 行以外は変化がないのでこれと同様である．他の 2 つのタイプの行基本変形についても

$$\begin{pmatrix} 1 & 0 \\ 0 & c \end{pmatrix} \begin{pmatrix} a_1 & \cdots & a_n \\ b_1 & \cdots & b_n \end{pmatrix} = \begin{pmatrix} a_1 & \cdots & a_n \\ c\,b_1 & \cdots & c\,b_n \end{pmatrix} \quad (c \neq 0),$$

$$\begin{pmatrix} 0 & 1 \\ 1 & 0 \end{pmatrix} \begin{pmatrix} a_1 & \cdots & a_n \\ b_1 & \cdots & b_n \end{pmatrix} = \begin{pmatrix} b_1 & \cdots & b_n \\ a_1 & \cdots & a_n \end{pmatrix}$$

のように命題の主張が確認できる． □

行基本変形を $A \xrightarrow{\beta} A' \xrightarrow{\alpha} A''$ と合成して得られる行変形は $E_\alpha E_\beta$ を左からかけることで実現される．特に恒等変形（何もしない変形）には単位行列 E が対応する．α の逆の変形を α^{-1} で表すとき

$$E_\alpha E_{\alpha^{-1}} = E_{\alpha^{-1}} E_\alpha = E \tag{2.27}$$

が成り立つ．したがって E_α は正則行列であって $E_\alpha^{-1} = E_{\alpha^{-1}}$ が成り立つ．

命題 2.6.3　行列の行変形 $A \to B$ に対し $B = PA$ をみたす正則行列 P が存在する．このとき P はいくつかの基本行列の積である．

証明　行基本変形 $\alpha_1, \ldots, \alpha_l$ が存在して $A \xrightarrow{\alpha_1} \cdots \xrightarrow{\alpha_l} B$ が成り立つとする．このとき

$$B = E_{\alpha_l} \cdots E_{\alpha_1} A$$

が成り立つ．このとき $P = E_{\alpha_l} \cdots E_{\alpha_1}$ とおくと，これは基本行列の積であり，したがって正則行列である． □

行の変形によって列ベクトルの線型関係が保たれること（命題 1.6.8）は上の事実（命題 2.6.3）からも理解できる．$A = (\boldsymbol{a}_1, \ldots, \boldsymbol{a}_n) \longrightarrow B = PA = (\boldsymbol{b}_1, \ldots, \boldsymbol{b}_n)$ とすると $\boldsymbol{b}_i = P\boldsymbol{a}_i$ であり，線型関係式 $\sum_{i=1}^n c_i \boldsymbol{a}_i = \boldsymbol{0}$ に左から P をかけることで $\sum_{i=1}^n c_i \boldsymbol{b}_i = \boldsymbol{0}$ が導かれる．特に，行の基本変形で行列の階数（定理 1.6.13 の意味での階数）は変化しないことがわかる．

系 2.6.4　任意の正則行列はいくつかの基本行列の積である．

証明　A を正則行列とすると行変形 $A \to E$ がある．命題 2.6.3 より，$E = PA$ をみたす基本行列の積 $P = E_{\alpha_l} \cdots E_{\alpha_1}$ がある．このとき

$$A = E_{\alpha_1}^{-1} \cdots E_{\alpha_l}^{-1} = E_{\alpha_1^{-1}} \cdots E_{\alpha_l^{-1}}$$

である． □

列の基本変形と基本行列

線型方程式を解くときは行の基本変形が基本的であったが，行列に対して列に関する基本変形を考えることもできる．列の基本変形 α を単位行列に施して得られる行列を E_α とする．第 j 列を c_j として，$c_j \mapsto c_j + 2c_i$ などにより列基本変形を表そう．

例 2.6.5 α が $c_1 \mapsto c_1 - 2c_2$ のとき $E_\alpha = \begin{pmatrix} 1 & 0 \\ -2 & 1 \end{pmatrix}$ である．なお，β を $r_2 \mapsto r_2 - 2r_1$ とするとき，行列としては $E_\alpha = E_\beta$ であるが，行の変形と列の変形を区別していれば混乱は起きないであろう． ■

行の場合とまったく同様に以下が成り立つ．

命題 2.6.6 行列 A に列基本変形 α を行って得られる行列を B とすると

$$B = AE_\alpha.$$

行の変形 α と列の変形 β について

$$(E_\alpha A)E_\beta = E_\alpha(AE_\beta)$$

だから，行の変形と列の変形は可換である，つまりどちらを先に施しても結果は同じである．

定理 2.6.7（階数標準形） 任意の行列 A に行と列の基本変形を繰り返すと

$$\left(\begin{array}{ccc|c} 1 & & & \\ & \ddots & & O \\ & & 1 & \\ \hline & O & & O \end{array}\right)$$

という形にできる．左上のブロックは r 次の単位行列である．このとき r は A の階数である．これを A の**階数標準形**という．

証明 行基本変形により簡約化された行階段行列にしてから，列の交換をして主成分のある列を左に集めると

$$
\left(\begin{array}{ccc|ccc}
1 & & & * & \cdots & * \\
& \ddots & & \vdots & & \vdots \\
& & 1 & * & \cdots & * \\
\hline
& & & & & \\
& O & & & O & \\
& & & & &
\end{array}\right)
$$

の形になる．さらに列の掃き出しで右上のブロックの成分 $*$ をすべて 0 にできる． □

定理 2.6.7 の証明から，$m \times n$ 型行列 A に対して，それぞれ m, n 次の正則行列 P, Q が存在して $B = PAQ$ が**階数標準形**になることがわかる．P は行の変形，Q は列の変形に対応している．

系 2.6.8（転置に関する階数の不変性）　任意の行列 A に対して，次が成り立つ：

$$\mathrm{rank}(A) = \mathrm{rank}({}^tA).$$

したがって $\mathrm{rank}(A)$ は A の行ベクトルに含まれる線型独立なベクトルの最大個数と一致する．

証明　まず，P が正則行列ならば ${}^tP$ も正則であることを示そう．$P^{-1}P = E$ の両辺の転置をとると ${}^tP\,{}^t(P^{-1}) = E$ を得る．よって ${}^t(P^{-1})$ は ${}^tP$ の逆行列である（命題 2.4.6 参照）．したがって ${}^tP$ は正則行列である．

A の階数標準形を B とすると $B = PAQ$ となる正則行列 P, Q をとることができる．このとき ${}^tB = {}^tQ{}^tA{}^tP$ となる．${}^tQ, {}^tP$ は正則なので ${}^tA$ の階数標準形は ${}^tB$ である．行列の形から明らかに $\mathrm{rank}({}^tB) = \mathrm{rank}(B)$ が成り立つので $\mathrm{rank}(A) = \mathrm{rank}({}^tA)$ も成り立つ． □

上の系はとても重要なので 3.7 節および 4.6 節で別証明を与える．

章末問題

問題 2.1　$\boldsymbol{a}, \boldsymbol{b} \in \mathbb{R}^3$ に対して $(\boldsymbol{a}, \boldsymbol{b}) = \frac{1}{6}(a_1b_1 + 3a_2b_2 + 2a_3b_3)$ と定める*12．このとき $\boldsymbol{a}_1 = {}^t(1,1,1)$，$\boldsymbol{a}_2 = {}^t(2,0,-1)$，$\boldsymbol{a}_3 = {}^t(1,-1,1)$ が正規直交系をなすこと，つまり $(\boldsymbol{a}_i, \boldsymbol{a}_j) = \delta_{ij}$ を示せ．

問題 2.2（直線への直交射影）　$\mathbf{0}$ でないベクトル $\boldsymbol{a} = \overrightarrow{\mathrm{OA}}$ に対して $\boldsymbol{v} = \overrightarrow{\mathrm{OP}}$ で定まる点 P から直線 OA に下ろした垂線の足を Q とし $\boldsymbol{v}' = \overrightarrow{\mathrm{OQ}}$ とする．次を示せ．

$$\boldsymbol{v}' = \frac{(\boldsymbol{v}, \boldsymbol{a})}{(\boldsymbol{a}, \boldsymbol{a})}\boldsymbol{a}. \tag{2.28}$$

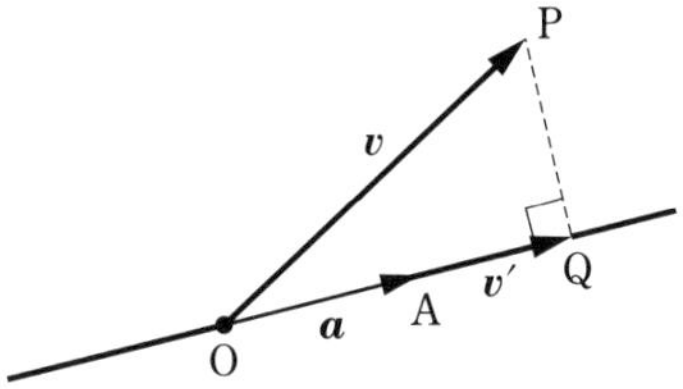

問題 2.3　次により行列 I, J, K を定める：

$$I = \begin{pmatrix} 0 & -1 & 0 & 0 \\ 1 & 0 & 0 & 0 \\ 0 & 0 & 0 & -1 \\ 0 & 0 & 1 & 0 \end{pmatrix},\ J = \begin{pmatrix} 0 & 0 & -1 & 0 \\ 0 & 0 & 0 & 1 \\ 1 & 0 & 0 & 0 \\ 0 & -1 & 0 & 0 \end{pmatrix},\ K = \begin{pmatrix} 0 & 0 & 0 & -1 \\ 0 & 0 & -1 & 0 \\ 0 & 1 & 0 & 0 \\ 1 & 0 & 0 & 0 \end{pmatrix}.$$

(1) 次が成り立つことを示せ．

$$I^2 = J^2 = K^2 = -E,$$
$$IJ = -JI = K, \quad JK = -KJ = I, \quad KI = -IK = J$$

(2) $\alpha = aE + bI + cJ + dK$ $(a, b, c, d \in \mathbb{R})$ という形の行列全体*13が加法および乗法に関して閉じていることを示せ．

問題 2.4　$A = \begin{pmatrix} \alpha & 1 & & & \\ & \alpha & 1 & O & \\ & & \ddots & \ddots & \\ & O & & \alpha & 1 \\ & & & & \alpha \end{pmatrix}$ とする．A^k を求めよ．

問題 2.5（鏡映変換）　$\boldsymbol{a} \in \mathbb{R}^n$ を $\mathbf{0}$ でないベクトルとする．$\mathbb{R}^n$ の部分集合

*12　通常の内積とは異なるが，命題 2.5.1 と同じ性質をみたす一般化された意味の内積である．

*13　ハミルトンの四元数と呼ばれるものの行列による表現である．問 2.6 と比較せよ．

$$H_{\boldsymbol{a}} = \{\boldsymbol{v} \in \mathbb{R}^n \mid (\boldsymbol{a}, \boldsymbol{v}) = 0\}$$

は $\mathbb{R}^n$ における原点を含む超平面，すなわち $(n-1)$ 次元の部分空間である．$H_{\boldsymbol{a}}$ に関する鏡映*14が (2.24) で定まる $T_{\boldsymbol{a}}$ により与えられることを示せ．

問題 2.6（LU 分解）　正則行列 A に対して，行変形（下向きの掃き出し）

$$\alpha_j : i = j+1, \ldots, n \text{ に対して } i \text{ 行から } j \text{ 行の } l_{ij} \text{ 倍を引く}$$

を α_1 から順に α_{n-1} まで行った結果，上三角行列 U が得られたと仮定する．このとき $L = (l_{ij})$ とすれば $A = LU$ が成り立つ．ただし $l_{ii} = 1$, $l_{ij} = 0\ (i < j)$ とする．以上を示せ．

注意 2.6.9　これを**LU 分解***15あるいは**ガウス分解**と呼ぶ．L, U は A に対して一意的である．A の LU 分解を求める計算量は通常の掃き出し法で $A\boldsymbol{x} = \boldsymbol{b}$ を解くのと同じ程度である．しかし，LU 分解が得られると，$\boldsymbol{b}$ を与えて $A\boldsymbol{x} = \boldsymbol{b}$ を解くときに $L\boldsymbol{y} = \boldsymbol{b}$ と $U\boldsymbol{x} = \boldsymbol{y}$ の 2 段階に分けることにより，少ない計算量で解が求められる．なお，正則行列 A が LU 分解できるための条件については注意 6.2.15 を参照せよ．

問題 2.7　$A = \begin{pmatrix} 1 & 1 & 1 \\ 2 & 5 & 4 \\ 1 & 2 & 4 \end{pmatrix}$ を LU 分解せよ．

問題 2.8（離散コサイン基底）　$0 \leq j \leq n-1$ に対して，ベクトル $\boldsymbol{v}^{(j)} \in \mathbb{R}^n$ を成分 $v_s^{(j)}\ (0 \leq s \leq n-1)$ が次で定まるものとする：

$$v_s^{(j)} = \begin{cases} \sqrt{\dfrac{1}{n}} & (j = 0), \\ \sqrt{\dfrac{2}{n}} \cos\left(\dfrac{\pi}{n}\left(s + \dfrac{1}{2}\right) j\right) & (1 \leq j \leq n-1). \end{cases}$$

このとき $\{\boldsymbol{v}^{(0)}, \boldsymbol{v}^{(1)}, \ldots, \boldsymbol{v}^{(n-1)}\}$ が正規直交系であることを示せ．

注意 2.6.10　離散的なデータを扱う離散フーリエ解析で用いられる．例えば画像ファイルの規格である JPEG では 2D 離散コサイン基底（テンソル積空間 $\mathbb{R}^m \otimes \mathbb{R}^n$ の正規直交基底）が用いられる．

問題 2.9　A を正方とは限らない実行列とする．次を示せ．(1) $\mathrm{Ker}({}^tAA) = \mathrm{Ker}(A)$, (2) $\mathrm{Im}({}^tAA) = \mathrm{Im}({}^tA)$. したがって $\mathrm{rank}({}^tAA) = \mathrm{rank}(A)$.

注意 2.6.11　A は実数を係数とする行列とする．複素行列の場合は転置の代わりにエルミート共役（6.1 節参照）を用いれば同様のことが成り立つ．証明には内積の正値性を用いる．

---

*14　$T_{\boldsymbol{a}}$ は $\boldsymbol{v} \in H_{\boldsymbol{a}}$ に対して $T_{\boldsymbol{a}}(\boldsymbol{v}) = \boldsymbol{v}$ であって $T_{\boldsymbol{a}}(\boldsymbol{a}) = -\boldsymbol{a}$ をみたす $\mathbb{R}^n$ の線型変換として一意的に定まる．

*15　L,U は Lower と Upper の意味．LR 分解と呼ばれることもある（Left と Right）．

問題 2.10（正規方程式） A を $m \times n$ 型行列とし $\boldsymbol{b} \in \mathbb{R}^n$ とする．正規方程式 ${}^tAA\,\boldsymbol{x} = {}^tA\,\boldsymbol{b}$（問題 1.5, (1.31) 参照）について次を示せ．

(1) 正規方程式には必ず解が存在する．

(2) $\mathrm{rank}(A) = n$ ならば正規方程式の解は一意的である．

問題 2.11（直交鏡映による QR 分解） A を正則行列とする．$A = QR$ をみたす直交行列 Q と上三角行列 R を以下のように求める．

$\boldsymbol{v} \in \mathbb{R}^n$ に対して $\boldsymbol{v}^{(i)}$ を $i-1$ 成分までは $\boldsymbol{v}$ と同じ成分をもち，$i+1$ 成分以降は 0 であり，$\boldsymbol{v}$ と同じ長さをもつベクトルとする（符号を除いて一意的）．

A の第 1 列を $\boldsymbol{a}_1$ とする． $P_1 = T_{\boldsymbol{a}_1 - \boldsymbol{a}_1^{(1)}}$ とおくと P_1A は第 1 列が $\boldsymbol{a}_1^{(1)}$ になる（問 2.35 参照）．P_1A の第 2 列を $\boldsymbol{a}_2$ とする． $P_2 = T_{\boldsymbol{a}_2 - \boldsymbol{a}_2^{(2)}}$ とおくと P_2P_1A は $(\boldsymbol{a}_1^{(1)}, \boldsymbol{a}_2^{(2)}, *, \cdots, *)$ の形になる．これを繰り返して P_{i-1} まで得られたとする．$P_{i-1} \cdots P_1A$ の第 i 列を $\boldsymbol{a}_i$ とする． $P_i = T_{\boldsymbol{a}_i - \boldsymbol{a}_i^{(i)}}$ とおくと $P_n \cdots P_1A$ は $(\boldsymbol{a}_1^{(1)}, \cdots, \boldsymbol{a}_i^{(i)}, *, \cdots, *)$ の形になる．$P_n \cdots P_1A = (\boldsymbol{a}_1^{(1)}, \cdots, \boldsymbol{a}_n^{(n)})$ は上三角行列なのでこれを R とする．$Q = P_1 \cdots P_n$ とすれば直交行列であり $A = QR$ が成り立つ．

例 2.5.12 の $\boldsymbol{a}_1, \boldsymbol{a}_2, \boldsymbol{a}_3$ に対して $A = (\boldsymbol{a}_1, \boldsymbol{a}_2, \boldsymbol{a}_3)$ の QR 分解をこの方法で与えよ．

注意 2.6.12 $\boldsymbol{a}_i^{(i)}$ の (i,i) 成分を正になるようにとることができる．そうすれば R の対角成分はすべて正である．

第3章　線型空間

線型部分空間を定義し，その基底や次元について議論する．基底は線型部分空間に座標を与える働きをする．そのとき，次元は座標成分の個数と解釈でき，線型部分空間は数ベクトル空間と同一視できる．線型写像の概念は抽象化されるが，各空間の基底を選ぶことにより，線型写像はやはり行列で表現される．基底をとり替えたときの，表現行列および座標の変換法則までを扱う．

3.1　線型部分空間

$\mathbb{R}^n$ の部分集合であって，ベクトル演算で閉じた集合について考える．原点を含む直線や平面などを一般化した概念である．

線型部分空間の定義

定義 3.1.1　$\mathbb{R}^n$ のベクトルからなる空集合でない集合 V は次が成り立つとき**線型部分空間**（linear subspace）あるいは簡単に**部分空間**であるという．

(i) すべての $\boldsymbol{u}, \boldsymbol{v} \in V$ に対して $\boldsymbol{u} + \boldsymbol{v} \in V$ が成り立つ．

(ii) すべての $c \in \mathbb{R}$, $\boldsymbol{u} \in V$ に対して $c\boldsymbol{u} \in V$ が成り立つ．

例えば $\mathbb{R}^n$ 自身は明らかに $\mathbb{R}^n$ の部分空間である．零ベクトル $\mathbf{0}$ だけからなる部分集合 $\{\mathbf{0}\}$ も部分空間である．V は空集合でないので，ある $\boldsymbol{v} \in V$ をとるとき (ii) より $0 \cdot \boldsymbol{v} = \mathbf{0} \in V$．よって部分空間は必ず $\mathbf{0}$ を含む．

命題 3.1.2　$\boldsymbol{v}_1, \ldots, \boldsymbol{v}_k \in \mathbb{R}^n$ が張る空間 $\langle \boldsymbol{v}_1, \ldots, \boldsymbol{v}_k \rangle$ は部分空間である．

証明　$\langle \boldsymbol{v}_1, \ldots, \boldsymbol{v}_k \rangle$ が空集合でないことは，例えば各 $\boldsymbol{v}_i$ を含むことからわかる．(i) $\boldsymbol{u}, \boldsymbol{v} \in \langle \boldsymbol{v}_1, \ldots, \boldsymbol{v}_k \rangle$ を $\boldsymbol{u} = \sum_{i=1}^k c_i \cdot \boldsymbol{v}_i$, $\boldsymbol{v} = \sum_{i=1}^k c'_i \cdot \boldsymbol{v}_i$ と書くとき $\boldsymbol{u} + \boldsymbol{v} = \sum_{i=1}^k (c_i + c'_i) \cdot \boldsymbol{v}_i \in \langle \boldsymbol{v}_1, \ldots, \boldsymbol{v}_k \rangle$ である．(ii) $c \in \mathbb{R}$ に対して $c\,\boldsymbol{u} = \sum_{i=1}^k (c\,c_i) \cdot \boldsymbol{v}_i \in \langle \boldsymbol{v}_1, \ldots, \boldsymbol{v}_k \rangle$ である．　□

例 3.1.3（座標部分空間）　例えば $\mathbb{R}^3$ において座標を (x, y, z) とするとき xy 平面は $\mathbb{R}^3$ の部分空間である．一般に $\{1, \ldots, n\}$ の部分集合 I に対して x_i $(i \in I)$ 以外の座標がすべて 0 である部分集合は $\mathbb{R}^n$ の部分空間である．このようなものを**座標部分空間**（coordinate subspace）という．これを $\mathbb{R}^I$ と書く．$\mathbb{R}^I = \langle \boldsymbol{e}_i \mid i \in I \rangle$ と表すこともできる．　■

命題 3.1.4　$V \subset \mathbb{R}^n$ を部分空間，$\boldsymbol{v}_1, \ldots, \boldsymbol{v}_k \in V$ とすると $\langle \boldsymbol{v}_1, \cdots, \boldsymbol{v}_k \rangle \subset V$.

証明　$c_1, \ldots c_k \in \mathbb{R}$ とする．i に関する帰納法で $\boldsymbol{u}_i := c_1\,\boldsymbol{v}_1 + \cdots + c_i\,\boldsymbol{v}_i \in V$ を示す．定義 3.1.1 (ii) より $\boldsymbol{u}_1 = c_1 \boldsymbol{v}_1 \in V$ である．$i \geq 2$ として $\boldsymbol{u}_{i-1} \in V$ が成り立つとする．(ii) より $c_i\,\boldsymbol{v}_i \in V$ なので (i) より $\boldsymbol{u}_i = \boldsymbol{u}_{i-1} + c_i\,\boldsymbol{v}_i \in V$ である．　□

V, W を $\mathbb{R}^n$ の部分空間とする．**交わり** $V \cap W$ および**和空間**

$$V + W := \{\boldsymbol{v} + \boldsymbol{w} \mid \boldsymbol{v} \in V,\ \boldsymbol{w} \in W\}$$

が $\mathbb{R}^n$ の部分空間であることが定義から確かめられる．

問 3.1　V, W を $\mathbb{R}^n$ の部分空間とする．和集合 $V \cup W = \{\boldsymbol{a} \in \mathbb{R}^n \mid \boldsymbol{a} \in V$ または $\boldsymbol{a} \in W\}$ は一般には $\mathbb{R}^n$ の部分空間ではないことを示せ．

線型写像の核空間

$f : \mathbb{R}^n \to \mathbb{R}^m$ を線型写像とする．核空間 $\mathrm{Ker}(f)$ は $\mathbb{R}^n$ の部分空間である（問 2.15）．f の表現行列を A とすると $\mathrm{Ker}(f) = \mathrm{Ker}(A)$ である．すでに学んだように，斉次形方程式 $A\boldsymbol{x} = \boldsymbol{0}$ の解の自由度を d とすると，基本解 $\boldsymbol{u}_1, \ldots, \boldsymbol{u}_d \in \mathrm{Ker}(A)$ が存在して，任意の $\boldsymbol{u} \in \mathrm{Ker}(A)$ に対して

$$\boldsymbol{u} = c_1\boldsymbol{u}_1 + \cdots + c_d\boldsymbol{u}_d$$

をみたす $c_1, \ldots, c_d \in \mathbb{R}$ が一意的に定まる．つまり，基本解 $\boldsymbol{u}_1, \ldots, \boldsymbol{u}_d$ を基準として固定すれば，$\mathrm{Ker}(A)$ の元を 1 つ指定することはパラメータの値の組 ${}^t(t_1, \ldots, t_d) \in \mathbb{R}^d$ を指定することと同じである．

斉次形方程式 $A\boldsymbol{x} = \boldsymbol{0}$ の主変数を $x_{i_1}, \ldots, x_{i_r}$，自由変数を $x_{j_1}, \ldots, x_{j_d}$ とすると解のパラメータの空間は座標部分空間 $\mathbb{R}^{\{j_1,\ldots,j_d\}}$（例 3.1.3 の記号）であって，パラメータ付けは

$$\mathbb{R}^{\{j_1,\ldots,j_d\}} \ni \sum_{k=1}^{d} t_k\boldsymbol{e}_{j_k} \longmapsto \sum_{k=1}^{d} t_k\boldsymbol{u}_k \in \mathrm{Ker}(A) \tag{3.1}$$

により与えられる．図のように $\mathrm{Ker}(A)$ は座標部分空間 $\mathbb{R}^{\{j_1,\ldots,j_d\}}$ を斜めに傾けた形で $\mathbb{R}^n$ に含まれている[*1]．

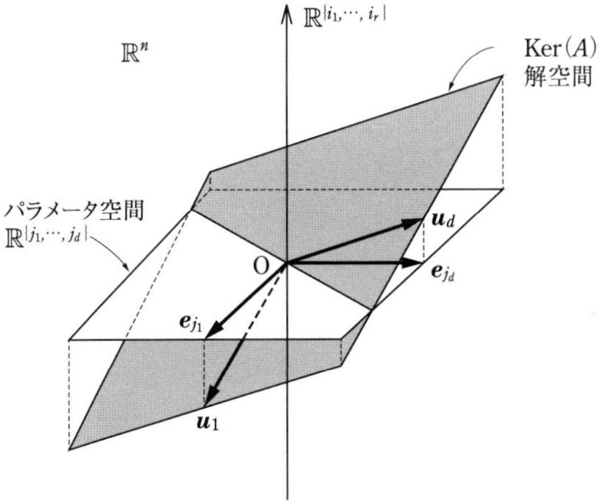

*1　$\boldsymbol{u}_k$ は $\mathbb{R}^{\{i_1,\ldots,i_r\}}$ 方向の座標を無視すれば $\boldsymbol{e}_{j_k}$ と一致している．$\mathbb{R}^{\{i_1,\ldots,i_r\}}$ 方向を 0 につぶす $\mathbb{R}^n$ から $\mathbb{R}^{\{j_1,\ldots,j_d\}}$ への射影は (3.1) の逆写像である．

基底の定義

核空間の場合を参考にして，部分空間のパラメータ表示を与えるために基準として固定するベクトルの集合を定式化すると次の概念になる．

定義 3.1.5　V を $\mathbb{R}^n$ の部分空間とする．ベクトルの集合 $\{\boldsymbol{v}_1, \ldots, \boldsymbol{v}_k\} \subset V$ は次をみたすとき V の**基底**（basis）であるという．

(i) $\{\boldsymbol{v}_1, \ldots, \boldsymbol{v}_k\}$ は線型独立である．

(ii) $V = \langle \boldsymbol{v}_1, \ldots, \boldsymbol{v}_k \rangle$.

例 3.1.6　基本ベクトルの集合 $\{\boldsymbol{e}_1, \ldots, \boldsymbol{e}_n\}$ は $\mathbb{R}^n$ の基底である．これを $\mathbb{R}^n$ の**標準基底**（standard basis）という．■

核空間について上で述べたことは次を意味する．

定理 3.1.7　A を $m \times n$ 型行列とし $\boldsymbol{u}_1, \ldots, \boldsymbol{u}_d$ を $A\boldsymbol{x} = \boldsymbol{0}$ の基本解とする．$\{\boldsymbol{u}_1, \ldots, \boldsymbol{u}_d\}$ は $\mathrm{Ker}(A)$ の基底である．

線型写像の像空間

線型写像の像空間について考察しよう．

命題 3.1.8　線型写像 $f : \mathbb{R}^n \to \mathbb{R}^m$ に対し $\mathrm{Im}(f)$ は $\mathbb{R}^m$ の部分空間である．

問 3.2　命題 3.1.8 を示せ．

線型写像 $f : \mathbb{R}^n \to \mathbb{R}^m$ の表現行列を $A = (\boldsymbol{a}_1, \ldots, \boldsymbol{a}_n)$ とするとき，$\boldsymbol{v} \in \mathbb{R}^n$ に対して $f(\boldsymbol{v}) = A\boldsymbol{v} = v_1\boldsymbol{a}_1 + \cdots + v_n\boldsymbol{a}_n$ なので

$$
\begin{aligned}
\boldsymbol{u} \in \mathrm{Im}(f) &\iff \boldsymbol{u} = f(\boldsymbol{v}) \text{ となる } \boldsymbol{v} \in \mathbb{R}^n \text{ が存在する} \\
&\iff \boldsymbol{u} = v_1\boldsymbol{a}_1 + \cdots + v_n\boldsymbol{a}_n \text{ となる } v_1, \ldots, v_n \in \mathbb{R} \text{ が存在する} \\
&\iff \boldsymbol{u} \in \langle \boldsymbol{a}_1, \ldots, \boldsymbol{a}_n \rangle,
\end{aligned}
$$

したがって $\mathrm{Im}(f) = \mathrm{Im}(A) = \langle \boldsymbol{a}_1, \ldots, \boldsymbol{a}_n \rangle$. つまり，次が成り立つ．

命題 3.1.9 線型写像 $f : \mathbb{R}^n \to \mathbb{R}^n$ の像空間 $\mathrm{Im}(f)$ は表現行列の列ベクトルが張る空間である.

この命題の意味で $\mathrm{Im}(A)$ を A の**列空間**（column space）と呼ぶこともある. なお, それならば A の行ベクトルが張る空間はどういう意味を持つのかと思う読者もいるかもしれない. この問題は 3.7 節で論じる.

線型方程式の文脈では, $\boldsymbol{b} \in \mathbb{R}^m$ に対して

$$\boldsymbol{b} \in \mathrm{Im}(A) \iff \text{方程式}\ A\boldsymbol{x} = \boldsymbol{b}\ \text{が解を持つ}$$

と解釈できるので, $\boldsymbol{b} \in \mathbb{R}^m$ が $\mathrm{Im}(A)$ に属すかどうかを調べるためには階数による判定条件（定理 1.5.1）が使える. 一方, ある線型写像の核空間として像空間をとらえることもできる（3.7 節）. 扱う問題によってはそのような見方が有効であろう.

線型写像の像空間は表現行列の列ベクトルによって張られるが, 列ベクトルの集合は一般には線型独立ではない. 像空間の基底を得るためには, 列ベクトルの部分集合を考えるのが自然である.

定理 3.1.10 行列 A の主列ベクトルの集合は $\mathrm{Im}(A)$ の基底である.

証明 $A = (\boldsymbol{a}_1, \ldots, \boldsymbol{a}_n)$ とし, その主列ベクトルを $\boldsymbol{a}_{i_1}, \ldots, \boldsymbol{a}_{i_r}$ とする. 主列ベクトル以外の列ベクトルは主列ベクトルの線型結合である（命題 1.6.11), つまり $j \notin \{i_1, \ldots, i_r\}$ ならば

$$\boldsymbol{a}_j \in \langle \boldsymbol{a}_{i_1}, \ldots, \boldsymbol{a}_{i_r} \rangle \tag{3.2}$$

である. $\boldsymbol{u} \in \mathrm{Im}(A)$ を $\boldsymbol{u} = \sum_{i=1}^n c_i \boldsymbol{a}_i$ と書く（命題 3.1.9）とき

$$\boldsymbol{u} = c_{i_1}\boldsymbol{a}_{i_1} + \cdots + c_{i_r}\boldsymbol{a}_{i_r} + \sum_{j \notin \{i_1, \ldots, i_r\}} c_j \boldsymbol{a}_j$$

と表すとわかるように, (3.2) から $\boldsymbol{u}$ は $\langle \boldsymbol{a}_{i_1}, \ldots, \boldsymbol{a}_{i_r} \rangle$ に属す. したがって $\mathrm{Im}(A) \subset \langle \boldsymbol{a}_{i_1}, \ldots, \boldsymbol{a}_{i_r} \rangle$ である. 逆の包含関係は明らかなので $\mathrm{Im}(A) = \langle \boldsymbol{a}_{i_1}, \ldots, \boldsymbol{a}_{i_r} \rangle$ である. 主列ベクトルの集合は線型独立である（命題 1.6.11）ので, これらは $\mathrm{Im}(A)$ の基底をなす. □

課題 3.1　次の行列で表現される線型写像の核空間と像空間の基底を求めよ．

$$(1)\begin{pmatrix} 1 & 1 & -1 \\ -2 & 1 & -7 \\ 1 & 0 & 2 \end{pmatrix},\quad (2)\begin{pmatrix} 1 & 1 & -1 & 0 & 3 \\ 1 & -2 & 8 & -3 & 1 \\ 0 & 1 & -3 & 1 & 0 \\ 1 & 1 & -1 & 0 & 1 \end{pmatrix},$$

$$(3)\begin{pmatrix} 1 & 1 & -1 & 4 & 1 \\ 1 & -1 & -3 & 2 & 0 \\ -1 & 1 & 3 & -2 & 1 \\ 2 & -1 & -5 & 5 & 1 \end{pmatrix}.$$

3.2　基底と次元

基底に関する基本事項の証明を与える．また，基底と関連付けて次元の概念を導入する．これで，線型代数学の骨格ができたことになる．

基底の存在

ベクトルの線型独立性について次のことは基本的である．

補題 3.2.1　$\{\boldsymbol{v}_1, \ldots, \boldsymbol{v}_k\}$ が線型独立であって，$\boldsymbol{v}_{k+1} \notin \langle \boldsymbol{v}_1, \ldots, \boldsymbol{v}_k \rangle$ ならば $\{\boldsymbol{v}_1, \ldots, \boldsymbol{v}_k, \boldsymbol{v}_{k+1}\}$ は線型独立である．

証明　$\boldsymbol{v}_1, \ldots, \boldsymbol{v}_{k+1}$ が仮定をみたすとし，線型関係式 $\sum_{i=1}^{k+1} c_i \boldsymbol{v}_i = \boldsymbol{0}$ があるとする．もしも $c_{k+1} \neq 0$ ならば $\boldsymbol{v}_{k+1} = -c_{k+1}^{-1} \sum_{i=1}^{k} c_i \boldsymbol{v}_i \in \langle \boldsymbol{v}_1, \ldots, \boldsymbol{v}_k \rangle$ となり仮定に反する．よって $c_{k+1} = 0$ である．このとき $\sum_{i=1}^{k} c_i \boldsymbol{v}_i = \boldsymbol{0}$ となるが，$\{\boldsymbol{v}_1, \ldots, \boldsymbol{v}_k\}$ が線型独立なので $c_1 = \cdots = c_k = 0$ である．　□

基底に関する基本事項として次は重要である．

定理 3.2.2　$\{\boldsymbol{0}\}$ でない $\mathbb{R}^n$ の部分空間 V には基底が存在する．

証明　$V \neq \{\boldsymbol{0}\}$ なので $\boldsymbol{0} \neq \boldsymbol{v}_1 \in V$ をとることができる．$\{\boldsymbol{v}_1\}$ は線型独立である（問 1.10）．このとき $\langle \boldsymbol{v}_1 \rangle \subset V$ であるが，もしも $\langle \boldsymbol{v}_1 \rangle = V$ ならば $\boldsymbol{v}_1$ は

V の基底である．$\langle \boldsymbol{v}_1 \rangle \subsetneq V$ ならば $\boldsymbol{v}_2 \notin \langle \boldsymbol{v}_1 \rangle$ であるような $\boldsymbol{v}_2 \in V$ がとれる．このとき $\{\boldsymbol{v}_1, \boldsymbol{v}_2\}$ は線型独立である（補題 3.2.1）．このとき $\langle \boldsymbol{v}_1, \boldsymbol{v}_2 \rangle \subset V$ であるが，$\langle \boldsymbol{v}_1, \boldsymbol{v}_2 \rangle = V$ ならば $\boldsymbol{v}_1, \boldsymbol{v}_2$ は V の基底である．$\langle \boldsymbol{v}_1, \boldsymbol{v}_2 \rangle \subsetneq V$ ならば $\boldsymbol{v}_3 \notin \langle \boldsymbol{v}_1, \boldsymbol{v}_2 \rangle$ であるような $\boldsymbol{v}_3 \in V$ がとれる．このとき $\{\boldsymbol{v}_1, \boldsymbol{v}_2, \boldsymbol{v}_3\}$ は線型独立である（補題 3.2.1）．以下同様に続けると $\langle \boldsymbol{v}_1, \ldots, \boldsymbol{v}_k \rangle = V$ となる k がある．なぜなら，$\mathbb{R}^n$ の中には n 個を超える線型独立なベクトルの集合は存在しない（有限従属性定理，系 1.6.6）からである． □

定理 3.2.3 $\mathbb{R}^n$ の部分空間 V の基底をなすベクトルの個数は一定である．つまり $\{\boldsymbol{v}_1, \ldots, \boldsymbol{v}_k\}$ と $\{\boldsymbol{u}_1, \ldots, \boldsymbol{u}_l\}$ がともに V の基底ならば $k = l$.

証明 $\boldsymbol{u}_1, \ldots, \boldsymbol{u}_l \in \langle \boldsymbol{v}_1, \ldots, \boldsymbol{v}_k \rangle$ であって $\boldsymbol{u}_1, \ldots, \boldsymbol{u}_l$ は線型独立であるから，有限従属性定理（問 1.14）より $l \leq k$ である．同様に $k \leq l$ も成り立つので $k = l$ である． □

本書ではこれ以降，ある $\mathbb{R}^n$ の（線型）部分空間 V のことを単に**線型空間** (vector space) と呼ぶことにする．入れものの空間 $\mathbb{R}^n$ のことはあまり意識せずに集合 V とそのベクトル演算に着目しよう．V, W を線型空間[*2]とする．V から W への写像 f が線型写像であることについては定義 2.1.1 と同様に定める．慣れないうちは，引き続き $V = \mathbb{R}^n$, $W = \mathbb{R}^m$ と思っていても十分である．

次元 dim V

定理 3.2.3 は，次の定義をするときの前提になっている．

定義 3.2.4 V を線型空間とする．V の基底をなすベクトルの個数を V の**次元** (dimension) といい，$\dim V$ と書く．また $\dim \{\mathbf{0}\} = 0$ とする．

✎ V の基底 $\{\boldsymbol{v}_1, \ldots, \boldsymbol{v}_k\}$ を 1 つ見つけたら，ベクトルの個数を数えて V の次元が k であると理解するのである．次元は「基底をなすベクトルの個数」であって「基底の個数」ではない．線型空間が $\{\mathbf{0}\}$ でない限り基底は無限個存在するのだから．

*2 $V \subset \mathbb{R}^n$, $W \subset \mathbb{R}^m$ などと考えるわけだが n と m は異なっていてかまわない．

例 3.2.5 $\mathbb{R}^n$ の次元は n である．例えば，標準基底 $\{\boldsymbol{e}_1, \ldots, \boldsymbol{e}_n\}$ は n 個のベクトルからなるからである．■

定理 3.2.6 線型空間 V 中の線型独立なベクトルの最大個数は $\dim V$ と等しい．

証明 V の基底 $\{\boldsymbol{v}_1, \ldots, \boldsymbol{v}_k\}$ をとる．V には k 個の線型独立なベクトル $\boldsymbol{v}_1, \ldots, \boldsymbol{v}_k$ が含まれる．また，$V = \langle \boldsymbol{v}_1, \ldots, \boldsymbol{v}_k \rangle$ に含まれる線型独立なベクトルの個数は k を超えない（有限従属性定理，問 1.14）．つまり，k は V に含まれる線型独立なベクトルの最大個数である．□

問 3.3 線形空間 V を張るベクトルの最小個数は $\dim V$ と等しい．このことを示せ．

線型写像の階数

行列の階数の（さらに）本質的な意味を明らかにするのが次の結果である．

定理 3.2.7 A を $m \times n$ 型行列とする．このとき次が成り立つ：

$$\operatorname{rank}(A) = \dim\ \operatorname{Im}(A).$$

つまり，行列の階数は像空間の次元である．

証明 A の主列ベクトル $\boldsymbol{a}_{i_1}, \ldots, \boldsymbol{a}_{i_r}$ は $\operatorname{Im}(A)$ の基底をなす（定理 3.1.10）．よってその個数 $r = \operatorname{rank}(A)$ は $\operatorname{Im}(A)$ の次元である．□

A の階数が行変形の仕方によらずに決まること（定理 1.6.13）を念押しするような定理である．列ベクトルの言葉で階数の解釈を与える定理 1.6.13 よりも一段と抽象性が高くなっている．より抽象性を上げて次の定義をしよう．

定義 3.2.8（線型写像の階数） $f : \mathbb{R}^n \to \mathbb{R}^m$ を線型写像とする．f の**階数**を

$$\operatorname{rank}(f) = \dim \operatorname{Im}(f)$$

と定義する．つまり，線型写像に対して，像空間の次元をその階数と定める．

系 3.2.9（線型写像の次元定理） $f:\mathbb{R}^n \to \mathbb{R}^m$ を線型写像とする．線型写像 $f:\mathbb{R}^n \to \mathbb{R}^m$ に対して次が成り立つ：

$$\operatorname{rank}(f) = n - \dim \operatorname{Ker}(f). \tag{3.3}$$

証明 A を f の表現行列とし $\operatorname{rank}(f) = r$ とする．$\operatorname{Ker}(f)$ の次元は $A\boldsymbol{x} = \boldsymbol{0}$ の解空間の自由度 $(n-r)$ と一致する．これを書き換えて (3.3) を得る． □

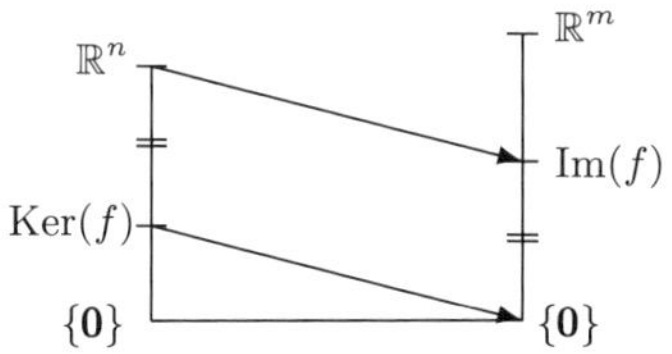

〈 線型写像の次元定理の概念図 〉
縦の線分の長さを次元に見立てるとわかりやすい．n から $\operatorname{Ker}(f)$ の次元を引くと像の次元と一致する．

問 3.4 $m \times n$ 型行列 A と $n \times l$ 型行列 B に対して次を示せ．

(1) $AB = O$ ならば $\operatorname{Im}(B) \subset \operatorname{Ker}(A)$.

(2) $AB = O$ ならば $\operatorname{rank}(A) + \operatorname{rank}(B) \leq n$.

座標写像

V, W を線型空間として，線型写像 $f: V \to W$ が全単射であるとき f は**線型同型写像**（linear isomorphism）であるという．または単に f は**線型同型**であるという．V から W への線型同型写像があるとき，f^{-1} は W から V への線型同型写像である．このとき，V と W は**線型同型である**という．

V を線型空間とし，$\mathcal{V} = \{\boldsymbol{v}_1, \ldots, \boldsymbol{v}_n\}$ を V の基底とする．線型写像 $\Phi_{\mathcal{V}} : \mathbb{R}^n \to V$ を

$$\Phi_{\mathcal{V}}(\boldsymbol{x}) = \sum_{i=1}^{n} x_i \boldsymbol{v}_i \quad (\boldsymbol{x} = (x_i)_{i=1}^n \in \mathbb{R}^n)$$

により定める．基底の定義の条件（i）は $\operatorname{Ker}(\Phi_{\mathcal{V}}) = \{\boldsymbol{0}\}$ を意味するので $\Phi_{\mathcal{V}}$ は単射である（定理 2.3.8）．基底の定義の条件（ii）は $\operatorname{Im}(\Phi_{\mathcal{V}}) = \langle \boldsymbol{v}_1, \ldots, \boldsymbol{v}_n \rangle = V$ を意味するので $\Phi_{\mathcal{V}}$ は全射である．つまり $\Phi_{\mathcal{V}}$ は線型同型写像である．これを $\mathcal{V}$ で定まる**座標写像**（coordinate map）と呼ぶ．

定理 3.2.10（線型代数における鳩の巣原理の抽象版）V, W を同じ次元の線型空間とする．線型写像 $f : V \to W$ に対して次が成り立つ：

$$f \text{ は単射} \iff f \text{ は全射} \iff f \text{ は線型同型}. \tag{3.4}$$

また，このことは $\mathrm{rank}(f) = \dim V (= \dim W)$ とも同値である．

証明　$\mathcal{V}, \mathcal{W}$ をそれぞれ V, W の基底として，線型写像の合成

$$g : \mathbb{R}^n \xrightarrow{\Phi_{\mathcal{V}}} V \xrightarrow{f} W \xrightarrow{\Phi_{\mathcal{W}}^{-1}} \mathbb{R}^n$$

を考える．座標写像は全単射なので f が単射（全射）であることと g が単射（全射）であることは同値である．したがって定理 2.4.1 から (3.4) がしたがう．階数に関する主張も定理 2.4.1 から得られる．□

次は，数の比較で空間の一致が結論できる有用な結果である．

系 3.2.11　2 つの線型空間について $W \subset V$ ならば次が成り立つ：

$$\dim W = \dim V \implies V = W.$$

証明　$\boldsymbol{w} \in W$ をそのまま V の元と考えることで得られる写像を $i : W \to V$ とする（包含写像）．これは明らかに単射なので $\dim W = \dim V$ を仮定すると，定理 3.2.10 より i は全射である．このことは $W = V$ を意味する．□

次元があらかじめわかっているときの，基底に関する常用の命題を示す．

命題 3.2.12　V を n 次元の線型空間とする．n 個のベクトル $\boldsymbol{v}_1, \ldots, \boldsymbol{v}_n \in V$ が与えられたとき，以下は同値である．

(i) $\{\boldsymbol{v}_1, \ldots, \boldsymbol{v}_n\}$ は線型独立である．

(ii) $\langle \boldsymbol{v}_1, \ldots, \boldsymbol{v}_n \rangle = V$.

(iii) $\{\boldsymbol{v}_1, \ldots, \boldsymbol{v}_n\}$ は V の基底である．

証明　線型写像 $\Phi : \mathbb{R}^n \to V$ を $\Phi(\boldsymbol{x}) = \sum_{i=1}^n x_i \boldsymbol{v}_i$, $\boldsymbol{x} = (x_i)_{i=1}^n$ により定める．(i) は Φ が単射であることを意味する．(ii) は Φ が全射であることを意味する．よって定理 3.2.10 により命題はしたがう．□

次の事実は，さまざまな議論をするときに断りなく用いられることが多い．基底の役割を示している基本事項である．

命題 3.2.13　V を線型空間とする．$\boldsymbol{v}_1, \ldots, \boldsymbol{v}_n$ を V の基底とする．W を線型空間とし $\boldsymbol{w}_1, \ldots, \boldsymbol{w}_n \in W$ を任意に与えるとき，$f(\boldsymbol{v}_i) = \boldsymbol{w}_i \ (1 \leq i \leq n)$ をみたす線型写像 $f : V \to W$ が一意的に存在する．

証明　V の任意の元 $\boldsymbol{v}$ は $\sum_{i=1}^n c_i \boldsymbol{v}_i$ と一意的に書くことができるので，写像 f を $f(\sum_{i=1}^n c_i \boldsymbol{v}_i) = \sum_{i=1}^n c_i \boldsymbol{w}_i$ と定めることは問題なくできる．f が線型写像であることも容易にわかる．また，このとき $f(\boldsymbol{v}_i) = \boldsymbol{w}_i \ (1 \leq i \leq n)$ は明らかである．一意性は f の線型性よりしたがう．□

一般的な議論において次のことは非常によく使う．

系 3.2.14（基底の延長）　V を n 次元の線型空間とし，線型独立なベクトル $\boldsymbol{v}_1, \ldots, \boldsymbol{v}_m \in V$ が与えられたとする．$(n-m)$ 個のベクトル $\boldsymbol{v}_{m+1}, \ldots, \boldsymbol{v}_n \in V$ を追加して $\{\boldsymbol{v}_1, \ldots, \boldsymbol{v}_m, \boldsymbol{v}_{m+1}, \ldots, \boldsymbol{v}_n\}$ が V の基底になるようにできる．

証明　定理 3.2.2 の証明において，線型独立なベクトル $\boldsymbol{v}_1, \ldots, \boldsymbol{v}_m \in V$ が得られたところからスタートすればよい．□

抽象的な‘線型空間’という概念があるが，本書では公理的な扱いは避けて $\mathbb{R}^n$ の線型部分空間を線型空間と呼ぶことにした．入れものの空間 $\mathbb{R}^n$ の座標を使わないでできる議論は抽象的な（有限次元）線型空間の場合にもそのまま適用できる．

課題 3.2　V, W を $\mathbb{R}^k$ の部分空間とする．次を示せ．

$$\dim(V+W) = \dim V + \dim W - \dim(V \cap W).$$

ヒント：$\dim(V) = n$, $\dim(W) = m$ とし，$V \cap W$ の基底 $\mathcal{V} = \{\boldsymbol{u}_1, \ldots, \boldsymbol{u}_d\}$ をとる．これを V の基底 $\mathcal{V} \cup \{\boldsymbol{v}_1, \ldots, \boldsymbol{v}_{n-d}\}$ に延長する．同様に $\mathcal{V}$ を W の基底 $\mathcal{V} \cup \{\boldsymbol{w}_1, \ldots, \boldsymbol{w}_{m-d}\}$ に延長する．$\boldsymbol{u}_1, \ldots, \boldsymbol{u}_d, \boldsymbol{v}_1, \ldots, \boldsymbol{v}_{n-d}, \boldsymbol{w}_1, \ldots, \boldsymbol{w}_{m-d}$ が $V+W$ の基底になることを示す．

3.3　一般の基底に関する表現行列

基底に関する座標ベクトル

V を線型空間とし，$\mathcal{V} = \{\boldsymbol{v}_1, \ldots, \boldsymbol{v}_n\}$ をその基底とする．任意の $\boldsymbol{v} \in V$ を $\boldsymbol{v} = \sum_{i=1}^{n} x_i \boldsymbol{v}_i \in V$ と一意的に書ける．$\Phi_{\mathcal{V}}$ を座標写像とすると定義から

$$\Phi_{\mathcal{V}}^{-1}(\boldsymbol{v}) = \begin{pmatrix} x_1 \\ \vdots \\ x_n \end{pmatrix} \in \mathbb{R}^n$$

である．このベクトルを **$\mathcal{V}$ に関する $\boldsymbol{v}$ の座標ベクトル**と呼ぶ．このとき

$$\boldsymbol{v} = \begin{pmatrix} x_1 \\ \vdots \\ x_n \end{pmatrix}_{\mathcal{V}}$$

と書くことにする．

一般の基底に関する表現行列

V, W をそれぞれ次元が n, m の線型空間とし，f を V から W への線型写像とする．$\mathcal{V}$, $\mathcal{W}$ をそれぞれ V, W の基底とする．座標写像 $\Phi_{\mathcal{V}} : \mathbb{R}^n \to V$, $\Phi_{\mathcal{W}} : \mathbb{R}^m \to W$ は線型同型であって以下の図式

$$\begin{array}{ccc} V & \xrightarrow{\;f\;} & W \\ \uparrow{\scriptstyle \Phi_{\mathcal{V}}} & & \uparrow{\scriptstyle \Phi_{\mathcal{W}}} \\ \mathbb{R}^n & \xrightarrow{\;A\cdot\;} & \mathbb{R}^m \end{array} \tag{3.5}$$

ができる．下辺の矢印は合成写像

$$\Phi_{\mathcal{W}}^{-1} \circ f \circ \Phi_{\mathcal{V}} : \mathbb{R}^n \to \mathbb{R}^m$$

である．この写像は $\mathbb{R}^n$ から $\mathbb{R}^m$ への線型写像なので $m \times n$ 型行列 A により表現される．座標ベクトルの記法を用いると，写像 f は次で与えられる

$$\begin{pmatrix} x_1 \\ \vdots \\ x_n \end{pmatrix}_{\mathcal{V}} \mapsto \left(A \begin{pmatrix} x_1 \\ \vdots \\ x_n \end{pmatrix} \right)_{\mathcal{W}} . \tag{3.6}$$

行列 A を**基底 $\mathcal{V}$, $\mathcal{W}$ に関する f の表現行列**（matrix representing f）と呼ぶ．基底 $\mathcal{V}, \mathcal{W}$ を固定して考えるときは，f を A と同一視できるのである．

図式 (3.5) の左下の $\mathbb{R}^n$ から右上の W への 2 通りの合成写像が一致するという意味で図式 (3.5) は**可換**であるという．また (3.5) は**可換図式**（commutative diagram）であるという．

$f, \mathcal{V}, \mathcal{W}$ から A を決める規則を確認しておこう．A を $A = (\boldsymbol{a}_1, \ldots, \boldsymbol{a}_n)$ と列ベクトル分解する．行列 A は

$$\boldsymbol{e}_j \mapsto \boldsymbol{a}_j = \begin{pmatrix} a_{1j} \\ \vdots \\ a_{mj} \end{pmatrix} \quad (1 \leq j \leq n)$$

によって定まっている．これは可換図式 (3.5) の上の行の写像

$$f : \boldsymbol{v}_j \mapsto \begin{pmatrix} a_{1j} \\ \vdots \\ a_{mj} \end{pmatrix}_{\mathcal{W}} \quad (1 \leq j \leq n)$$

に対応している．記号を書き換えると

$$f(\boldsymbol{v}_j) = \sum_{i=1}^{m} a_{ij} \boldsymbol{w}_i \quad (1 \leq j \leq n) \tag{3.7}$$

となる．さらにこれを j についてまとめて

$$(f(\boldsymbol{v}_1), \cdots, f(\boldsymbol{v}_n)) = (\boldsymbol{w}_1, \ldots, \boldsymbol{w}_m) A \tag{3.8}$$

と書き表しておくのが便利である．表現行列 A の定め方をこの形で目に焼き付けておくことをすすめる．右辺は行列のかけ算を拡大解釈して用いている．$\boldsymbol{w}_i$ はスカラーではないが，横に並べて右から行列をかけることは意味をなす．

課題 3.3　V, W を線型空間，$f : V \to W$ を線型写像とする．$\mathcal{V} = \{\boldsymbol{v}_1, \boldsymbol{v}_2\}$，$\mathcal{W} = \{\boldsymbol{w}_1, \boldsymbol{w}_2, \boldsymbol{w}_3\}$ をそれぞれ V, W の基底とする．

$$f(\boldsymbol{v}_1) = \boldsymbol{w}_1 - \boldsymbol{w}_2 + \boldsymbol{w}_3, \quad f(\boldsymbol{v}_2) = \boldsymbol{w}_2 - \boldsymbol{w}_3$$

が成り立つとする．（1）f の基底 $\mathcal{V}$，$\mathcal{W}$ に関する表現行列 A を求めよ．（2）$f\left(\begin{pmatrix} 3 \\ 2 \end{pmatrix}_{\mathcal{V}}\right)$ を求めよ．

表現行列を定める式 (3.8) は a_{ij} の行の添字 i について和をとっているので，右側の $\boldsymbol{w}_i$ と離れていて違和感があるかもしれない．むしろ $\sum_{i=1}^{m} \boldsymbol{w}_i a_{ij}$ と係数のスカラーを右に書く方が行列のかけ算のように自然に見える．実際 (3.8) という記法はこの見方と合っている．

3.4　基底変換

線型空間の基底の選び方が 1 つに定まらないのは困ったことではなくて，むしろそのおかげで線型代数学は豊かな内容を持つ．

線型変換の表現行列――線型変換の場合

V を n 次元の線型空間とする．f を V の線型変換，すなわち V から V 自身への線型写像とする．V の基底 $\mathcal{V}$ を選ぶとき可換図式

$$\begin{array}{ccc} V & \xrightarrow{\ f\ } & V \\ \uparrow{\scriptstyle \Phi_{\mathcal{V}}} & & \uparrow{\scriptstyle \Phi_{\mathcal{V}}} \\ \mathbb{R}^n & \xrightarrow{\ A\cdot\ } & \mathbb{R}^n \end{array}$$

によって n 次正方行列 A が定められる．写像の定義される空間と，写す先の空間が同じなので，どちらに対しても同じ基底を用いることができるわけである．もちろん（考える問題によっては）別な基底を用いてもかまわないのだが，線型変換に対しては 1 つの基底を用いることはまずは自然なことである．

例 3.4.1　$V = \mathbb{R}^2$ として

$$A = \begin{pmatrix} 1 & 1 \\ -2 & 4 \end{pmatrix}$$

という行列で与えられる V の線型変換を f とする．このことは，標準基底 $\mathcal{E} := \{\boldsymbol{e}_1, \boldsymbol{e}_2\}$ に関する f の表現行列が A であるということである．別な基底 $\mathcal{V} = \{\boldsymbol{v}_1, \boldsymbol{v}_2\}$ を

$$\boldsymbol{v}_1 = \begin{pmatrix} 1 \\ 1 \end{pmatrix}, \quad \boldsymbol{v}_2 = \begin{pmatrix} 1 \\ 2 \end{pmatrix}$$

により定める．基底をなすベクトルを f で写すと

$$f(\boldsymbol{v}_1) = \begin{pmatrix} 1 & 1 \\ -2 & 4 \end{pmatrix} \begin{pmatrix} 1 \\ 1 \end{pmatrix} = \begin{pmatrix} 2 \\ 2 \end{pmatrix} = 2\,\boldsymbol{v}_1,$$
$$f(\boldsymbol{v}_2) = \begin{pmatrix} 1 & 1 \\ -2 & 4 \end{pmatrix} \begin{pmatrix} 1 \\ 2 \end{pmatrix} = \begin{pmatrix} 3 \\ 6 \end{pmatrix} = 3\,\boldsymbol{v}_2$$

であるから

$$(f(\boldsymbol{v}_1), f(\boldsymbol{v}_2)) = (\boldsymbol{v}_1, \boldsymbol{v}_2) \begin{pmatrix} 2 & 0 \\ 0 & 3 \end{pmatrix}$$

となる．よって $\mathcal{V} = \{\boldsymbol{v}_1, \boldsymbol{v}_2\}$ に関する f の表現行列は

$$B = \begin{pmatrix} 2 & 0 \\ 0 & 3 \end{pmatrix}$$

と対角行列（運よく？）になる．$\boldsymbol{v}_1, \boldsymbol{v}_2$ はそれぞれ f によって方向が変わらないという特別な性質をもつ．f を表現するために用いる基底として，$\mathcal{V}$ はとても好都合なものであることがわかる．このように，もともと基底が与えられている場合でも，別な基底を用いることには意味がある．　■

$\mathbb{R}^n$ の基底変換行列

まず，基本的な場合として，$V = \mathbb{R}^n$ とし，標準基底 $\mathcal{E}$ によって行列 A で表現される線型変換 f を考える．別な基底 $\mathcal{V}$ によって f を表現する行列を B とするとき，B をどうやって計算すればよいだろうか？　B を定める原理は

$$(f(\boldsymbol{v}_1), \ldots, f(\boldsymbol{v}_n)) = (\boldsymbol{v}_1, \ldots, \boldsymbol{v}_n)B \tag{3.9}$$

である．$\boldsymbol{v}_i$ や $f(\boldsymbol{v}_i)$ は $\mathbb{R}^n$ の元なので $(f(\boldsymbol{v}_1), \ldots, f(\boldsymbol{v}_n))$ や $(\boldsymbol{v}_1, \ldots, \boldsymbol{v}_n)$ は n 次の正方行列であるとみなせる．そこで

$$P = (\boldsymbol{v}_1, \ldots, \boldsymbol{v}_n) \tag{3.10}$$

とおくとき，P は正則行列である．また B を決める式 (3.9) の左辺は

$$(f(\boldsymbol{v}_1), \ldots, f(\boldsymbol{v}_n)) = (A\,\boldsymbol{v}_1, \ldots, A\,\boldsymbol{v}_n) = AP$$

と書ける．一方 (3.9) の右辺は PB であるので $PB = AP$ が成り立つ．両辺に左から P^{-1} をかけて

$$B = P^{-1}AP \tag{3.11}$$

が得られる．行列 P は標準基底 $\mathcal{E}$ から $\mathcal{V}$ への**基底変換行列**（change-of-basis matrix）と呼ばれる．

正方行列 A, B に対して，正則行列 P が存在して $B = P^{-1}AP$ が成り立つとき A と B は**相似**（similar）であるという．A と B は，1つの線型変換 f を異なる基底によって表現して得られた行列であるという関係にある．

問 3.5　$\boldsymbol{a}_1 = {}^t(1, 1, 1)$, $\boldsymbol{a}_2 = {}^t(1, -1, 0)$, $\boldsymbol{a}_3 = {}^t(0, 1, -1)$ とする．

(1) $\{\boldsymbol{a}_1, \boldsymbol{a}_2, \boldsymbol{a}_3\}$ が $\mathbb{R}^3$ の基底であることを示せ．

(2) $\mathbb{R}^3$ の標準基底から $\{\boldsymbol{a}_1, \boldsymbol{a}_2, \boldsymbol{a}_3\}$ への基底変換行列 P を求めよ．

(3) $\boldsymbol{v} = {}^t(1, 1, -2)$ の $\{\boldsymbol{a}_1, \boldsymbol{a}_2, \boldsymbol{a}_3\}$ に関する座標ベクトルを求めよ．

問 3.6　例 3.4.1 の A に対して A^k を計算せよ．ヒント：B は対角行列なので B^k は簡単に計算できる．$A = PBP^{-1}$ から $A^k = PB^kP^{-1}$ である．

問 3.7 次の行列で与えられる $V=\mathbb{R}^3$ の線型変換を f とする．

$$A=\begin{pmatrix}2 & -1 & 1\\ 1 & 0 & 1\\ -1 & 1 & 0\end{pmatrix}.$$

V の基底 $\mathcal{V}=\{\boldsymbol{v}_1,\boldsymbol{v}_2,\boldsymbol{v}_3\}$ を

$$\boldsymbol{v}_1=\begin{pmatrix}0\\1\\1\end{pmatrix},\quad \boldsymbol{v}_2=\begin{pmatrix}1\\2\\1\end{pmatrix},\quad \boldsymbol{v}_3=\begin{pmatrix}1\\1\\-1\end{pmatrix}$$

により定めるとき，$\mathcal{V}$ に関する f の表現行列 B を求めよう．

(1) 各 $f(\boldsymbol{v}_j)$ を $\mathcal{V}$ を用いて線型結合として表すことにより B を求めよ．

(2) P^{-1} を求め，変換公式 (3.11) を用いて B を求めよ．

(3) $\boldsymbol{v}=\begin{pmatrix}-1\\4\\3\end{pmatrix}_{\mathcal{V}}$ とする．$\mathcal{V}$ に関する $f(\boldsymbol{v})$ の座標ベクトルを求めよ．

問 3.8 問 3.7 の行列 A と基底 $\mathcal{V}$ に対して $P=(\boldsymbol{v}_1,\boldsymbol{v}_2,\boldsymbol{v}_3)$ とおく．行変形 $(P|AP)\to(E|B)$ により B を求めよ（注意 2.4.8 参照）．

問 3.9 $A=\begin{pmatrix}2 & 2 & 0\\ 3 & 4 & -2\\ 3 & 5 & 0\end{pmatrix}$ で与えられる $\mathbb{R}^3$ の線型変換 を f とする．次で与えられる $\mathbb{R}^3$ の基底によって f を表現する行列 B を求めよ．

$$\boldsymbol{v}_1=\begin{pmatrix}2\\0\\3\end{pmatrix},\ \boldsymbol{v}_2=\begin{pmatrix}0\\1\\1\end{pmatrix},\ \boldsymbol{v}_3=\begin{pmatrix}1\\0\\1\end{pmatrix}$$

基底変換の行列は主役ではなく存在感が薄い脇役のように感じるかもしれない．わかりやすい簡単な基底から出発して基底変換により良い基底を作るのが常道なので，良い基底の情報は基底変換行列の成分と等価になり重要なことがよくある．表現論に現れる好例として問 2.22 を参照せよ．

線型空間の基底変換行列

V を線型空間とする．V の基底 $\mathcal{V}$ を別な基底 $\mathcal{V}'$ にとり替えることを考える．それぞれの座標写像 $\Phi_{\mathcal{V}}, \Phi_{\mathcal{V}'}$ が定まる．次の可換図式で正則行列 P が定まる：

$$\begin{array}{ccc} & \text{新座標写像} & \\ \mathbb{R}^n & \xrightarrow{\Phi_{\mathcal{V}'}} & V \\ {\scriptstyle P\cdot}\downarrow & & \| \\ \mathbb{R}^n & \xrightarrow[\Phi_{\mathcal{V}}]{} & V \\ & \text{旧座標写像} & \end{array} \tag{3.12}$$

つまり P は $\Phi_{\mathcal{V}}^{-1} \circ \Phi_{\mathcal{V}'} : \mathbb{R}^n \to \mathbb{R}^n$ の（標準基底に関する）表現行列である．基底変換 $\mathcal{V} \rightharpoonup \mathcal{V}'$ の**基底変換行列**（change-of-basis matrix）と呼ぶ．

命題 3.4.2　V を線型空間とし，$\mathcal{V} = \{\boldsymbol{v}_i\}_{i=1}^n$, $\mathcal{V}' = \{\boldsymbol{v}'_i\}_{i=1}^n$ を V の基底とするとき，基底変換 $\mathcal{V} \rightharpoonup \mathcal{V}'$ の変換行列 P は

$$(\boldsymbol{v}'_1, \ldots, \boldsymbol{v}'_n) = (\boldsymbol{v}_1, \ldots, \boldsymbol{v}_n)P \tag{3.13}$$

により定まる．また $\boldsymbol{x}, \boldsymbol{x}'$ をそれぞれ $\boldsymbol{v} \in V$ の $\mathcal{V}, \mathcal{V}'$ に関する座標ベクトルとするとき

$$\boldsymbol{x} = P\boldsymbol{x}' \quad \text{（座標ベクトルの変換則）} \tag{3.14}$$

が成り立つ．

証明　$1 \leq j \leq n$ とし P の第 j 列ベクトルを $\boldsymbol{p}_j$ とすると，$\Phi_{\mathcal{V}'}$ の定義，図式 (3.12) の可換性，$\Phi_{\mathcal{V}}$ の定義を順に使うと

$$\boldsymbol{v}'_j = \Phi_{\mathcal{V}'}(\boldsymbol{e}_j) = \Phi_{\mathcal{V}}(P\boldsymbol{e}_j) = \Phi_{\mathcal{V}}(\boldsymbol{p}_j) = (\boldsymbol{v}_1, \ldots, \boldsymbol{v}_n)\,\boldsymbol{p}_j$$

が得られるから (3.13) が成り立つ．また，図式 (3.12) において元の対応が

$$\begin{array}{ccc} \boldsymbol{x}' & \xmapsto{\Phi_{\mathcal{V}'}} & \boldsymbol{v} \\ {\scriptstyle P\cdot}\downarrow & & \| \\ \boldsymbol{x} & \xmapsto[\Phi_{\mathcal{V}}]{} & \boldsymbol{v} \end{array} \tag{3.15}$$

となっているので座標ベクトルの変換則は一目瞭然である．　□

基底変換行列を定める (3.13) は，$\mathcal{V}$ を横ベクトル $(\boldsymbol{v}_1, \ldots, \boldsymbol{v}_n)$ とみなして形式的に

$$\mathcal{V}' = \mathcal{V} \cdot P \tag{3.16}$$

と書くと見やすい（記号の濫用！）．

問 3.10　2 次元の線型空間 V の線型変換 f を基底 $\mathcal{V} = \{\boldsymbol{v}_1, \boldsymbol{v}_2\}$ に関する表現行列 $A = \begin{pmatrix} 8 & 9 \\ -6 & -7 \end{pmatrix}$ により定める．

(1) 基底 $\mathcal{V}' = \{\boldsymbol{v}'_1, \boldsymbol{v}'_2\}$ を $\boldsymbol{v}'_1 = 3\,\boldsymbol{v}_1 - 2\,\boldsymbol{v}_2$，$\boldsymbol{v}'_2 = \boldsymbol{v}_1 - \boldsymbol{v}_2$ により定める．$f(\boldsymbol{v}'_1), f(\boldsymbol{v}'_2)$ がそれぞれ $\boldsymbol{v}'_1, \boldsymbol{v}'_2$ のスカラー倍であることを確認せよ．

(2) $\mathcal{V}'$ に関する f の表現行列 B を求めよ．

(3) 基底 $\mathcal{V}$ から $\mathcal{V}'$ への基底変換行列を P とする．$B = P^{-1}AP$ が成り立つことを確認せよ．

問 3.11　$\mathbb{R}^2$ の 2 つの基底 $\mathcal{V} = \{\boldsymbol{v}_1, \boldsymbol{v}_2\}$, $\mathcal{V}' = \{\boldsymbol{v}'_1, \boldsymbol{v}'_2\}$ を

$$\boldsymbol{v}_1 = \begin{pmatrix} 1 \\ 1 \end{pmatrix},\ \boldsymbol{v}_2 = \begin{pmatrix} 2 \\ 3 \end{pmatrix},\ \boldsymbol{v}'_1 = \begin{pmatrix} 1 \\ -2 \end{pmatrix},\ \boldsymbol{v}'_2 = \begin{pmatrix} 1 \\ -1 \end{pmatrix}$$

と定める．$\mathcal{V}$ から $\mathcal{V}'$ への基底変換行列 P を求めよ．

問 3.12　線型空間 V の基底 $\mathcal{V}$ から基底 $\mathcal{V}'$ への変換行列を P とする．恒等写像 $\mathrm{id}_V : V \to V$ を基底 $\mathcal{V}', \mathcal{V}$（この順番であることに注意）に関して表現している行列が P である．これを示せ．

表現行列の変換法則（一般の線型写像の場合）

$f : V \to W$ を線型写像とする．V の基底 $\mathcal{V}$，W の基底 $\mathcal{W}$ に関する f の表現行列を A とする．V の基底 $\mathcal{V}'$，W の基底 $\mathcal{W}'$ に基底を変えるとき，f の表現行列を B とする．基底変換 $\mathcal{V} \rightharpoonup \mathcal{V}'$ の変換行列を P，基底変換 $\mathcal{W} \rightharpoonup \mathcal{W}'$ の変換行列を Q とする．可換図式

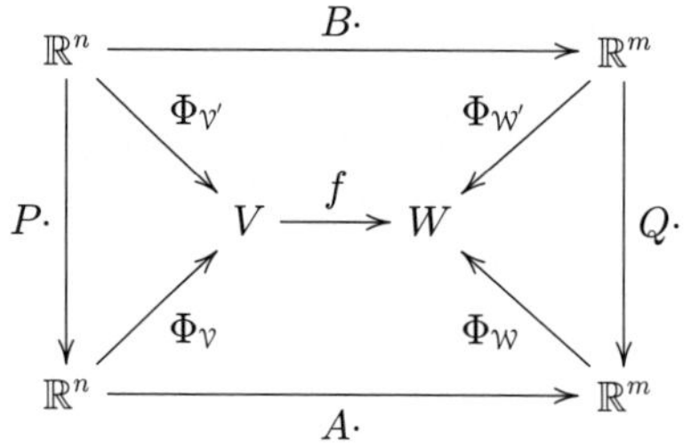

により $AP = QB$ が成り立つので，左から Q^{-1} をかけて次が得られる．

定理 3.4.3　線型写像 $f : V \to W$ の基底 $\mathcal{V}$, $\mathcal{W}$ に関する表現行列を A とし，同じ線型写像 f の別な基底 $\mathcal{V}'$, $\mathcal{W}'$ に関する表現行列を B とすると

$$B = Q^{-1}AP.$$

ここで P, Q はそれぞれ基底変換 $\mathcal{V} \rightharpoonup \mathcal{V}', \mathcal{W} \rightharpoonup \mathcal{W}'$ の基底変換行列である．

例 3.4.4　$A = \begin{pmatrix} 2 & 4 & 1 \\ 1 & -1 & 0 \end{pmatrix}$ とし，対応する線型写像 $f : \mathbb{R}^3 \to \mathbb{R}^2$ を考える．$\mathbb{R}^3, \mathbb{R}^2$ の基底 $\mathcal{V} = \{\boldsymbol{v}_1, \boldsymbol{v}_2, \boldsymbol{v}_3\}$, $\mathcal{W} = \{\boldsymbol{w}_1, \boldsymbol{w}_2\}$ を

$$\boldsymbol{v}_1 = \begin{pmatrix} 2 \\ 0 \\ 3 \end{pmatrix},\ \boldsymbol{v}_2 = \begin{pmatrix} 0 \\ 1 \\ 1 \end{pmatrix},\ \boldsymbol{v}_3 = \begin{pmatrix} 1 \\ 0 \\ 1 \end{pmatrix},\ \boldsymbol{w}_1 = \begin{pmatrix} 1 \\ 1 \end{pmatrix},\ \boldsymbol{w}_2 = \begin{pmatrix} 2 \\ 3 \end{pmatrix}$$

とするとき，新しい基底に関する表現行列 B を求めよう．そのためには

$$P = (\boldsymbol{v}_1, \boldsymbol{v}_2, \boldsymbol{v}_3), \quad Q = (\boldsymbol{w}_1, \boldsymbol{w}_2)$$

として $B = Q^{-1}AP$ を計算すればよい．あるいは，行の変形 $(Q|AP) \to (E|B)$ により B を求めることもできる（注意 2.4.8）．■

問 3.13 $V = \{\boldsymbol{x} \in \mathbb{R}^3 \mid x_1 + x_2 + x_3 = 0\}$ は $\mathbb{R}^3$ の線型部分空間であって $\boldsymbol{v}_1 = {}^t(-1,1,0)$, $\boldsymbol{v}_2 = {}^t(-1,0,1)$ からなる基底を選ぶことができる.

(1) $\boldsymbol{v}'_1 = {}^t(1,1,-2)$, $\boldsymbol{v}'_2 = {}^t(-1,0,1)$ と定めるとき $\{\boldsymbol{v}'_1, \boldsymbol{v}'_2\}$ は V の基底である. $\{\boldsymbol{v}_1, \boldsymbol{v}_2\}$ から $\{\boldsymbol{v}'_1, \boldsymbol{v}'_2\}$ への基底変換行列 P を求めよ.

(2) $\boldsymbol{v} = {}^t(4,-1,-3)$ が V の元であることを確かめ, $\{\boldsymbol{v}'_1, \boldsymbol{v}'_2\}$ に関する $\boldsymbol{v}$ の座標ベクトルを P を用いて求めよ.

直和分解

線型空間 V の部分空間 W_1, W_2 に対して, 任意の $\boldsymbol{v} \in V$ が $\boldsymbol{w}_1 \in W_1$, $\boldsymbol{w}_2 \in W_2$ によって $\boldsymbol{v} = \boldsymbol{w}_1 + \boldsymbol{w}_2$ と一意的に表されるとき V は W_1 と W_2 の**直和** (direct sum) であるといい, $V = W_1 \oplus W_2$ と書く.

命題 3.4.5 線型空間 V の部分空間 W_1, W_2 に対して $V = W_1 \oplus W_2$ が成り立つことと (1) $V = W_1 + W_2$ かつ (2) $W_1 \cap W_2 = \{\boldsymbol{0}\}$ は同値である.

証明 (1), (2) が成り立つとする. $\boldsymbol{v} = \boldsymbol{w}_1 + \boldsymbol{w}_2 = \boldsymbol{w}'_1 + \boldsymbol{w}'_2$, $\boldsymbol{w}_1, \boldsymbol{w}'_1 \in W_1$, $\boldsymbol{w}_2, \boldsymbol{w}'_2 \in W_2$ とすると $\boldsymbol{w}_1 - \boldsymbol{w}'_1 = \boldsymbol{w}'_2 - \boldsymbol{w}_2$. 左辺は W_1 に属し, 右辺は W_2 に属すから, このベクトルは $W_1 \cap W_2$ に属す. よって $\boldsymbol{0}$ であるから $\boldsymbol{w}_1 = \boldsymbol{w}'_1$, $\boldsymbol{w}_2 = \boldsymbol{w}'_2$ を得る. 逆に, $V = W_1 \oplus W_2$ を仮定する. (1) は直和の定義に含まれる. $\boldsymbol{v} \in W_1 \cap W_2$ とする. $\boldsymbol{v} = \boldsymbol{v} + \boldsymbol{0} = \boldsymbol{0} + \boldsymbol{v}$ と書くと表示の一意性から $\boldsymbol{v} = \boldsymbol{0}$ を得る. したがって $W_1 \oplus W_2 = \{\boldsymbol{0}\}$ である. □

$W_1, \ldots, W_k$ を線型空間 V の部分空間とする. 任意の $\boldsymbol{v} \in V$ に対して $\boldsymbol{v} = \sum_{i=1}^k \boldsymbol{w}_i$ をみたす $\boldsymbol{w}_i \in W_i$ $(1 \leq i \leq k)$ が一意的に存在するとき

$$V = W_1 \oplus \cdots \oplus W_k$$

と書き, V は $W_1, \ldots, W_k$ の**直和**であるという. 和空間 $\sum_{i=1}^k W_i$ を $k = 2$ の場合と同様に定義する.

問 3.14 $W_1, \ldots, W_k$ を線型空間 V の部分空間とする. $V = \sum_{i=1}^k W_k$ が成り立つと仮定するとき, 以下が同値であることを示せ. (i) $\dim V = \sum_{i=1}^k \dim W_i$, (ii) $\sum_{i=1}^k \boldsymbol{w}_i = \boldsymbol{0}$ $(\boldsymbol{w}_i \in W_k) \Longrightarrow \boldsymbol{w}_i = \boldsymbol{0}$ $(1 \leq i \leq k)$,

(iii) V が $W_1, \dots, W_k$ の直和である.

f 不変部分空間

f を線型空間 V の線型変換とする. V の部分空間 W に対して

$$\boldsymbol{w} \in W \Longrightarrow f(\boldsymbol{w}) \in W$$

が成り立つとき W は f **不変**（f-stable）な部分空間であるという. $V = \mathbb{R}^n$ で f が正方行列 A によって定まっているときは, f 不変な部分空間 W を A **不変**な部分空間ともいう.

線型変換 f を制限することで得られる W の線型変換を $f|_W$ により表す. $\boldsymbol{v}_1, \dots, \boldsymbol{v}_k$ を W の基底として, これを延長して V の基底 $\boldsymbol{v}_1, \dots, \boldsymbol{v}_n$ をとる. このとき

$$\begin{aligned}
&(f(\boldsymbol{v}_1), \dots, f(\boldsymbol{v}_k), f(\boldsymbol{v}_{k+1}), \dots, f(\boldsymbol{v}_n)) \\
&= (\boldsymbol{v}_1, \dots, \boldsymbol{v}_k, \boldsymbol{v}_{k+1}, \dots, \boldsymbol{v}_n) \left(\begin{array}{c|c} B_{11} & B_{12} \\ \hline O & B_{22} \end{array}\right)
\end{aligned}$$

のように f の表現行列はブロックに分解される. ここに B_{11} は k 次正方行列であって $\boldsymbol{v}_1, \dots, \boldsymbol{v}_k$ に関する $f|_W$ の表現行列である. $W' := \langle \boldsymbol{v}_{k+1}, \dots, \boldsymbol{v}_n \rangle$ とおくと $V = W \oplus W'$ である.

もしも W' も f 不変であるならば右上の B_{12} も零行列になって, 表現行列は**ブロック対角型** $\left(\begin{array}{c|c} B_{11} & O \\ \hline O & B_{22} \end{array}\right)$ となる.

問 3.15　$A = \begin{pmatrix} 0 & 0 & 1 \\ 1 & 0 & 0 \\ 0 & 1 & 0 \end{pmatrix}$ とし, 対応する $\mathbb{R}^3$ の線型変換を f とする. $\boldsymbol{v}_1 = \boldsymbol{e}_1 - \boldsymbol{e}_2$, $\boldsymbol{v}_2 = \boldsymbol{e}_2 - \boldsymbol{e}_3$ とすると $V = \langle \boldsymbol{v}_1, \boldsymbol{v}_2 \rangle$ が f 不変であることを示せ. V の基底 $\boldsymbol{v}_1, \boldsymbol{v}_2$ に関する $f|_W$ の表現行列を求めよ,

問 3.16　V を線型空間, f を V の線型変換, $\boldsymbol{v} \in V$ とし, ある $k \geq 1$ に対して $f^{k-1}\boldsymbol{v} \neq \boldsymbol{0}$, $f^k\boldsymbol{v} = \boldsymbol{0}$ とする. $W = \langle f^{k-1}\boldsymbol{v}, \dots, f\,\boldsymbol{v}, \boldsymbol{v} \rangle$ は k 次元の f 不変な部分空間であることを示し, $f|_W$ の表現行列を求めよ.

課題 3.4 線型写像 $f : \mathbb{R}^4 \to \mathbb{R}^3$ が標準基底に関する表現行列

$$A = \begin{pmatrix} 1 & 2 & 3 & 3 \\ 1 & -1 & -3 & 0 \\ 1 & 1 & 1 & 2 \end{pmatrix}$$

により与えられているとする．$\mathbb{R}^3$ の基底を標準基底から次で与えられる基底

$$\boldsymbol{w}_1 = \begin{pmatrix} 1 \\ 1 \\ 1 \end{pmatrix}, \quad \boldsymbol{w}_2 = \begin{pmatrix} 1 \\ 2 \\ -1 \end{pmatrix}, \quad \boldsymbol{w}_3 = \begin{pmatrix} 1 \\ -1 \\ 0 \end{pmatrix}$$

に取り替えるとき，f の表現行列 B を求めよ．ただし $\mathbb{R}^4$ の基底は標準基底を用いる．

3.5 階数標準形

V, W を線型空間とし，$f : V \to W$ を線型写像とする．V, W の基底を選んで f の表現行列が簡単になるようにするという問題の 1 つの簡明な答えが次で与えられる．

定理 3.5.1 線型写像 $f : V \to W$ に対し，$r = \mathrm{rank}(f)$ とするとき，V, W のある基底に関する f の表現行列が次の形になる：

$$\begin{pmatrix} E_r & O \\ O & O \end{pmatrix} = \left(\begin{array}{ccc|c} \overbrace{1 & & }^{r} & \\ & \ddots & & O \\ & & 1 & \\ \hline & O & & O \end{array}\right)$$

証明 V, W の次元をそれぞれ n, m とする．$\mathrm{Ker}(f)$ の基底 $\boldsymbol{u}_1, \ldots, \boldsymbol{u}_{n-r}$ をとる．さらに，$\boldsymbol{v}_1, \ldots, \boldsymbol{v}_r \in V$ を $\boldsymbol{v}_1, \ldots, \boldsymbol{v}_r, \boldsymbol{u}_1, \ldots, \boldsymbol{u}_{n-r}$ が V の基底になる

ようにとる．$\boldsymbol{w}_1 = f(\boldsymbol{v}_1), \ldots, \boldsymbol{w}_r = f(\boldsymbol{v}_r)$ とおくと $\boldsymbol{w}_1, \ldots, \boldsymbol{w}_r$ は線型独立である．実際，線型関係式 $\sum_{i=1}^{r} c_i \boldsymbol{w}_i = \boldsymbol{0}$ があるとすると，$\boldsymbol{0} = \sum_{i=1}^{r} c_i f(\boldsymbol{v}_i) = f(\sum_{i=1}^{r} c_i \boldsymbol{v}_i)$ なので $\sum_{i=1}^{r} c_i \boldsymbol{v}_i \in \mathrm{Ker}(f)$ である．よって $\sum_{i=1}^{r} c_i \boldsymbol{v}_i = \sum_{j=1}^{n-r} c'_j \boldsymbol{u}_j$ となる $c'_j \in \mathbb{R}$ が存在する．これは $\sum_{i=1}^{r} c_i \boldsymbol{v}_i - \sum_{j=1}^{n-r} c'_j \boldsymbol{u}_j = \boldsymbol{0}$ と書けるので $c_i = c'_j = 0$ である．さて，$\boldsymbol{w}_{r+1}, \ldots, \boldsymbol{w}_m \in W$ を $\boldsymbol{w}_1, \ldots, \boldsymbol{w}_m$ が W の基底であるように選ぶ．このとき

$$
\begin{aligned}
&(f(\boldsymbol{v}_1), \ldots, f(\boldsymbol{v}_r), f(\boldsymbol{u}_1), \ldots, f(\boldsymbol{u}_{n-r})) \\
&= (\boldsymbol{w}_1, \ldots, \boldsymbol{w}_r, \boldsymbol{0}, \ldots, \boldsymbol{0}) \\
&= (\boldsymbol{w}_1, \ldots, \boldsymbol{w}_m) \begin{pmatrix} E_r & O \\ O & O \end{pmatrix}
\end{aligned}
$$

となる．よって定理が示された． □

線型空間 V, W の任意の基底変換を許すと，線型写像 f の表現行列をとても単純な形 $\begin{pmatrix} E_r & O \\ O & O \end{pmatrix}$ にできる．これを f の**階数標準形**という．

例 3.5.2　線型写像 $f : V \to W$ が単射，全射の場合は，階数標準形はそれぞれ

$$
(1) \begin{pmatrix} 1 & & \\ & \ddots & \\ & & 1 \\ \hline & & \\ & O & \\ & & \end{pmatrix}, \quad (2) \left(\begin{array}{ccc|c} 1 & & & \\ & \ddots & & O \\ & & 1 & \end{array}\right)
$$

という形になる．$\dim(V) = n$, $\dim(W) = m$, $\mathrm{rank}(f) = r$ とするとき (1) の場合は $r = n$ であって，埋め込み $\mathbb{R}^r \hookrightarrow \mathbb{R}^m$ を表す行列である．(2) の場合は $r = m$ であって射影 $\mathbb{R}^n \twoheadrightarrow \mathbb{R}^r$ を表す行列である． ■

任意の基底変換を考えるのではなく，基底変換に条件を課すことは自然なことで，例えば直交基底変換のみを許すと，特異値分解と呼ばれるものを考えることになるし，整数行列に対して，ユニモジュラー[*3]な基底変換のみを許すと，単因子論[*4]という話題になる．基底変換は行列から大切な量を取り出す普遍的な原理でもある．

行列の言葉に言い換えると以下のようになる（定理 2.6.7 参照）．

系 3.5.3　A を $m\times n$ 型行列とする．それぞれ n, m 次の正則行列 P, Q が存在して

$$Q^{-1}AP = \begin{pmatrix} E_r & O \\ O & O \end{pmatrix}$$

となる．ここで $r = \mathrm{rank}(A)$ である．

与えられた行列 A を階数標準形に変形する基底変換を求めるには以下のようにすればよい．A の主列ベクトルを $\boldsymbol{a}_{i_1}, \ldots, \boldsymbol{a}_{i_r}$ とし，$\boldsymbol{w}_{r+1}, \ldots, \boldsymbol{w}_m \in \mathbb{R}^m$ を追加して $\mathcal{W} = \{\boldsymbol{a}_{i_1}, \ldots, \boldsymbol{a}_{i_r}, \boldsymbol{w}_{r+1}, \ldots, \boldsymbol{w}_m\}$ が $\mathbb{R}^m$ の基底になるようにする．また $\mathrm{Ker}(A)$ の基底を $\boldsymbol{u}_1, \ldots, \boldsymbol{u}_{n-r}$ とし，$\boldsymbol{u}_1, \ldots, \boldsymbol{u}_{n-r}$ を追加して $\mathcal{V} = \{\boldsymbol{e}_{i_1}, \ldots, \boldsymbol{e}_{i_r}, \boldsymbol{u}_1, \ldots, \boldsymbol{u}_{n-r}\}$ とする．

課題 3.5　次の行列を階数標準形に変換する基底変換行列 P, Q を求めよ：

$$(1)\begin{pmatrix} 3 & 6 & 1 & 2 \\ 1 & 2 & 0 & 1 \\ 1 & 2 & 1 & 0 \end{pmatrix}, \quad (2)\begin{pmatrix} -2 & -1 & 0 & 3 & -5 \\ 2 & 1 & 0 & -3 & 5 \\ 3 & 1 & -1 & -4 & 6 \\ 1 & 1 & 1 & -1 & 2 \end{pmatrix}.$$

---

*3　係数がすべて整数であって逆行列の成分もすべて整数であるような行列のことをユニモジュラー行列という．

*4　単因子論については『加群十話』堀田良之（朝倉書店，1988）を参照されたい．

3.6 探究——掃き出し法再論

いくつかのベクトル $\boldsymbol{a}_1, \ldots, \boldsymbol{a}_n$ が入力として与えられたときに，この中から線型独立な極大部分集合を出力として選び出すアルゴリズムを考える．

$\boldsymbol{a}_1, \ldots, \boldsymbol{a}_n$ のうち $\boldsymbol{0}$ でないものがあれば，その最初のものを $\boldsymbol{a}_{i_1}$ とする（もしすべての $\boldsymbol{a}_i$ が $\boldsymbol{0}$ ならば終了）．次に $\boldsymbol{a}_j$ $(i_1+1 \leq j \leq n)$ のうち $\boldsymbol{a}_{i_1}$ のスカラー倍でないものがあればその最初のものを $\boldsymbol{a}_{i_2}$ とする（もしそのようなものがなければ終了）．次に $\boldsymbol{a}_j$ $(i_2+1 \leq j \leq n)$ のうち $\boldsymbol{a}_j \notin \langle \boldsymbol{a}_{i_1}, \boldsymbol{a}_{i_2} \rangle$ となるものがあればその最初のものを $\boldsymbol{a}_{i_3}$ とする（もしそのようなものがなければ終了）．以下同様にして $\boldsymbol{a}_{i_1}, \ldots, \boldsymbol{a}_{i_k}$ まで選んだとして $\boldsymbol{a}_j$ $(i_k+1 \leq j \leq n)$ のうちに $\boldsymbol{a}_j \notin \langle \boldsymbol{a}_{i_1}, \ldots, \boldsymbol{a}_{i_k} \rangle$ となるものがあればその最初のものを $\boldsymbol{a}_{i_{k+1}}$ とする．などと続ける．出力としては，選ばれたベクトル $\{\boldsymbol{a}_{i_1}, \ldots, \boldsymbol{a}_{i_r}\}$ の他に，選ばれなかった各ベクトル $\boldsymbol{a}_j$ を $\{\boldsymbol{a}_{i_1}, \ldots, \boldsymbol{a}_{i_r}\}$ の線型結合として表す関係式も含める．

例 3.6.1　次のベクトルの列 $\boldsymbol{a}_1, \ldots, \boldsymbol{a}_5$ にアルゴリズムを適用してみよう：

$$\begin{pmatrix} 1 \\ 2 \\ -1 \\ 1 \end{pmatrix}, \begin{pmatrix} 2 \\ 4 \\ -2 \\ 2 \end{pmatrix}, \begin{pmatrix} 2 \\ 0 \\ 1 \\ 1 \end{pmatrix}, \begin{pmatrix} 0 \\ 1 \\ 1 \\ 3 \end{pmatrix}, \begin{pmatrix} 3 \\ -1 \\ 4 \\ 4 \end{pmatrix}.$$

$\boldsymbol{a}_{i_1} = \boldsymbol{a}_1$ はよいとして，$\boldsymbol{a}_2 = 2\boldsymbol{a}_1$ は $\boldsymbol{a}_1$ のスカラー倍なので選ばない．$\boldsymbol{a}_{i_2} = \boldsymbol{a}_3$ までは問題ないだろう．$\boldsymbol{a}_4 \in \langle \boldsymbol{a}_1, \boldsymbol{a}_3 \rangle$ かどうかを調べるには拡大係数行列 $(\boldsymbol{a}_1, \boldsymbol{a}_3 | \boldsymbol{a}_4)$ を行基本変形して，…と考える．それなら，はじめから $A = (\boldsymbol{a}_1, \ldots, \boldsymbol{a}_5)$ を階段行列にすればよいことに気が付く．簡約化も実行すると結果は次の通り：

$$A_\circ = \begin{pmatrix} 1 & 2 & 0 & 0 & -1 \\ 0 & 0 & 1 & 0 & 2 \\ 0 & 0 & 0 & 1 & 1 \\ 0 & 0 & 0 & 0 & 0 \end{pmatrix}.$$

$\boldsymbol{a}_{i_1} = \boldsymbol{a}_1, \boldsymbol{a}_{i_2} = \boldsymbol{a}_3, \boldsymbol{a}_{i_3} = \boldsymbol{a}_4$ を選べばよい．これらは A の主列ベクトルに他ならない．さらに，選ばなかったベクトルに対して

$$\boldsymbol{a}_2 = 2\,\boldsymbol{a}_1, \quad \boldsymbol{a}_5 = -\boldsymbol{a}_1 + 2\boldsymbol{a}_3 + \boldsymbol{a}_4$$

という線型関係も即座に読みとれる．ベクトルは次のような位置関係にある．

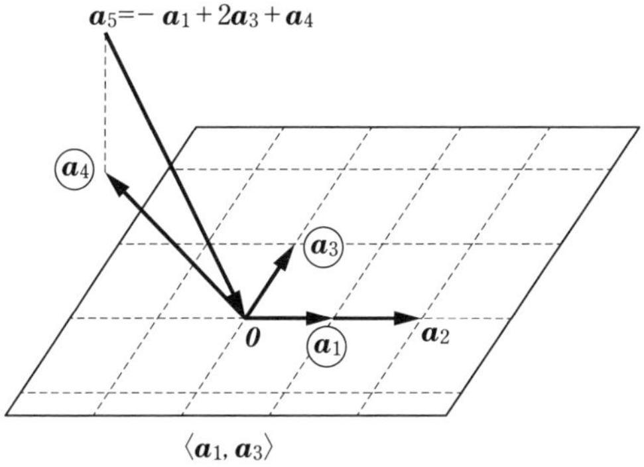

■

この例でわかるように，上記のアルゴリズムは掃き出し法そのものである．$\boldsymbol{a}_j \notin \langle \boldsymbol{a}_{i_1}, \ldots, \boldsymbol{a}_{i_k} \rangle$ のときに j 列めに階段の段が 1 つ増える．$\boldsymbol{a}_j \in \langle \boldsymbol{a}_{i_1}, \ldots, \boldsymbol{a}_{i_k} \rangle$ のときは $\boldsymbol{a}_j$ を $\boldsymbol{a}_{i_1}, \ldots, \boldsymbol{a}_{i_k}$ の線型結合として表す際の係数が $A_\circ$ の j 列めの k 行までの成分として現れる．

定理 3.6.2 行列 A に対して，簡約化された行階段行列 $A_\circ$ は一意的である．$\boldsymbol{a}_j \notin \langle \boldsymbol{a}_{i_1}, \ldots, \boldsymbol{a}_{i_k} \rangle$ のときに j 列めに階段の段が 1 つ増える．

証明 与えられた A に対して，アルゴリズムの出力は一意的であり，行変形で得られる $A_\circ$ と完全に同じ情報である．この情報は行変形の詳細とは無関係に定まる．したがって $A_\circ$ は A に対して一意的である． □

3.7 探究——横ベクトルの空間

本書では $1 \times n$ 型行列（n 次の横ベクトル）全体の集合を ${}^t\mathbb{R}^n$ により表すことにする．行列としての和とスカラー倍として，${}^t\mathbb{R}^n$ には自然な‘ベクトル演算’があることに注意しよう．

自然なペアリング

${}^t\mathbb{R}^n$ の元は $1 \times n$ 型行列なので，$\mathbb{R}^n$ から $\mathbb{R}$ への線型写像（すなわち $\mathbb{R}^n$ 上の**線型関数**）を表現している行列だと考えることができる．今後，この同一視は必要に応じて断りなく用いる．例えば‘横’基本ベクトル ${}^t\boldsymbol{e}_j \in {}^t\mathbb{R}^n$ は座標関数 $x_j : \mathbb{R}^n \to \mathbb{R}$ の表現行列である．任意の線型関数 $\phi \in {}^t\mathbb{R}^n$ は座標関数 $x_1, \ldots, x_n$ の線型結合として

$$\phi = a_1 x_1 + \cdots + a_n x_n \qquad \text{（横ベクトル}\ (a_1\ \cdots\ a_n)\ \text{と同一視する）}$$

のように一意的に書くことができる．つまり $\{x_1, \ldots, x_n\}$ は ${}^t\mathbb{R}^n$ の**基底**である．$\phi \in {}^t\mathbb{R}^n$ と $\boldsymbol{v} \in \mathbb{R}^n$ に対して，

$$\langle \phi, \boldsymbol{v} \rangle = \phi(\boldsymbol{v}) \quad \text{（右辺は線型関数}\ \phi\ \text{の}\ \boldsymbol{v}\ \text{における値）} \tag{3.17}$$

とおく．この記法[*5]を用いると見通しの良い議論ができることがある．これを**自然なペアリング**と呼ぶ．なお，ϕ を横ベクトルとみているとき $\langle \phi, \boldsymbol{v} \rangle$ は行列としての積 $\phi \cdot \boldsymbol{v}$ と一致している．

定理 3.7.1（双対基底）　$\mathbb{R}^n$ の基底 $\{\boldsymbol{v}_1, \ldots, \boldsymbol{v}_n\}$ に対して $\phi_i(\boldsymbol{v}_j) = \delta_{ij}$ によって $\phi_i \in {}^t\mathbb{R}^n$ を定める（線型関数として）．このとき，任意の $\phi \in {}^t\mathbb{R}^n$ を $\phi_1, \ldots, \phi_n$ の線型結合として $\phi = \sum_{i=1}^n \langle \phi, \boldsymbol{v}_i \rangle \phi_i$ と一意的に書くことができる．したがって $\{\phi_1, \ldots, \phi_n\}$ は ${}^t\mathbb{R}^n$ の基底である．

---

*5　ベクトルが張る空間と同じ記号だが文脈で区別できるであろう．

証明 任意の $\phi \in {}^t\mathbb{R}^n$ と $\boldsymbol{v} \in \mathbb{R}^n$ に対して $\boldsymbol{v} = \sum_{i=1}^n c_i \boldsymbol{v}_i$ と書くとき ϕ_i とのペアリングをとって $c_i = \langle \phi_i, \boldsymbol{v} \rangle$ を得る．したがって $\boldsymbol{v} = \sum_{i=1}^n \langle \phi_i, \boldsymbol{v} \rangle \boldsymbol{v}_i$ が成り立つ．よって

$$\langle \phi, \boldsymbol{v} \rangle = \langle \phi, \sum_{i=1}^n \langle \phi_i, \boldsymbol{v} \rangle \boldsymbol{v}_i \rangle = \sum_{i=1}^n \langle \phi_i, \boldsymbol{v} \rangle \langle \phi, \boldsymbol{v}_i \rangle = \langle \sum_{i=1}^n \langle \phi, \boldsymbol{v}_i \rangle \phi_i, \boldsymbol{v} \rangle.$$

$\boldsymbol{v}$ は任意なので $\phi = \sum_{i=1}^n \langle \phi, \boldsymbol{v}_i \rangle \phi_i$ を得る．$\{\phi_1, \ldots, \phi_n\}$ は線型独立である．実際，線型関係式 $\sum_{i=1}^n c_i \phi_i = 0$ があると $\boldsymbol{v}_i$ とのペアリングをとって $c_i = 0$ を得る． □

$\mathbb{R}^n$ の基底 $\{\boldsymbol{v}_1, \ldots, \boldsymbol{v}_n\}$ に対して，定理 3.7.1 で定まる ${}^t\mathbb{R}^n$ の基底 $\{\phi_1, \ldots, \phi_n\}$ を**双対基底**（dual basis）という．${}^t\mathbb{R}^n$ 上の線型関数全体の集合を $({}^t\mathbb{R}^n)^*$ で表す．$({}^t\mathbb{R}^n)^*$ には自然なベクトル演算がある．

問 3.17 $\boldsymbol{v}_1 = {}^t(1,2)$, $\boldsymbol{v}_2 = {}^t(-1,1)$ は $\mathbb{R}^2$ の基底をなす．$\{\boldsymbol{v}_1, \boldsymbol{v}_2\} \subset \mathbb{R}^2$ の双対基底 $\{\phi_1, \phi_2\} \subset {}^t\mathbb{R}^2$ を求めよ（各 ϕ_i を横ベクトルとして）．

$\boldsymbol{v} \in \mathbb{R}^n$ を与えたとき ${}^t\mathbb{R}^n$ 上の線型関数 $\langle -, \boldsymbol{v} \rangle$ が得られる．つまり $\phi \in {}^t\mathbb{R}^n$ に対して $\langle \phi, \boldsymbol{v} \rangle \in \mathbb{R}$ を対応させる写像は線型である．

問 3.18 $\{\boldsymbol{v}_1, \ldots, \boldsymbol{v}_n\}$ を $\mathbb{R}^n$ の基底とするとき $\{\langle -, \boldsymbol{v}_1 \rangle, \ldots, \langle -, \boldsymbol{v}_n \rangle\}$ は $({}^t\mathbb{R}^n)^*$ の基底である．よって $\dim({}^t\mathbb{R}^n)^* = n$.

$({}^t\mathbb{R}^n)^*$ はもとの縦ベクトルの空間 $\mathbb{R}^n$ と自然に同一視できる．

定理 3.7.2 写像 $\iota : \mathbb{R}^n \to ({}^t\mathbb{R}^n)^*$ を $\boldsymbol{v} \mapsto \langle -, \boldsymbol{v} \rangle$ により定める．これは線型同型写像である．

証明 $\ell_{\boldsymbol{v}} = \langle -, \boldsymbol{v} \rangle \in ({}^t\mathbb{R}^n)^*$ と表す．$\boldsymbol{v} \mapsto \ell_{\boldsymbol{v}}$ は $\mathbb{R}^n$ から $({}^t\mathbb{R}^n)^*$ への線型写像である．つまり $\ell_{\boldsymbol{v}_1+\boldsymbol{v}_2} = \ell_{\boldsymbol{v}_1} + \ell_{\boldsymbol{v}_2}$, $\ell_{c\boldsymbol{v}} = c\ell_{\boldsymbol{v}}$ が成り立つ．この線型写像は単射である．実際，$\boldsymbol{v} \neq \boldsymbol{0}$ ならば横ベクトル ϕ であって $\langle \phi, \boldsymbol{v} \rangle \neq 0$ であるものがある．これは $\ell_{\boldsymbol{v}} \neq 0$ を意味する．$\dim \mathbb{R}^n = \dim({}^t\mathbb{R}^n)^* = n$ なので ι は全射であり，線型同型である（鳩の巣原理，定理 3.2.10）． □

注意 3.7.3　$\{\phi_i\}_{i=1}^n$ を ${}^t\mathbb{R}^n$ の基底とするとき，各 $1 \le i \le n$ に対して $\ell_i(\phi_j) = \delta_{ij}$ をみたす $\ell_i \in ({}^t\mathbb{R}^n)^*$ が定まるので $\iota(\boldsymbol{v}_i) = \ell_i$ をみたす $\boldsymbol{v}_i \in V$ が一意的に存在する．つまり $\ell_i(\phi) = \langle \phi, \boldsymbol{v}_i \rangle$ $(\phi \in {}^t\mathbb{R}^n)$ が成り立つ．$\{\boldsymbol{v}_i\}_{i=1}^n$ は V の基底であり，これを $\{\phi_i\}_{i=1}^n$ の双対基底という．定義を考えると $\{\boldsymbol{v}_i\}_{i=1}^n$ の双対基底は $\{\phi_i\}_{i=1}^n$ になっていることがわかる．このように縦ベクトル空間と横ベクトル空間とは，表と裏のような関係になっている．裏の裏は表である．こういう状況を**双対性**（duality）と呼ぶ．

転置写像

A を $m \times n$ 型行列とする．A を左からかけることによって定まる線型写像を $f_A : \mathbb{R}^n \to \mathbb{R}^m$ $(\boldsymbol{v} \mapsto A\boldsymbol{v})$ で表す．これと対照的に，横ベクトルに右から A をかけることで定まる写像 $f_A^* : {}^t\mathbb{R}^m \to {}^t\mathbb{R}^n$ $(\phi \mapsto \phi A)$ を考える．横ベクトル $\phi A \in {}^t\mathbb{R}^n$ は合成写像 $\mathbb{R}^n \xrightarrow{f_A} \mathbb{R}^m \xrightarrow{\phi} \mathbb{R}$ の表現行列である．

定理 3.7.4（転置写像）　A を $m \times n$ 型行列とする．このとき次が成り立つ．

（1）$\langle f_A^*(\phi), \boldsymbol{v} \rangle = \langle \phi, f_A(\boldsymbol{v}) \rangle$　$(\phi \in {}^t\mathbb{R}^m,\ \boldsymbol{v} \in \mathbb{R}^n)$.

（2）$y_1, \ldots, y_m \in {}^t\mathbb{R}^m$ を $\mathbb{R}^m$ 上の座標関数とするとき

$$f_A^*(y_i) = \sum_{j=1}^n a_{ij} x_j \quad (1 \le i \le m). \tag{3.18}$$

（3）基底 $\{y_i\}, \{x_i\}$ に関する f_A^* の表現行列は ${}^tA$ である．

証明　（1）$\langle f_A^*(\phi), \boldsymbol{v} \rangle = (\phi A)(\boldsymbol{v}) = \phi(A\boldsymbol{v}) = \phi(f_A \boldsymbol{v}) = \langle \phi, f_A(\boldsymbol{v}) \rangle$ となる．(2) については（1）を用いて

$$\begin{aligned}\langle f_A^*(y_i), \boldsymbol{e}_j \rangle &= \langle y_i, f_A(\boldsymbol{e}_j) \rangle = \langle y_i, A\boldsymbol{e}_j \rangle \\ &= \langle y_i, \sum_{k=1}^m a_{kj} \boldsymbol{e}_k \rangle = \sum_{k=1}^m a_{kj} \langle y_i, \boldsymbol{e}_k \rangle = a_{ij}\end{aligned}$$

より (3.18) が成り立つ．同じことだが，行列の計算だけを用いて

$${}^t\boldsymbol{e}_i \mapsto {}^t\boldsymbol{e}_i A = (a_{i1} \cdots a_{in}) = \sum_{j=1}^n a_{ij} {}^t\boldsymbol{e}_j$$

と説明することもできる．（3）は 等式 (3.18) そのものである．　□

補題 3.7.5 $\mathrm{Ker}(f_A^*)$ は $\mathrm{Ker}({}^tA)$ と線型同型である．$\phi \in \mathrm{Ker}(f_A^*)$ には $\boldsymbol{u} = {}^t\phi \in \mathrm{Ker}({}^tA)$ が対応する，

証明 $\phi \in \mathrm{Ker}(f_A^*)$ は $\phi A = \mathbf{0}$ をみたす ${}^t\mathbb{R}^m$ の元である．$\boldsymbol{u} = {}^t\phi \in \mathbb{R}^m$ とおくと ${}^tA\boldsymbol{u} = \mathbf{0}$ が成り立つ．すなわち $\boldsymbol{u} \in \mathrm{Ker}({}^tA)$ である．逆の対応も $\boldsymbol{u} \in \mathrm{Ker}({}^tA)$ に対して $\phi = {}^t\boldsymbol{u} \in \mathrm{Ker}(f_A^*)$ で与えられる． □

零化空間

V を $\mathbb{R}^n$ の部分空間とするとき，その**零化空間**（annihilator）$V^\perp$ を

$$V^\perp = \{\phi \in {}^t\mathbb{R}^n \mid \langle \phi, \boldsymbol{v} \rangle = 0 \ (\text{すべての } \boldsymbol{v} \in V \text{ に対して})\} \subset {}^t\mathbb{R}^n$$

と定義する．これは ${}^t\mathbb{R}^n$ の部分空間である．W を ${}^t\mathbb{R}^n$ の部分空間とするときその零化空間 $W^\perp \subset \mathbb{R}^n$ を

$$W^\perp = \{\boldsymbol{v} \in \mathbb{R}^n \mid \langle \phi, \boldsymbol{v} \rangle = 0 \ (\text{すべての } \phi \in W \text{ に対して})\} \subset \mathbb{R}^n$$

と定義する．これは $\mathbb{R}^n$ の部分空間である．

例 3.7.6 $A = (a_{ij})$ を $m \times n$ 型行列とするとき第 i 行ベクトル $(a_{i1} \ \cdots \ a_{in}) \in {}^t\mathbb{R}^n$ は線型関数 $\phi_i = a_{i1}x_1 + \cdots + a_{in}x_n$ と同一視される．${}^t\mathbb{R}^n$ の部分空間 $\langle \phi_1, \ldots, \phi_n \rangle$ を A の**行空間**（row space）と呼び $\mathrm{Row}(A)$ と書く．このとき

$$\mathrm{Ker}\,(A) = (\mathrm{Row}(A))^\perp \tag{3.19}$$

が成り立つ．このことは $\mathrm{Ker}\,(A)$ が連立方程式 $A\boldsymbol{x} = \mathbf{0}$ の解空間であることの言い換えである． ■

命題 3.7.7 V を $\mathbb{R}^n$ の部分空間とするとき $\dim V^\perp = n - \dim V$ が成り立つ．W を ${}^t\mathbb{R}^n$ の部分空間とするとき $\dim W^\perp = n - \dim W$ が成り立つ．

証明 前半：V を $\mathbb{R}^n$ の m 次元の部分空間とし，$\{\boldsymbol{v}_1, \ldots, \boldsymbol{v}_m\}$ をその基底とする．$\boldsymbol{v}_{m+1}, \ldots, \boldsymbol{v}_n$ を追加して $\{\boldsymbol{v}_1, \ldots, \boldsymbol{v}_n\}$ が $\mathbb{R}^n$ の基底になるようにする．$\{\phi_i\}$ をその双対基底とする．$\mathbb{R}^n$ 上の線型関数 ϕ を任意にとるとき $\phi = \sum_{i=1}^n \langle \phi, \boldsymbol{v}_i \rangle \phi_i$ が成り立つ（定理 3.7.1）．このとき $\phi \in V^\perp$ ならば $\phi(\boldsymbol{v}_i) =$

$\langle \phi, \boldsymbol{v}_i \rangle = 0$ $(1 \le i \le m)$ である．これより $\phi = \sum_{i=m+1}^{n} \langle \phi, \boldsymbol{v}_i \rangle \phi_i \in \langle \phi_{m+1}, \ldots, \phi_n \rangle$ である．したがって $V^\perp \subset \langle \phi_{m+1}, \ldots, \phi_n \rangle$．逆の包含関係は明らかであるから $V^\perp = \langle \phi_{m+1}, \ldots, \phi_m \rangle$ を得る．$\phi_{m+1}, \ldots, \phi_n$ は線型独立（基底の部分集合）なので $V^\perp$ の基底である．よって $\dim V^\perp = n - m$ が成り立つ．

後半：$\{\phi_1, \ldots, \phi_m\}$ を W の基底とし，${}^t\mathbb{R}^n$ の基底 $\{\phi_1, \ldots, \phi_n\}$ に延長する．その双対基底（注意 3.7.3 の意味）を $\{\boldsymbol{v}_1, \ldots, \boldsymbol{v}_n\}$ とするとき $\{\boldsymbol{v}_{m+1}, \ldots, \boldsymbol{v}_n\}$ が $W^\perp$ の基底になる．□

命題 3.7.7 を用いて $\mathrm{rank}({}^tA) = \mathrm{rank}(A)$（系 2.6.8）の別証明ができる．$A$ を $m \times n$ 行列とする．命題 3.1.9 の転置版から $\mathrm{Im}({}^tA) = \mathrm{Row}(A)$ なので，

$$\begin{aligned}\mathrm{rank}({}^tA) &= \dim \mathrm{Im}({}^tA) = \dim \mathrm{Row}(A)\\ &= n - \dim \mathrm{Row}(A)^\perp \quad \text{（命題 3.7.7）}\\ &= n - \dim \mathrm{Ker}(A) \quad \text{（例 3.7.6 の (3.19)）}\\ &= \mathrm{rank}(A) \quad \text{（次元定理，系 3.2.9）}.\end{aligned}$$

像空間と核空間の双対性

$m \times n$ 型行列 A に対して，$\boldsymbol{b} \in \mathbb{R}^m$ が $\mathrm{Im}\, A$ に属すかどうかを調べたいとき，階数を用いる1つの方法（定理 1.5.1）をすでに知っている．しかし，$\boldsymbol{b}$ が次々と変わるというような状況だと，$\boldsymbol{b}$ ごとに拡大係数行列 $\widetilde{A} = (A|\,\boldsymbol{b})$ の掃き出しを実行することになり，効率的ではない．別な考え方として，$\boldsymbol{b}$ がみたすべき線型方程式を求めるということについては問題 1.1 で素朴な考察をした．これは次のように一般化される．

定理 3.7.8　A を $m \times n$ 型行列とする．$\mathrm{Ker}({}^tA)$ の基底を $\boldsymbol{u}_1, \ldots, \boldsymbol{u}_d$ とし，$B = {}^t(\boldsymbol{u}_1, \ldots, \boldsymbol{u}_d)$ とする．このとき次が成り立つ

$$\mathrm{Im}(A) = \mathrm{Ker}(B).$$

補題 3.7.9 $\mathrm{Im}(A) = (\mathrm{Ker}(f_A^*))^\perp$ が成り立つ．

証明 $\boldsymbol{u} \in \mathrm{Im}(A)$ を任意にとり $\boldsymbol{u} = A\,\boldsymbol{v}$ $(\boldsymbol{v} \in \mathbb{R}^n)$ と書く．$\phi \in \mathrm{Ker}(f_A^*)$ を任意にとるとき，定理 3.7.4（1）より

$$\langle \phi, \boldsymbol{u} \rangle = \langle \phi, A\,\boldsymbol{v} \rangle = \langle \phi, f_A(\boldsymbol{v}) \rangle = \langle f_A^*(\phi), \boldsymbol{v} \rangle = 0.$$

よって $\boldsymbol{u} \in (\mathrm{Ker}(f_A^*))^\perp$ である．したがって $\mathrm{Im}(A) \subset (\mathrm{Ker}(f_A^*))^\perp$.

逆の包含を示すために次元について考える．補題 3.7.5 より $\dim \mathrm{Ker}(f_A^*) = \dim \mathrm{Ker}({}^tA)$ が成り立つ．このことと，命題 3.7.7 より

$$\begin{aligned} \dim \mathrm{Ker}(f_A^*)^\perp &= m - \dim \mathrm{Ker}(f_A^*) \\ &= m - \dim \mathrm{Ker}({}^tA) \\ &= \mathrm{rank}({}^tA) = \mathrm{rank}(A) = \dim \mathrm{Im}(A). \end{aligned}$$

である．系 3.2.11 より $\mathrm{Im}(A) = (\mathrm{Ker}(f_A^*))^\perp$ を得る． □

定理 3.7.8 の証明 補題 3.7.5 により $\phi \in \mathrm{Ker}(f_A^*)$ と $\boldsymbol{u} = {}^t\phi \in \mathrm{Ker}({}^tA)$ を同一視する．補題 3.7.9 によると，$\mathbb{R}^m$ の元 $\boldsymbol{b}$ が $\mathrm{Im}(A)$ に属すためには，任意の $\boldsymbol{u} \in \mathrm{Ker}({}^tA)$ に対して $\langle {}^t\boldsymbol{u}, \boldsymbol{b} \rangle = 0$ が成り立つことが必要十分条件である．$\boldsymbol{u}$ として $\mathrm{Ker}({}^tA)$ の基底をなすベクトル $\boldsymbol{u}_1, \ldots, \boldsymbol{u}_d$ をとれば十分であるから定理がしたがう． □

注意 3.7.10 $BA = O$ をみたす行列 B を何でもよいからとるとき，$\boldsymbol{b} \in \mathbb{R}^m$ に対して $\boldsymbol{b} \in \mathrm{Im}(A) \Longrightarrow B\,\boldsymbol{b} = \boldsymbol{0}$ が成り立つ．逆が成り立つように B を十分に一般的にとれればよいと考えてみる．$BA = O \Longleftrightarrow {}^tA\,{}^tB = O$ なので $\mathrm{Ker}({}^tA)$ を考えるのが自然に思える．

例 3.7.11　A を問題 1.1 の行列とする．転置 ${}^tA$ を行変形すると

$$ {}^tA = \begin{pmatrix} 1 & 0 & 1 & 1 \\ 1 & -1 & 2 & -1 \end{pmatrix} \to \begin{pmatrix} 1 & 0 & 1 & 1 \\ 0 & 1 & -1 & 2 \end{pmatrix} $$

となるので $B = {}^t(\boldsymbol{u}_1, \boldsymbol{u}_2) = \begin{pmatrix} -1 & 1 & 1 & 0 \\ -1 & -2 & 0 & 1 \end{pmatrix}$ である．$\mathrm{Im}(A) = \mathrm{Ker}(B)$ であることが確認できる．■

問 3.19　$A = \begin{pmatrix} 1 & 1 & 2 \\ 2 & 1 & 3 \\ -1 & 0 & -1 \\ 1 & 2 & 3 \end{pmatrix}$ とする．定理 3.7.8 を用いて $\boldsymbol{b} = \begin{pmatrix} 2 \\ 1 \\ 1 \\ 5 \end{pmatrix}$ が $\mathrm{Im}(A)$ に属すかどうか調べよ．

3.8　探究——双線型形式

U, V を線型空間とする．直積集合[*6]$U \times V$ から $\mathbb{R}$ への写像 ϕ が

- $\phi(\boldsymbol{u}_1 + \boldsymbol{u}_2, \boldsymbol{v}) = \phi(\boldsymbol{u}_1, \boldsymbol{v}) + \phi(\boldsymbol{u}_2, \boldsymbol{v}), \quad \phi(c\,\boldsymbol{u}, \boldsymbol{v}) = c\phi(\boldsymbol{u}, \boldsymbol{v})$,
- $\phi(\boldsymbol{u}, \boldsymbol{v}_1 + \boldsymbol{v}_2) = \phi(\boldsymbol{u}, \boldsymbol{v}_1) + \phi(\boldsymbol{u}, \boldsymbol{v}_2), \quad \phi(\boldsymbol{u}, c\,\boldsymbol{v}) = c\phi(\boldsymbol{u}, \boldsymbol{v})$

をみたすとき ϕ は $U \times V$ 上の**双線型形式**（bilinear form）であるという．

1つめの条件は，$\boldsymbol{v}$ を固定して $\phi(\boldsymbol{u}, \boldsymbol{v})$ を $\boldsymbol{u} \in U$ の関数と考えるときに，線型であるという意味である．$\boldsymbol{u} \in U$ の方を固定しても同様である．

例 3.8.1　$\mathbb{R}^n$ 上の内積 $(\boldsymbol{u}, \boldsymbol{v}) = {}^t\boldsymbol{u} \cdot \boldsymbol{v}$ は $\mathbb{R}^n \times \mathbb{R}^n$ 上の双線型形式である．■

例 3.8.2　A を $m \times n$ 型行列とするとき $\phi(\boldsymbol{u}, \boldsymbol{v}) = {}^t\boldsymbol{u}\,A\,\boldsymbol{v}$ $(\boldsymbol{u} \in \mathbb{R}^m,\ \boldsymbol{v} \in \mathbb{R}^n)$ により $\mathbb{R}^m \times \mathbb{R}^n$ 上の双線型形式が得られる．■

U の基底 $\mathcal{U} = \{\boldsymbol{u}_1, \ldots, \boldsymbol{u}_m\}$ と V の基底 $\mathcal{V} = \{\boldsymbol{v}_1, \ldots, \boldsymbol{v}_n\}$ を選ぶ．$U \times V$ 上の双線型形式 ϕ は mn 個の数 $a_{ij} := \phi(\boldsymbol{u}_i, \boldsymbol{v}_j)$ によって決まる．なぜなら $\boldsymbol{u} = \sum_i x_i \boldsymbol{u}_i, \boldsymbol{v} = \sum_i y_i \boldsymbol{v}_i$ とすると

*6　直積集合については付録 A.1 節参照．

$$\phi(\boldsymbol{u}, \boldsymbol{v}) = \phi(\sum_i x_i \boldsymbol{u}_i, \boldsymbol{v}) = \sum_i x_i \phi(\boldsymbol{u}_i, \boldsymbol{v}) = \sum_i x_i \phi(\boldsymbol{u}_i, \sum_j y_j \boldsymbol{v}_j)$$
$$= \sum_i x_i \left(\sum_j y_j \phi(\boldsymbol{u}_i, \boldsymbol{v}_j) \right) = \sum_{i,j} x_i y_j a_{ij}$$

となるからである．よって $A = (a_{ij})$ とおくと $\phi(\boldsymbol{u}, \boldsymbol{v}) = {}^t\boldsymbol{x} A \boldsymbol{y}$ と表せる．基底から定まる座標ベクトルを用いれば，すべての双線型形式が例 3.8.2 の形で表現できることがわかった．A を双線型形式 ϕ の**表現行列**と呼ぶ．$\mathbb{R}^n$ から $\mathbb{R}^m$ への線型変換が $m \times n$ 型行列によって表現されるという内容と似ているが，次のように，基底変換に関する変換法則が異なる．

問 3.20 線型空間 U の基底変換 $\mathcal{U} \to \mathcal{U}'$ の行列を Q とする．また，線型空間 V の基底変換 $\mathcal{V} \to \mathcal{V}'$ の行列を P とする．$U \times V$ 上の双線型形式 ϕ の新，旧の表現行列をそれぞれ B, A とすると，$B = {}^tQAP$ であることを示せ．

非退化な双線型形式

定義 3.8.3（非退化な双線型形式） $U \times V$ 上の双線型形式 ϕ は次の 2 つの条件をみたすとき**非退化**（non-degenerate）であるという：

(i) $\boldsymbol{v} \in V$ がすべての $\boldsymbol{u} \in U$ に対し $\phi(\boldsymbol{u}, \boldsymbol{v}) = \boldsymbol{0}$ をみたすならば $\boldsymbol{v} = \boldsymbol{0}$,

(ii) $\boldsymbol{u} \in U$ がすべての $\boldsymbol{v} \in V$ に対し $\phi(\boldsymbol{u}, \boldsymbol{v}) = \boldsymbol{0}$ をみたすならば $\boldsymbol{u} = \boldsymbol{0}$.

線型空間 V 上の線型関数全体の集合*7を V^* により表す．これを V の**双対空間**（dual space）という．$\phi \in V^*$, $\boldsymbol{v} \in V$ のとき $\langle \phi, \boldsymbol{v} \rangle = \phi(\boldsymbol{v})$ という記法（**自然なペアリング**）を用いる．$(\mathbb{R}^n)^* = {}^t\mathbb{R}^n$ という見方はすでに 3.7 節で説明した通りである．

*7 ベクトル演算を自然に備えており，部分空間や線型写像などの概念が自然な意味を持つ．その意味で V^* は公理的に定義される抽象線型空間（例えば [2, 第 2 章] 参照）の例である．本書では，行列と結びついた例しか扱わないので抽象線型空間は導入しない．

ϕ を $U \times V$ 上の双線型形式とする．$\boldsymbol{u} \in U$ を 1 つ固定すると

$$\boldsymbol{v} \mapsto \phi(\boldsymbol{u}, \boldsymbol{v})$$

により V 上の線型関数，すなわち V^* の元ができる．これを $\phi(\boldsymbol{u}, -) \in V^*$ と表すことにする．同様に $\boldsymbol{v} \in V$ に対して $f(-, \boldsymbol{v}) \in U^*$ が得られる．ϕ が非退化であることは

$$\phi(-, \boldsymbol{v}) = 0 \text{ ならば } \boldsymbol{v} = \boldsymbol{0},\ \phi(\boldsymbol{u}, -) = 0 \text{ ならば } \boldsymbol{u} = \boldsymbol{0}$$

と言い換えられる．さらに言い換えると写像

$$\iota : V \to U^* \quad (\boldsymbol{v} \mapsto \phi(-, \boldsymbol{v})), \quad \iota' : U \to V^* \quad (\boldsymbol{u} \mapsto \phi(\boldsymbol{u}, -))$$

がともに単射であることである．

U の基底 $\mathcal{U} = \{\boldsymbol{u}_i\}_{i=1}^m$ とその $\mathcal{U}$ の双対基底 $\mathcal{U}^* = \{x_i\}_{i=1}^m$，および V の基底 $\mathcal{V} = \{\boldsymbol{v}_i\}_{i=1}^n$ をとり，ι の表現行列を考える．任意の $\boldsymbol{u} = \sum_{i=1}^m c_i \boldsymbol{u}_i \in U$ に対して

$$\begin{aligned}\iota(\boldsymbol{v}_j)(\boldsymbol{u}) = \phi(\boldsymbol{u}, \boldsymbol{v}_j) &= \phi(\sum_{i=1}^m c_i \boldsymbol{u}_i, \boldsymbol{v}_j) = \sum_{i=1}^m c_i \phi(\boldsymbol{u}_i, \boldsymbol{v}_j) \\ &= \sum_{i=1}^m c_i a_{ij} = \sum_{i=1}^m a_{ij} x_i(\boldsymbol{u}).\end{aligned}$$

したがって $\iota(\boldsymbol{v}_j) = \sum_{i=1}^n a_{ij} x_i \quad (1 \leq j \leq n)$ であるから ι の表現行列は A である．同様の計算で ι' の表現行列は ${}^tA$ であることがわかる．

定理 3.8.4　$U \times V$ 上の双線型形式 ϕ が非退化であるとする．このとき $\dim U = \dim V$ が成り立つ．また $A, {}^tA$ はともに正則である．逆に双線型形式 ϕ の表現行列 A が正則ならば ϕ は非退化である．

証明　ϕ が非退化であることは上でみたように ι, ι' が単射であることである．このことは $\mathrm{rank}(A) = n$ かつ $\mathrm{rank}({}^tA) = m$ を意味する．$\mathrm{rank}(A) = \mathrm{rank}({}^tA)$ なので $n = m$ すなわち $\dim U = \dim V$ である．$A, {}^tA$ はともに正方行列であって，正則行列である．　□

$U \times V$ 上に非退化な双線型形式 ϕ が 1 つ与えられると線型同型

$$\iota : V \to U^*, \quad \iota' : U \to V^*$$

が定まり，自然なペアリングの記号を用いると

$$\langle \iota(\boldsymbol{v}), \boldsymbol{u} \rangle = \langle \iota'(\boldsymbol{u}), \boldsymbol{v} \rangle = \phi(\boldsymbol{u}, \boldsymbol{v}) \quad (\boldsymbol{u} \in U,\ \boldsymbol{v} \in V)$$

と書く[*8]ことができる．このとき，ι により V と U^* を同一視することがよく行われる．この同一視は ι' による U と V^* の同一視とも整合的[*9]である．このとき，U, V は ϕ に関して**互いに双対的**であるという．

例 3.8.5 自然なペアリング $V^* \times V \to \mathbb{R}$, $(\phi, \boldsymbol{v}) \mapsto \langle \phi, \boldsymbol{v} \rangle$ は非退化な双線型形式である．このとき ι, ι' は それぞれ V, V^* の恒等写像である． ■

問 3.21 U の基底 $\{\boldsymbol{u}_1, \boldsymbol{u}_2, \boldsymbol{u}_3\}$ と V の基底 $\{\boldsymbol{v}_1, \boldsymbol{v}_2, \boldsymbol{v}_3\}$ に関して，$U \times V$ 上の双線型形式 ϕ の表現行列が $A = \begin{pmatrix} 2 & -1 & 0 \\ -1 & 2 & -2 \\ 0 & -1 & 2 \end{pmatrix}$ であるとする．

(1) ϕ が非退化であることを示せ．

(2) $\{\boldsymbol{u}_1, \boldsymbol{u}_2, \boldsymbol{u}_3\}$ の双対基底を $\{\omega_1, \omega_2, \omega_3\} \subset U^*$ とする．U, V は ϕ に関して互いに双対的であるので $\boldsymbol{v}_i$ $(1 \leq i \leq 3)$ を U^* の元と同一視するとき ω_i $(1 \leq i \leq 3)$ を $\boldsymbol{v}_1, \boldsymbol{v}_2, \boldsymbol{v}_3$ の線型結合で表せ．

✎ V を線型空間とするとき，$V \times V$ 上の双線型形式 ϕ を単に「V 上の」双線型形式と呼ぶ文献も多く，本書の用語と異なる．また，[6] では本書の意味の $U \times V$ 上の双線型形式を「U, V 上の」双線型形式と呼んでいる．大きな誤解は招かないだろうけれど，念のため注意しておく．

---

*8 $\langle \iota(\boldsymbol{v}), \boldsymbol{u} \rangle$ を $\langle \boldsymbol{u}, \iota(\boldsymbol{v}) \rangle$ と書くと見やすい（命題 6.1.2 の随伴公式と比較せよ）．双対性を表すペアリングは一方が他方の双対でその逆の見方もできるので，$\langle \phi, \boldsymbol{v} \rangle = \langle \boldsymbol{v}, \phi \rangle$ のように順序を逆にすることもよく行われる．

*9 $\iota : V \to U^*$ の‘双対写像’ ${}^t\iota : U^{**} \to V^*$ $(U^{**} \ni \boldsymbol{u} \mapsto (V \ni \boldsymbol{v} \mapsto \langle \boldsymbol{u}, \iota(\boldsymbol{v}) \rangle \in \mathbb{R}))$ が定まる．U^{**} は定理 3.7.2 と同様に U と同一視されて ${}^t\iota$ は ι' と一致する．

基底変換のまとめ

線型空間 V の基底 $\mathcal{V} = \{\boldsymbol{v}_1, \ldots, \boldsymbol{v}_n\}$ から**座標写像** $\Phi_{\mathcal{V}} : \mathbb{R}^n \to V$ が

$$\mathbb{R}^n \ni \boldsymbol{x} \mapsto \boldsymbol{v} = \mathcal{V} \cdot \boldsymbol{x} = \sum_{i=1}^{n} x_i \boldsymbol{v}_i$$

により定まり線型同型になる．ここで $\mathcal{V} = (\boldsymbol{v}_1, \ldots, \boldsymbol{v}_n)$ とみている．$\boldsymbol{v} \in V$ に対して $\Phi_{\mathcal{V}}^{-1}(\boldsymbol{v}) = (x_i)_{i=1}^n \in \mathbb{R}^n$ を $\boldsymbol{v}$ の $\mathcal{V}$ に関する**座標ベクトル**という．$\mathcal{V}$ を別な基底 $\mathcal{V}' = \{\boldsymbol{v}'_1, \ldots, \boldsymbol{v}'_n\}$ に基底をとり替えるときの**基底変換行列** P が

$$\mathcal{V}' = \mathcal{V} \cdot P \quad \text{つまり（新基底）＝（旧基底）} P$$

により定まる．$\boldsymbol{v}$ の $\mathcal{V}'$ に関する座標ベクトルを $(x'_i)_{i=1}^n$（縦ベクトル）とするとき，**座標ベクトルの変換則**

$$P\boldsymbol{x}' = \boldsymbol{x} \quad \text{（あるいは } \boldsymbol{x}' = P^{-1}\boldsymbol{x}\text{）つまり} \quad P\begin{pmatrix} \text{新} \\ \text{座} \\ \text{標} \end{pmatrix} = \begin{pmatrix} \text{旧} \\ \text{座} \\ \text{標} \end{pmatrix}$$

が成り立つ．$\mathcal{V} \cdot \boldsymbol{x} = \mathcal{V}' \cdot \boldsymbol{x}'$ が成り立つことに注意すれば，基底と座標の変換則を忘れても思いだせるだろう．

線型写像 $f : V \to W$ の表現行列を与えるために V の基底 $\mathcal{V} = \{\boldsymbol{v}_1, \ldots, \boldsymbol{v}_n\}$ と W の基底 $\mathcal{W} = \{\boldsymbol{w}_1, \ldots, \boldsymbol{w}_m\}$ を選ぶ．表現行列 A は $m \times n$ 型行列であって

$$(f(\boldsymbol{v}_1), \ldots, f(\boldsymbol{v}_n)) = (\boldsymbol{w}_1, \ldots, \boldsymbol{w}_m)A$$

をみたすものとして定まる．$\boldsymbol{v} \in V$ の座標ベクトルを $\boldsymbol{x} \in \mathbb{R}^n$ とするとき $f(\boldsymbol{v})$ の座標ベクトルは $A\boldsymbol{x} \in \mathbb{R}^m$ で与えられる．

V の基底変換 $\mathcal{V} \rightharpoonup \mathcal{V} \cdot P$ および W の基底変換 $\mathcal{W} \rightharpoonup \mathcal{W} \cdot Q$ に対して，変換された表現行列 B は

$$B = Q^{-1}AP$$

である．V の線型変換の場合は基底変換 $\mathcal{V} \rightharpoonup \mathcal{V} \cdot P$ による行列の変換は $B = P^{-1}AP$ の形である．

章末問題

問題 3.1（基底の延長）　(1) ベクトル $\boldsymbol{a}_1 = {}^t(1,1,1,1)$, $\boldsymbol{a}_2 = {}^t(0,1,1,1) \in \mathbb{R}^4$ は線型独立である．ベクトルを追加して $\mathbb{R}^4$ の基底となるようにせよ．

(2) $V = \{\boldsymbol{v} = (v_i) \in \mathbb{R}^4 \mid v_1 + v_2 + v_3 + v_4 = 0\}$ とする．ベクトル $\boldsymbol{a}_1 = {}^t(-2,1,-1,2)$, $\boldsymbol{a}_2 = {}^t(1,0,1,-2) \in V$ は線型独立である．ベクトルを追加して V の基底となるようにせよ．

問題 3.2（補空間の存在）　W を線型空間 V の部分空間とする．V の部分空間 W' であって $V = W \oplus W'$ となるものが存在することを示せ．

問題 3.3　線型空間 V の線型変換 f が $f^2 = f$ をみたすとき次を示せ．

$$V = \mathrm{Ker}(f) \oplus \mathrm{Im}(f).$$

問題 3.4（$V + W$, $V \cap W$ の基底の計算）　$\mathbb{R}^5$ の部分空間

$$\begin{aligned}
V_1 &= \mathrm{Ker}\begin{pmatrix} 1 & 0 & 1 & 1 & 1 \\ -1 & 1 & 2 & 0 & 0 \end{pmatrix}, \\
V_2 &= \mathrm{Ker}\begin{pmatrix} 1 & 1 & 2 & 4 & 4 \\ 0 & 0 & -1 & 1 & 1 \end{pmatrix}, \\
W_1 &= \langle {}^t(1,1,1,1,1), {}^t(1,0,0,1,0) \rangle, \\
W_2 &= \langle {}^t(2,1,1,2,1), {}^t(1,2,-1,1,0), {}^t(0,1,1,0,1) \rangle
\end{aligned}$$

を考える．以下の空間の基底を与えよ．

(1) $V_1 \cap V_2$，(2) $V_1 + V_2$，(3) $W_1 + W_2$，(4) $W_1 \cap W_2$，(5) $V_1 \cap W_1$．

問題 3.5　(1) 行列 A の行変形で行空間 $\mathrm{Row}(A)$ は変化しないことを示せ．(2) A の行ベクトルのうち線型独立なものの最大個数は $\mathrm{rank}(A)$ と一致することを示せ．

問題 3.6　V を $\mathbb{R}^n$ の部分空間とする．$(V^\perp)^\perp = V$ を示せ[*10]．

問題 3.7　B は正則行列，N は正方行列であって $N^k = O$ となる $k \geq 1$ がある[*11]とする．$A = \begin{pmatrix} B & C \\ O & N \end{pmatrix}$ は $\begin{pmatrix} B & O \\ O & N \end{pmatrix}$ と相似であることを以下のように示せ．

(1) $P = \begin{pmatrix} E & X \\ O & E \end{pmatrix}$ とおき $P^{-1}AP = \begin{pmatrix} B & O \\ O & N \end{pmatrix}$ が成り立つために X がみたすべき等式を求めよ．

(2) $X = -\sum_{i=1}^{k-1} B^{-i}CN^{i-1}$ とおけば (1) の条件が成り立つことを示せ．

---

*10　定理 3.7.2 の線型同型 $\iota : \mathbb{R}^n \to ({}^t\mathbb{R}^n)^*$ により V を $({}^t\mathbb{R}^n)^*$ の部分空間とみなす．

*11　このような行列を**巾零行列**（nilpotent matrix）という．

問題 3.8（交代双線型形式の標準形）　ϕ を線型空間 V 上の非退化な双線型形式とし，$\phi(\boldsymbol{u},\boldsymbol{v}) = -\phi(\boldsymbol{v},\boldsymbol{u})$ $(\boldsymbol{u},\boldsymbol{v} \in V)$ が成り立つとする．V のある基底に関する表現行列が次のようになることを示せ：

$$\begin{pmatrix} 0 & 1 & & & \\ -1 & 0 & & & \\ & & \ddots & & \\ & & & 0 & 1 \\ & & & -1 & 0 \end{pmatrix}.$$

注意 3.8.6　このように，$V \times V$ 上に非退化な交代双線型性形式 ϕ が存在すれば V は偶数次元である．交代双線型性形式の標準形はシンプレクティック幾何学におけるダルブーの定理の証明で用いられる．

第4章　行列式

この章では行列式（determinant）の基礎を学ぶ．行列（matrix）と行列式は日本語訳は似ているし，互いに深い関係があるのだが，別なものだということをまず強調しておく．行列式は正方行列 A に対して定まる1つのスカラーである．行列式を表す記号としては $\det A$ や $|A|$ が用いられる．

A が2次のときは A の列ベクトル $\boldsymbol{a}_1, \boldsymbol{a}_2$ が張る平行四辺形の面積は $\det A$ の絶対値と一致する．もしも $\boldsymbol{a}_1, \boldsymbol{a}_2$ が線型従属だと平行四辺形はぺちゃんこにつぶれて線分や1点になるので面積はゼロとなり，

$$\boldsymbol{a}_1, \boldsymbol{a}_2 \text{ が線型従属} \iff \det A = 0 \tag{4.1}$$

が幾何的に理解できる．代数的な計算でこのことを示すことも難しくない．このようなものを n 次の場合に拡張するのが目標である．

行列式がなぜ大切かと問われたら少なくとも以下のことが挙げられる．

1. 平行四辺形の面積，一般には高次元の平行体の体積と関係する．
2. 線型独立性や階数との関係．
3. 「正方行列 A が正則」$\iff \det A \neq 0$.
4. 連立方程式の解の公式「クラメルの公式」に現れる．
5. 逆行列の閉じた公式を与える．
6. 行列式によって表される重要な関数がある．

4.1　2 次の行列式

平行四辺形の面積と関連して 1.6 節では 2 次正方行列の行列式について簡単に触れた．ここでは，n 次の行列式の理解につながるような別証明を与える．

平行四辺形の面積と行列式

面積がもつ次の性質にまず注目しておこう．平行四辺形 $\mathcal{P}(\boldsymbol{v}_1, \boldsymbol{v}_2)$ の面積を $\mathrm{Area}(\boldsymbol{v}_1, \boldsymbol{v}_2)$ で表す．

命題 4.1.1　$\boldsymbol{v}_1, \boldsymbol{v}_2 \in \mathbb{R}^2$ を線型独立とし，c を任意のスカラーとするとき

$$\mathrm{Area}(\boldsymbol{v}_1, \boldsymbol{v}_2 + c\,\boldsymbol{v}_1) = \mathrm{Area}(\boldsymbol{v}_1, \boldsymbol{v}_2). \tag{4.2}$$

証明　「平行四辺形の面積 = 底辺 × 高さ」の公式を用いる．$\boldsymbol{v}_1 = \overrightarrow{\mathrm{OA}}$，$\boldsymbol{v}_2 = \overrightarrow{\mathrm{OB}}$，$\boldsymbol{v}_1 + \boldsymbol{v}_2 = \overrightarrow{\mathrm{OC}}$，$\boldsymbol{v}_2 + c\,\boldsymbol{v}_1 = \overrightarrow{\mathrm{OB'}}$，$\overrightarrow{\mathrm{OC'}} = \overrightarrow{\mathrm{OB'}} + \overrightarrow{\mathrm{OA}}$ とすると図のようになる．辺 OA を底辺とみなせば「高さ」は変化していない．　□

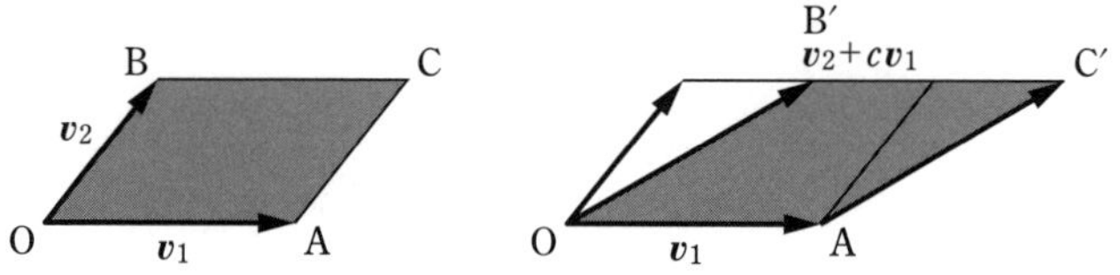

一方，任意のベクトル $\boldsymbol{v}_1, \boldsymbol{v}_2$ に対して

$$\det(\boldsymbol{v}_1, \boldsymbol{v}_2 + c\,\boldsymbol{v}_1) = \det(\boldsymbol{v}_1, \boldsymbol{v}_2) \tag{4.3}$$

が成り立つことは計算で確かめられる．また，R_θ を回転を表す行列とすると，計算で

$$\det(R_\theta\,\boldsymbol{v}_1, R_\theta\,\boldsymbol{v}_2) = \det(\boldsymbol{v}_1, \boldsymbol{v}_2) \tag{4.4}$$

が成り立つことが確かめられる．平行四辺形 $\mathcal{P}(\boldsymbol{v}_1, \boldsymbol{v}_2)$ を R_θ により回転するとその像は $\mathcal{P}(R_\theta \boldsymbol{v}_1, R_\theta \boldsymbol{v}_2)$ になる．面積は回転しても変わらない：

$$\mathrm{Area}(R_\theta\,\boldsymbol{v}_1, R_\theta\,\boldsymbol{v}_2) = \mathrm{Area}(\boldsymbol{v}_1, \boldsymbol{v}_2).$$

2 つの $\mathbb{R}^2$ の線型独立なベクトル $\boldsymbol{v}_1, \boldsymbol{v}_2$ について，$\boldsymbol{v}_1$ を方向ベクトルとする直線に対して，$\boldsymbol{v}_1$ 方向を向いて左側の半平面*1 に $\boldsymbol{v}_2$ があるとき，ベクトルの順序対 $(\boldsymbol{v}_1, \boldsymbol{v}_2)$ の‘**向き**’が**正**であるという．右側のときは‘向き’が**負**であるという．

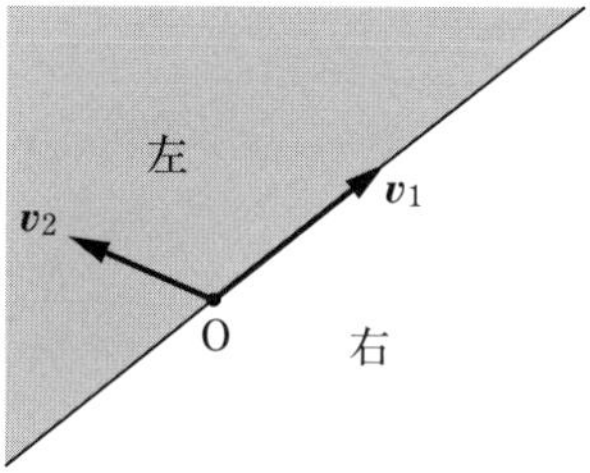

なお，‘向き’は日常用語ではなく，いまここで定義している数学用語である．英語では orientation と呼び，幾何学では基本的な概念である．$\boldsymbol{v}_1$ が x 軸の正の方向ならば $\boldsymbol{v}_2$ の y 座標が正の場合に，順序対 $(\boldsymbol{v}_1, \boldsymbol{v}_2)$ は正の‘向き’を持つ．ここではベクトルの順序が大切で，順序を変えた対 $(\boldsymbol{v}_2, \boldsymbol{v}_1)$ は $(\boldsymbol{v}_1, \boldsymbol{v}_2)$ とは逆の‘向き’を持つ．つまり一方が正ならば他方は負である．

定理 4.1.2　$\boldsymbol{v}_1, \boldsymbol{v}_2 \in \mathbb{R}^2$ を線型独立とするとき，次が成り立つ：

$$\mathrm{Area}(\boldsymbol{v}_1, \boldsymbol{v}_2) = \pm \det(\boldsymbol{v}_1, \boldsymbol{v}_2).$$

ただし，右辺の符号は順序対 $(\boldsymbol{v}_1, \boldsymbol{v}_2)$ の‘向き’が正なら $+$，負なら $-$ である．

証明　$(\boldsymbol{v}_1, \boldsymbol{v}_2)$ が正の‘向き’であるとする．次の 3 つの場合を順番に考える．

(a) $\boldsymbol{v}_1$ が x 軸の正方向，$\boldsymbol{v}_2$ が y 軸の正方向の場合（長方形）

(b) $\boldsymbol{v}_1$ が x 軸の正方向，$\boldsymbol{v}_2$ が x 軸よりも上にある場合（底辺が水平）

(c) 一般に $(\boldsymbol{v}_1, \boldsymbol{v}_2)$ が正の‘向き’である場合

行列 $A = (\boldsymbol{v}_1, \boldsymbol{v}_2)$ は $a > 0, d > 0$ として，それぞれ

$$\text{(a)} \begin{pmatrix} a & 0 \\ 0 & d \end{pmatrix}, \quad \text{(b)} \begin{pmatrix} a & b \\ 0 & d \end{pmatrix}, \quad \text{(c)}\ R_\theta \begin{pmatrix} a & b \\ 0 & d \end{pmatrix} \tag{4.5}$$

となっている．

*1　x 軸の正の向きに対して y 軸の正の向きが左側であることを前提（地球人の習慣？）にしている．

(a) の場合は長方形の面積の公式から $\mathrm{Area}(\boldsymbol{v}_1, \boldsymbol{v}_2) = ad = \det(\boldsymbol{v}_1, \boldsymbol{v}_2)$.

(b) の場合，$\boldsymbol{v}_2$ の y 軸への直交射影を $\boldsymbol{v}_2'$ とするとき $\boldsymbol{v}_2' = \boldsymbol{v}_2 - (b/a)\boldsymbol{v}_1$ と書けるので命題 4.1.1 を用いて

$$\mathrm{Area}(\boldsymbol{v}_1, \boldsymbol{v}_2) = \mathrm{Area}(\boldsymbol{v}_1, \boldsymbol{v}_2') = \|\boldsymbol{v}_1\| \cdot \|\boldsymbol{v}_2'\| = \det(\boldsymbol{v}_1, \boldsymbol{v}_2') = \det(\boldsymbol{v}_1, \boldsymbol{v}_2)$$

である．2つめの等号は (a) の場合，3つめは (4.3) を用いた．(c) について，$\boldsymbol{v}_1$ が x 軸の正方向に対する角度を θ とすると $(R_{-\theta}\boldsymbol{v}_1, R_{-\theta}\boldsymbol{v}_2)$ は (b) の場合になる．回転で det も Area も変化しないので (b) の場合に帰着できる．$(\boldsymbol{v}_1, \boldsymbol{v}_2)$ が負の‘向き’のときは $(\boldsymbol{v}_2, \boldsymbol{v}_1)$ を考えて

$$\det(\boldsymbol{v}_2, \boldsymbol{v}_1) = -\det(\boldsymbol{v}_1, \boldsymbol{v}_2) \tag{4.6}$$

を用いればよい．□

クラメルの公式——2変数の場合

A を n 次正則行列とするとき，方程式 $A\boldsymbol{x} = \boldsymbol{b}$ には一意的な解 $\boldsymbol{x} = A^{-1}\boldsymbol{b}$ が存在する．掃き出し法を用いてなら解を求められるけれども，与えられた $A, \boldsymbol{b}$ を用いて解をズバリ表す“解の公式”はないのだろうか？

$n = 2$ の場合をみてみよう．連立線型方程式

$$\begin{cases} a_{11}x_1 + a_{12}x_2 = b_1 \\ a_{21}x_1 + a_{22}x_2 = b_2 \end{cases}$$

を考える．$A = \begin{pmatrix} a_{11} & a_{12} \\ a_{21} & a_{22} \end{pmatrix}$ は正則であるとする．したがってその行列式 $\det A$ は 0 でない．**クラメルの公式**はこのとき

$$x = \frac{\begin{vmatrix} b_1 & a_{12} \\ b_2 & a_{22} \end{vmatrix}}{\begin{vmatrix} a_{11} & a_{12} \\ a_{21} & a_{22} \end{vmatrix}}, \quad y = \frac{\begin{vmatrix} a_{11} & b_1 \\ a_{21} & b_2 \end{vmatrix}}{\begin{vmatrix} a_{11} & a_{12} \\ a_{21} & a_{22} \end{vmatrix}}$$

と書かれる．分母が 0 ではないことに注意しよう．

例 4.1.3　$A=\begin{pmatrix}2 & 3\\ 1 & -2\end{pmatrix}$ のとき $\det A = 2\cdot(-2)-3\cdot 1 = -7 \neq 0$ なので

$$\begin{cases} 2x+3y = \ \ 3 \\ \ \ x-2y=-1 \end{cases}$$

はただ 1 つの解を持ち，それは

$$x = \frac{\begin{vmatrix} 3 & 3 \\ -1 & -2 \end{vmatrix}}{\begin{vmatrix} 2 & 3 \\ 1 & -2 \end{vmatrix}} = \frac{3}{7}, \quad y = \frac{\begin{vmatrix} 2 & 3 \\ 1 & -1 \end{vmatrix}}{\begin{vmatrix} 2 & 3 \\ 1 & -2 \end{vmatrix}} = \frac{5}{7}$$

である．代入してチェックしてみよ．また，掃き出し法でも計算してみよ．■

クラメルの公式が n 次の場合に拡張されることを期待するのは自然である．そのためには n 次の行列式を定める必要がある．クラメルの公式をヒントにして，行列式がどういう性質を持つべきか考えよう．

双線型性と交代性

$n=2$ の場合のクラメルの公式は，多少強引な計算をしてでも証明するのはそれほど難しくない．ここでは先の見通しが立つような考え方をしよう．

$$\boldsymbol{a}_1 = \begin{pmatrix} a_{11} \\ a_{21} \end{pmatrix}, \quad \boldsymbol{a}_2 = \begin{pmatrix} a_{12} \\ a_{22} \end{pmatrix}$$

とおき，行列式 $\begin{vmatrix} a_{11} & a_{12} \\ a_{21} & a_{22} \end{vmatrix}$ をベクトルの順序対 $(\boldsymbol{a}_1, \boldsymbol{a}_2)$ によって定まるものだという見方をする．順序対というのは $(\boldsymbol{a}_1, \boldsymbol{a}_2)$ と $(\boldsymbol{a}_2, \boldsymbol{a}_1)$ を区別するという意味である．このような順序対のなす集合（直積集合）を $\mathbb{R}^2 \times \mathbb{R}^2$ により表す．記号も $\det(\boldsymbol{a}_1, \boldsymbol{a}_2)$ としよう．det は $\mathbb{R}^2 \times \mathbb{R}^2$ から $\mathbb{R}$ への写像である．

写像 det は以下の性質を持つ.

- $\det(\boldsymbol{a}, \boldsymbol{b}+\boldsymbol{c}) = \det(\boldsymbol{a}, \boldsymbol{b}) + \det(\boldsymbol{a}, \boldsymbol{c})$,
  $\det(\boldsymbol{a}+\boldsymbol{b}, \boldsymbol{c}) = \det(\boldsymbol{a}, \boldsymbol{c}) + \det(\boldsymbol{b}, \boldsymbol{c})$,
- $\det(c\,\boldsymbol{a}, \boldsymbol{b}) = \det(\boldsymbol{a}, c\,\boldsymbol{b}) = c\det(\boldsymbol{a}, \boldsymbol{b})$,
- $\det(\boldsymbol{b}, \boldsymbol{a}) = -\det(\boldsymbol{a}, \boldsymbol{b})$.

初めの 2 つの性質を合わせて $\det(\boldsymbol{a}, \boldsymbol{b})$ は**双線型**（bilinear）であるという．$\boldsymbol{a}$ を固定して $\boldsymbol{b} \in \mathbb{R}^2$ の関数とみても，$\boldsymbol{b}$ を固定して $\boldsymbol{a} \in \mathbb{R}^2$ の関数とみても，線型写像であることを意味する．3 つめの性質のことを**交代性**（alternating）という．また，交代性から $\det(\boldsymbol{a}, \boldsymbol{a}) = -\det(\boldsymbol{a}, \boldsymbol{a})$ なので，移項して 2 で割れば

$$\det(\boldsymbol{a}, \boldsymbol{a}) = 0$$

が導かれる．この性質も含めて交代性と呼ぼう．実際 $\det(\boldsymbol{a}+\boldsymbol{b}, \boldsymbol{a}+\boldsymbol{b}) = 0$ と双線型性から $\det(\boldsymbol{a}, \boldsymbol{b}) = -\det(\boldsymbol{b}, \boldsymbol{a})$ がしたがう.

定理 4.1.4（クラメルの公式）　$A = (\boldsymbol{a}_1, \boldsymbol{a}_2)$ を 2 次の正則行列とするとき $A\boldsymbol{x} = \boldsymbol{b}$ の解は次により与えられる：

$$x_1 = \frac{\det(\,\boldsymbol{b},\,\boldsymbol{a}_2)}{\det(\boldsymbol{a}_1, \boldsymbol{a}_2)}, \quad x_2 = \frac{\det(\boldsymbol{a}_1,\,\boldsymbol{b})}{\det(\boldsymbol{a}_1, \boldsymbol{a}_2)}. \tag{4.7}$$

証明　方程式 $A\boldsymbol{x} = \boldsymbol{b}$ をみたす $\boldsymbol{x} \in \mathbb{R}^2$ がただ 1 つあることはわかっている．解くべき方程式は $x_1\boldsymbol{a}_1 + x_2\boldsymbol{a}_2 = \boldsymbol{b}$ と書ける．$\det(\boldsymbol{b}, \boldsymbol{a}_2)$ に $\boldsymbol{b} = x_1\boldsymbol{a}_1 + x_2\boldsymbol{a}_2$ を代入して双線型性と交代性を使うと

$$\det(\boldsymbol{b}, \boldsymbol{a}_2) = x_1 \det(\boldsymbol{a}_1, \boldsymbol{a}_2) + x_2 \det(\boldsymbol{a}_2, \boldsymbol{a}_2) = x_1 \det(\boldsymbol{a}_1, \boldsymbol{a}_2)$$

となる．ここで $\det(\boldsymbol{a}_2, \boldsymbol{a}_2) = 0$ を用いた．$\det(\boldsymbol{a}_1, \boldsymbol{a}_2) \neq 0$ なので (4.7) の第 1 式を得る．また $\det(\boldsymbol{a}_1, \boldsymbol{b}) = x_2 \det(\boldsymbol{a}_1, \boldsymbol{a}_2)$ から第 2 式を得る.　□

問 4.1　クラメルの公式を用いて，2 次正則行列 A の逆行列が

$$(\det\ A)^{-1} \begin{pmatrix} a_{22} & -a_{12} \\ -a_{21} & a_{11} \end{pmatrix}$$

と表せることを示せ.

2 次の行列式の特徴付け

双線型性と交代性から，ある列の定数倍を他の列に加えても値が変わらないこと，つまり，面積の議論でも用いた性質

$$\det(\boldsymbol{a}+c\,\boldsymbol{b},\boldsymbol{b})=\det(\boldsymbol{a},c\,\boldsymbol{a}+\boldsymbol{b})=\det(\boldsymbol{a},\boldsymbol{b}) \tag{4.8}$$

が導かれる．タイプ（i）の列基本変形（列の掃き出し）によって値が不変であるという性質である．実際，$\det(\boldsymbol{b},\boldsymbol{b})=0$ なので $\det(\boldsymbol{a}+c\boldsymbol{b},\boldsymbol{b})=\det(\boldsymbol{a},\boldsymbol{b})+c\det(\boldsymbol{b},\boldsymbol{b})=\det(\boldsymbol{a},\boldsymbol{b})$．$\det(\boldsymbol{a},c\,\boldsymbol{a}+\boldsymbol{b})=\det(\boldsymbol{a},\boldsymbol{b})$ も同様である．

2 次の行列式 $\det(\boldsymbol{a}_1,\boldsymbol{a}_2)$ に対して，双線型性と交代性によって行列式の形がどのくらい決まるのか調べよう．一般に写像 $F:\mathbb{R}^2\times\mathbb{R}^2\to\mathbb{R}$ が双線型性と交代性をみたすとする．このとき

$$F(\boldsymbol{a}_1,\boldsymbol{a}_2)=F(a_{11}\boldsymbol{e}_1+a_{21}\boldsymbol{e}_2,\boldsymbol{a}_2)=a_{11}F(\boldsymbol{e}_1,\boldsymbol{a}_2)+a_{21}F(\boldsymbol{e}_2,\boldsymbol{a}_2).$$

ここで $F(\boldsymbol{e}_1,\boldsymbol{a}_2)$ は以下のように書ける．

$$F(\boldsymbol{e}_1,\boldsymbol{a}_2)=F(\boldsymbol{e}_1,a_{12}\boldsymbol{e}_1+a_{22}\boldsymbol{e}_2)=a_{12}F(\boldsymbol{e}_1,\boldsymbol{e}_1)+a_{22}F(\boldsymbol{e}_1,\boldsymbol{e}_2)=a_{22}F(\boldsymbol{e}_1,\boldsymbol{e}_2).$$

ここで $F(\boldsymbol{e}_1,\boldsymbol{e}_1)=0$ を用いた．同様に

$$F(\boldsymbol{e}_2,\boldsymbol{a}_2)=a_{12}F(\boldsymbol{e}_2,\boldsymbol{e}_1)+a_{22}F(\boldsymbol{e}_2,\boldsymbol{e}_2)=a_{12}F(\boldsymbol{e}_2,\boldsymbol{e}_1)=-a_{12}F(\boldsymbol{e}_1,\boldsymbol{e}_2)$$

を得る．ここで，交代性 $F(\boldsymbol{e}_2,\boldsymbol{e}_1)=-F(\boldsymbol{e}_1,\boldsymbol{e}_2)$ を用いた．以上から

$$F(\boldsymbol{a}_1,\boldsymbol{a}_2)=F(\boldsymbol{e}_1,\boldsymbol{e}_2)\cdot(a_{11}a_{22}-a_{21}a_{12}).$$

定理 4.1.5　写像 $F:\mathbb{R}^2\times\mathbb{R}^2\to\mathbb{R}$ が双線型性と交代性をみたすならば

$$F(\boldsymbol{a}_1,\boldsymbol{a}_2)=F(\boldsymbol{e}_1,\boldsymbol{e}_2)\cdot\det(\boldsymbol{a}_1,\boldsymbol{a}_2).$$

さらに $F(\boldsymbol{e}_1,\boldsymbol{e}_2)=1$ であれば $F(\boldsymbol{a}_1,\boldsymbol{a}_2)=\det(\boldsymbol{a}_1,\boldsymbol{a}_2)$ である．

$F(\boldsymbol{e}_1,\boldsymbol{e}_2)=1$ を**正規化**の条件と呼ぶ．行列式は（i）双線型性，（ii）交代性，そして（iii）正規化の条件によって特徴付けられるのである．

課題 4.1　A, B を2次正方行列とする．$\det(AB) = \det A \cdot \det B$ が成り立つことを次の2つの方法で示せ．(1) 成分を用いて直接的に計算する．(2) 定理 4.1.5 を用いる．ヒント：$B = (\boldsymbol{b}_1, \boldsymbol{b}_2)$ とし，関数 $F(\boldsymbol{b}_1, \boldsymbol{b}_2) = \det(AB)$ を考える．

「定理を使う」という行為は，初心者には案外難しいのかもしれない．例えば $F(\boldsymbol{b}_1, \boldsymbol{b}_2)$ が双線型性と交代性をみたすことを「示す」ことが必要なステップである．定理の仮定が成り立つことが確認できてはじめて，定理が使える．

4.2　3次の行列式

$A = (a_{ij}) = (\boldsymbol{a}_1, \boldsymbol{a}_2, \boldsymbol{a}_3)$ を3次正方行列とする．3次の行列式はまだ定義されていないが

$$\det(\boldsymbol{a}_1, \boldsymbol{a}_2, \boldsymbol{a}_3) = \begin{vmatrix} a_{11} & a_{12} & a_{13} \\ a_{21} & a_{22} & a_{23} \\ a_{31} & a_{32} & a_{33} \end{vmatrix} = |A| = \det A$$

と書かれる（どれも同じものを表す）．(i) 多重線型性，(ii) 交代性，そして (iii) 正規化の条件 $\det(\boldsymbol{e}_1, \boldsymbol{e}_2, \boldsymbol{e}_3) = |E| = 1$ が成り立つことを要請する．

多重線型性とは，双線型性と同様の概念で，ベクトルが3個以上の場合も含めた言葉使いである．つまり $\det(\boldsymbol{a}_1, \boldsymbol{u}+\boldsymbol{v}, \boldsymbol{a}_3) = \det(\boldsymbol{a}_1, \boldsymbol{u}, \boldsymbol{a}_3) + \det(\boldsymbol{a}_1, \boldsymbol{v}, \boldsymbol{a}_3)$ や $\det(\boldsymbol{a}_1, \boldsymbol{a}_2, c\,\boldsymbol{a}_3) = c\det(\boldsymbol{a}_1, \boldsymbol{a}_2, \boldsymbol{a}_3)$ などである．交代性とは

$$\det(\boldsymbol{a}_3, \boldsymbol{a}_2, \boldsymbol{a}_1) = -\det(\boldsymbol{a}_1, \boldsymbol{a}_2, \boldsymbol{a}_3)$$

などのように，2つのベクトルを交換すると符号が反転する，という性質である．2次のときと同様に (ii) の帰結

$$\det(\boldsymbol{a}, \boldsymbol{a}, \boldsymbol{b}) = \det(\boldsymbol{a}, \boldsymbol{b}, \boldsymbol{a}) = \det(\boldsymbol{b}, \boldsymbol{a}, \boldsymbol{a}) = 0 \tag{4.9}$$

も交代性と呼ぶ．この性質と多重線型性とをあわせると，**列の掃き出しに関する不変性**，つまり

$$\det(\boldsymbol{a}_1, \boldsymbol{a}_2 + c\,\boldsymbol{a}_1, \boldsymbol{a}_3) = \det(\boldsymbol{a}_1, \boldsymbol{a}_2, \boldsymbol{a}_3) \tag{4.10}$$

などが成り立つことは 2 次の場合と同様である.

今の段階では上に挙げた (i), (ii), (iii) をみたすものが存在することは証明できていないし, どのような形に表すことができるのかも不明であるけれども, このまま存在を信じて, その性質を論じてみよう. まず, 次が成り立つ.

定理 4.2.1　3 次正方行列 $A = (\boldsymbol{a}_1, \boldsymbol{a}_2, \boldsymbol{a}_3)$ に対して次は同値である.

(1) $\det(A) \neq 0$

(2) $\boldsymbol{a}_1, \boldsymbol{a}_2, \boldsymbol{a}_3$ は線型独立.

(3) A は正則行列.

証明　(2) $\Longleftrightarrow$ (3) は命題 2.4.4 である.

(1) $\Longrightarrow$ (2) : $\det(\boldsymbol{a}_1, \boldsymbol{a}_2, \boldsymbol{a}_3) \neq 0$ と仮定して線型関係式

$$c_1\boldsymbol{a}_1 + c_2\boldsymbol{a}_2 + c_3\boldsymbol{a}_3 = \boldsymbol{0}$$

を考える. $\det(\boldsymbol{0}, \boldsymbol{a}_2, \boldsymbol{a}_3) = 0$ なので

$$\begin{aligned} 0 &= \det(c_1\boldsymbol{a}_1 + c_2\boldsymbol{a}_2 + c_3\boldsymbol{a}_3, \boldsymbol{a}_2, \boldsymbol{a}_3) \\ &= c_1 \det(\boldsymbol{a}_1, \boldsymbol{a}_2, \boldsymbol{a}_3) + c_2 \det(\boldsymbol{a}_2, \boldsymbol{a}_2, \boldsymbol{a}_3) + c_3 \det(\boldsymbol{a}_3, \boldsymbol{a}_2, \boldsymbol{a}_3) \\ &= c_1 \det(\boldsymbol{a}_1, \boldsymbol{a}_2, \boldsymbol{a}_3). \end{aligned}$$

仮定から $\det(\boldsymbol{a}_1, \boldsymbol{a}_2, \boldsymbol{a}_3) \neq 0$ なので $c_1 = 0$ がしたがう. 同様に $c_2 = c_3 = 0$ である. よって $\boldsymbol{a}_1, \boldsymbol{a}_2, \boldsymbol{a}_3$ は線型独立である.

(2) $\Longrightarrow$ (1) : 対偶を示す. $\boldsymbol{a}_1, \boldsymbol{a}_2, \boldsymbol{a}_3$ が線型従属であると仮定する. このとき, 例えば $\boldsymbol{a}_3$ は $\boldsymbol{a}_1, \boldsymbol{a}_2$ の線型結合である (問 1.11). $\boldsymbol{a}_3 = c_1\boldsymbol{a}_1 + c_2\boldsymbol{a}_2$ ならば

$$\begin{aligned} \det(\boldsymbol{a}_1, \boldsymbol{a}_2, \boldsymbol{a}_3) &= \det(\boldsymbol{a}_1, \boldsymbol{a}_2, c_1\boldsymbol{a}_1 + c_2\boldsymbol{a}_2) \\ &= c_1 \det(\boldsymbol{a}_1, \boldsymbol{a}_2, \boldsymbol{a}_1) + c_2 \det(\boldsymbol{a}_1, \boldsymbol{a}_2, \boldsymbol{a}_2) = 0. \end{aligned}$$

□

この結果は n 次正方行列でも成り立つ (定理 4.4.9).

次にクラメルの公式が成立することを見よう.

定理 4.2.2（3 次のクラメルの公式）　$A = (\boldsymbol{a}_1, \boldsymbol{a}_2, \boldsymbol{a}_3)$ を 3 次の正則行列とするとき，$A\boldsymbol{x} = \boldsymbol{b}$ のただ 1 つの解が

$$x_1 = \frac{\det(\boldsymbol{b},\ \boldsymbol{a}_2, \boldsymbol{a}_3)}{\det(\boldsymbol{a}_1, \boldsymbol{a}_2, \boldsymbol{a}_3)}, \quad x_2 = \frac{\det(\boldsymbol{a}_1, \boldsymbol{b},\ \boldsymbol{a}_3)}{\det(\boldsymbol{a}_1, \boldsymbol{a}_2, \boldsymbol{a}_3)}, \quad x_3 = \frac{\det(\boldsymbol{a}_1, \boldsymbol{a}_2, \boldsymbol{b}\ )}{\det(\boldsymbol{a}_1, \boldsymbol{a}_2, \boldsymbol{a}_3)} \tag{4.11}$$

により与えられる．

証明　証明は 2 次のときとまったく同様である．x_1, x_2, x_3 を決める式 $x_1\boldsymbol{a}_1 + x_2\boldsymbol{a}_2 + x_3\boldsymbol{a}_3 = \boldsymbol{b}$ を $\det(\boldsymbol{b}, \boldsymbol{a}_2, \boldsymbol{a}_3)$ に代入して

$$\begin{aligned}\det(\boldsymbol{b}, \boldsymbol{a}_2, \boldsymbol{a}_3) &= x_1 \det(\boldsymbol{a}_1, \boldsymbol{a}_2, \boldsymbol{a}_3) + x_2 \det(\boldsymbol{a}_2, \boldsymbol{a}_2, \boldsymbol{a}_3) + x_3 \det(\boldsymbol{a}_3, \boldsymbol{a}_2, \boldsymbol{a}_3) \\ &= x_1 \det(\boldsymbol{a}_1, \boldsymbol{a}_2, \boldsymbol{a}_3)\end{aligned}$$

を得る．$\det(\boldsymbol{a}_2, \boldsymbol{a}_2, \boldsymbol{a}_3) = \det(\boldsymbol{a}_3, \boldsymbol{a}_2, \boldsymbol{a}_3) = 0$ なので，x_2, x_3 を含む項が消える．$\det(\boldsymbol{a}_1, \boldsymbol{a}_2, \boldsymbol{a}_3) \neq 0$ なので，これより $x_1 = \det(\boldsymbol{b}, \boldsymbol{a}_2, \boldsymbol{a}_3)/\det(\boldsymbol{a}_1, \boldsymbol{a}_2, \boldsymbol{a}_3)$ を得る．x_2, x_3 についても同様である．　□

成り立ってほしい性質（i），（ii），（iii）を仮定して 3 次の行列式の具体形がどのくらい絞り込めるか発見的な計算をしてみよう．

第 1 列に関する線型性を用いて

$$\begin{aligned}\begin{vmatrix} a_{11} & a_{12} & a_{13} \\ a_{21} & a_{22} & a_{23} \\ a_{31} & a_{32} & a_{33} \end{vmatrix} &= \begin{vmatrix} a_{11} & a_{12} & a_{13} \\ 0 & a_{22} & a_{23} \\ 0 & a_{32} & a_{33} \end{vmatrix} + \begin{vmatrix} 0 & a_{12} & a_{13} \\ a_{21} & a_{22} & a_{23} \\ 0 & a_{32} & a_{33} \end{vmatrix} + \begin{vmatrix} 0 & a_{12} & a_{13} \\ 0 & a_{22} & a_{23} \\ a_{31} & a_{32} & a_{33} \end{vmatrix} \\ &= a_{11} \begin{vmatrix} 1 & a_{12} & a_{13} \\ 0 & a_{22} & a_{23} \\ 0 & a_{32} & a_{33} \end{vmatrix} + a_{21} \begin{vmatrix} 0 & a_{12} & a_{13} \\ 1 & a_{22} & a_{23} \\ 0 & a_{32} & a_{33} \end{vmatrix} + a_{31} \begin{vmatrix} 0 & a_{12} & a_{13} \\ 0 & a_{22} & a_{23} \\ 1 & a_{32} & a_{33} \end{vmatrix}\end{aligned}$$

と分けてみる．このあと，例えば $\begin{vmatrix} 1 & a_{12} & a_{13} \\ 0 & a_{22} & a_{23} \\ 0 & a_{32} & a_{33} \end{vmatrix}$ の処理をどうするか？　まず，(1, 1) 成分を要にして第 1 行の掃き出しを行えば

$$\begin{vmatrix} 1 & a_{12} & a_{13} \\ 0 & a_{22} & a_{23} \\ 0 & a_{32} & a_{33} \end{vmatrix} = \begin{vmatrix} 1 & 0 & 0 \\ 0 & a_{22} & a_{23} \\ 0 & a_{32} & a_{33} \end{vmatrix}$$

が得られる．この下ごしらえをしてから

$$\boldsymbol{u}_1 = \begin{pmatrix} a_{22} \\ a_{32} \end{pmatrix}, \ \boldsymbol{u}_2 = \begin{pmatrix} a_{23} \\ a_{33} \end{pmatrix} \in \mathbb{R}^2$$

とおき

$$F(\boldsymbol{u}_1, \boldsymbol{u}_2) = \begin{vmatrix} 1 & 0 & 0 \\ 0 & a_{22} & a_{23} \\ 0 & a_{32} & a_{33} \end{vmatrix}$$

とみなす．いま 3 次の行列式は多重線型性と交代性を持っていると考えているから，F が双線型性と交代性を持っていることがしたがう．ここで $(3,1)$, $(3,2)$ 成分が 0 であることが効いている．よって定理 4.1.5 より

$$F(\boldsymbol{u}_1, \boldsymbol{u}_2) = F(\boldsymbol{e}_1, \boldsymbol{e}_2) \cdot \begin{vmatrix} a_{22} & a_{23} \\ a_{32} & a_{33} \end{vmatrix}$$

だが

$$F(\boldsymbol{e}_1, \boldsymbol{e}_2) = \begin{vmatrix} 1 & 0 & 0 \\ 0 & 1 & 0 \\ 0 & 0 & 1 \end{vmatrix} = 1.$$

したがって

$$\begin{vmatrix} 1 & a_{12} & a_{13} \\ 0 & a_{22} & a_{23} \\ 0 & a_{32} & a_{33} \end{vmatrix} = \begin{vmatrix} a_{22} & a_{23} \\ a_{32} & a_{33} \end{vmatrix} \tag{4.12}$$

が得られる．同様に

$$\begin{vmatrix} 0 & a_{12} & a_{13} \\ a_{21} & a_{22} & a_{23} \\ 0 & a_{32} & a_{33} \end{vmatrix} = a_{21} \begin{vmatrix} 0 & a_{12} & a_{13} \\ 1 & a_{22} & a_{23} \\ 0 & a_{32} & a_{33} \end{vmatrix} = a_{21} \begin{vmatrix} 0 & a_{12} & a_{13} \\ 1 & 0 & 0 \\ 0 & a_{32} & a_{33} \end{vmatrix}$$

となる．これを $\boldsymbol{u}_1 = \begin{pmatrix} a_{12} \\ a_{32} \end{pmatrix}$，$\boldsymbol{u}_2 = \begin{pmatrix} a_{13} \\ a_{33} \end{pmatrix} \in \mathbb{R}^2$ の関数 $F(\boldsymbol{u}_1, \boldsymbol{u}_2)$ とみる．交代性を用いて

$$F(\boldsymbol{e}_1, \boldsymbol{e}_2) = \begin{vmatrix} 0 & 1 & 0 \\ 1 & 0 & 0 \\ 0 & 0 & 1 \end{vmatrix} = \det(\boldsymbol{e}_2, \boldsymbol{e}_1, \boldsymbol{e}_3) = -\det(\boldsymbol{e}_1, \boldsymbol{e}_2, \boldsymbol{e}_3) = -1$$

なので

$$\begin{vmatrix} 0 & a_{12} & a_{13} \\ a_{21} & a_{22} & a_{23} \\ 0 & a_{32} & a_{33} \end{vmatrix} = -a_{21} \begin{vmatrix} a_{22} & a_{23} \\ a_{32} & a_{33} \end{vmatrix}$$

が得られる．最後の項も同様に

$$\begin{vmatrix} 0 & a_{12} & a_{13} \\ 0 & a_{22} & a_{23} \\ a_{31} & a_{32} & a_{33} \end{vmatrix} = a_{31} \begin{vmatrix} 0 & 1 & 0 \\ 0 & 0 & 1 \\ 1 & 0 & 0 \end{vmatrix} \cdot \begin{vmatrix} a_{12} & a_{13} \\ a_{22} & a_{23} \end{vmatrix} = a_{31} \begin{vmatrix} a_{12} & a_{13} \\ a_{22} & a_{23} \end{vmatrix}$$

となる．符号がプラスになるのは

$$\begin{vmatrix} 0 & 1 & 0 \\ 0 & 0 & 1 \\ 1 & 0 & 0 \end{vmatrix} = \det(\boldsymbol{e}_3, \boldsymbol{e}_1, \boldsymbol{e}_2) = -\det(\boldsymbol{e}_1, \boldsymbol{e}_3, \boldsymbol{e}_2) = (-1)^2 \det(\boldsymbol{e}_1, \boldsymbol{e}_2, \boldsymbol{e}_3) = 1$$

であるからである．以上から

$$\begin{vmatrix} a_{11} & a_{12} & a_{13} \\ a_{21} & a_{22} & a_{23} \\ a_{31} & a_{32} & a_{33} \end{vmatrix} = a_{11} \begin{vmatrix} a_{22} & a_{23} \\ a_{32} & a_{33} \end{vmatrix} - a_{21} \begin{vmatrix} a_{12} & a_{23} \\ a_{32} & a_{33} \end{vmatrix} + a_{31} \begin{vmatrix} a_{12} & a_{13} \\ a_{22} & a_{23} \end{vmatrix} \tag{4.13}$$

であるから，2 次の行列式の表式を用いて完全に展開してしまうと

$$a_{11}a_{22}a_{33} - a_{11}a_{32}a_{23} - a_{21}a_{12}a_{33} + a_{21}a_{32}a_{13} + a_{31}a_{12}a_{23} - a_{31}a_{22}a_{13}$$

が得られる．係数が正の項と負の項をまとめて整理すると

$$a_{11}a_{22}a_{33} + a_{21}a_{32}a_{13} + a_{31}a_{12}a_{23} - a_{11}a_{32}a_{23} - a_{21}a_{12}a_{33} - a_{31}a_{22}a_{13}. \tag{4.14}$$

さて，こんな式を覚えないといけないのかとため息をつく必要はない．むしろ，この式を暗記しない，そしてこのままの形で使わないことが行列式に強くなる秘訣である．

例 4.2.3　使わない方がよいとはいったが，なにごとも経験なので，正直に式に当てはめて，1 つ具体例を計算すると

$$\begin{vmatrix} 25 & 5 & 1 \\ 9 & 3 & 1 \\ 4 & 2 & 1 \end{vmatrix} = 25 \cdot 3 \cdot 1 + 9 \cdot 2 \cdot 1 + 4 \cdot 5 \cdot 1 - 25 \cdot 2 \cdot 1 - 9 \cdot 5 \cdot 1 - 4 \cdot 3 \cdot 1$$

$$= 75 + 18 + 20 - 50 - 45 - 12 = 6.$$

これはもっとも工夫のない計算法[*2]である．このような計算は，他に方法が見つからないときの最終手段だと心得るべし．おすすめの計算法はもう少し行列式の性質を述べてから紹介する．■

まとめると，3 次の行列式は

$$\sum_{(i,j,k)} \pm a_{i1}a_{j2}a_{k3}$$

という形の式である．行の添字 (i, j, k) は $(1, 2, 3)$ を並べ替えたもの，すなわち順列（あるいは**置換**）

$$(1, 2, 3),\ (2, 3, 1),\ (3, 1, 2),\ (1, 3, 2),\ (2, 1, 3),\ (3, 2, 1)$$

---

*2　工夫のない計算が一概に悪いといっているのではない．ときには，もっとも泥臭い計算をあえて行うということも研究の過程では重要である．

の6通りである．列の添字は $1, 2, 3$ の順番に**揃**えて書いた（行の添字が $1, 2, 3$ と**揃**うように書くこともできる）．各列から1つずつ成分を選んで，それらをかけ算し，適当な符号をかけて足す．各項を以下のような図と結びつけて理解するとよい．

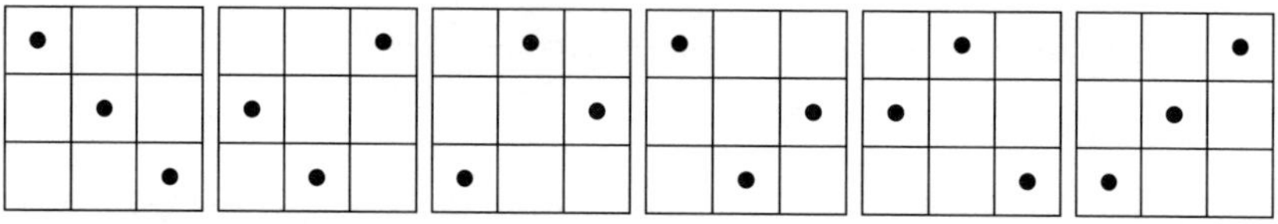

それぞれ第 $1, 2, 3$ 列の i, j, k 行に $\bullet$ を書き込んでいるのである．正方形は行列の形を表していて，例えば左から2つめの図は $(\boldsymbol{e}_2, \boldsymbol{e}_3, \boldsymbol{e}_1)$ に対応している．どの列にも，どの行にも $\bullet$ が1つだけある．符号はどう決まっているかというと

$$\det(\boldsymbol{e}_i, \boldsymbol{e}_j, \boldsymbol{e}_k) = \cdots = \pm\det(\boldsymbol{e}_1, \boldsymbol{e}_2, \boldsymbol{e}_3)$$

というふうにベクトルの列 $(\boldsymbol{e}_i, \boldsymbol{e}_j, \boldsymbol{e}_k)$ を2個ずつ交換して $(\boldsymbol{e}_1, \boldsymbol{e}_2, \boldsymbol{e}_3)$ にしたときに，その交換が偶数回ならば $+1$ で奇数回ならば -1 である．交換の仕方は1通りではないけれど，符号は順列 (i, j, k) から決まる．例えば $\det(\boldsymbol{e}_3, \boldsymbol{e}_2, \boldsymbol{e}_1)$ の符号を決めるために整列するには

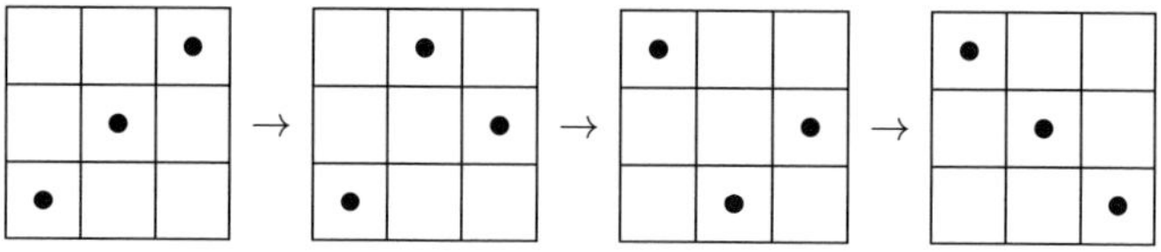

と3回でも可能であるし

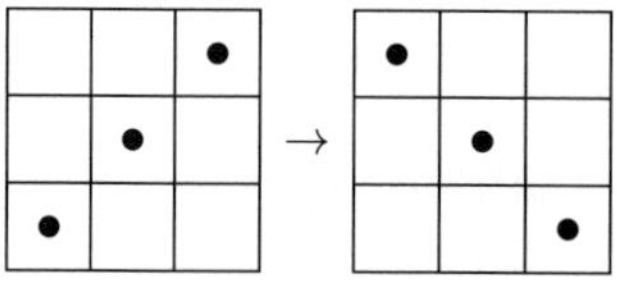

と1回でも可能である．どちらも奇数回なので符号は -1 である．他のどのようなやり方でも奇数回であることが証明できる．偶数回で整列できる置換はどのようにしても偶数回になる．だから符号がきちんと定義できる．この事実は n 次の場合にも成り立つのだが，まじめに証明するのは先に延ばす．

これで 3 次行列式の候補が得られたわけである．条件をみたすものが存在すると仮定して形を絞っていっただけなので，得られたものが実際に (i), (ii), (iii) をみたすことは確かめなければならない．

表式 (4.14) は多重線型性については見やすい形をしている．正規化の条件も $a_{11} = a_{22} = a_{33} = 1$ 以外は 0 とするだけなので簡単である．交代性については，例えば $\det(\boldsymbol{a}_2, \boldsymbol{a}_1, \boldsymbol{a}_3)$ は $\det(\boldsymbol{a}_1, \boldsymbol{a}_2, \boldsymbol{a}_3)$ から $a_{i1} \mapsto a_{i2}$, $a_{i2} \mapsto a_{i1}$ という置き換えで得られるので

$$
\begin{aligned}
&\det(\boldsymbol{a}_2, \boldsymbol{a}_1, \boldsymbol{a}_3) \\
&= a_{12}a_{21}a_{33} + a_{22}a_{31}a_{13} + a_{32}a_{11}a_{23} - a_{12}a_{31}a_{23} - a_{22}a_{11}a_{33} - a_{32}a_{21}a_{13}.
\end{aligned}
$$

列の添字を整えるため $a_{i\underline{2}}a_{j\underline{1}}a_{j3}$ を $a_{j\underline{1}}a_{i\underline{2}}a_{j3}$ に書き換えると

$$
a_{2\underline{1}}a_{1\underline{2}}a_{33} + a_{3\underline{1}}a_{2\underline{2}}a_{13} + a_{1\underline{1}}a_{3\underline{2}}a_{23} - a_{3\underline{1}}a_{1\underline{2}}a_{23} - a_{1\underline{1}}a_{2\underline{2}}a_{33} - a_{2\underline{1}}a_{3\underline{2}}a_{13}
$$

となる．対応する図は

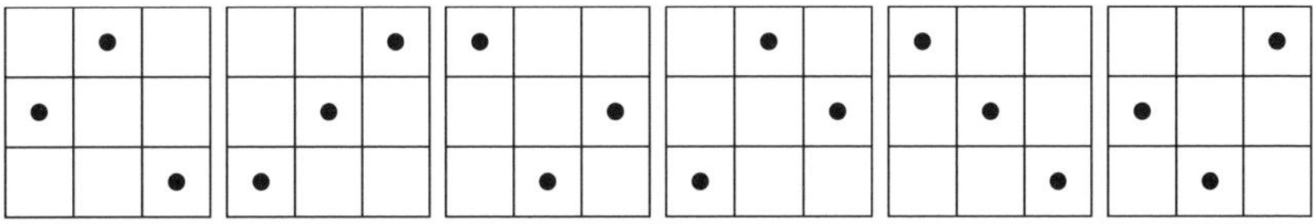

である．p.146 の上段の 6 個の図の第 1 列と第 2 列を交換したものにそれぞれなっている．全体としては同じ 6 個の図である．符号が正だったものは負に，負だったものは正に対応している．1 回余分に列の交換をしたのだから，そのはずである．以上により 3 次の行列式の存在と一意性が確認できた．

例 4.2.4　三角行列の行列式は簡単に計算できる．例えば

$$
\begin{vmatrix} 3 & 0 & 0 \\ 1 & 4 & 0 \\ -3 & 2 & 2 \end{vmatrix} = 3 \cdot 4 \cdot 2. \tag{4.15}
$$

対角線よりも上の成分 a_{ij} $(i < j)$ を含む項は 0 なので生き残るのは $a_{11}a_{22}a_{33}$ しかないからである．上三角行列でもまったく同様である．　■

例 4.2.5　掃き出しにより三角行列に持ち込むのは有力な計算法である

$$\begin{vmatrix} 3 & 3 & 3 \\ 1 & 5 & 9 \\ -3 & -1 & 3 \end{vmatrix} = \begin{vmatrix} 3 & 0 & 0 \\ 1 & 4 & 8 \\ -3 & 2 & 6 \end{vmatrix} = \begin{vmatrix} 3 & 0 & 0 \\ 1 & 4 & 0 \\ -3 & 2 & 2 \end{vmatrix} = 3 \cdot 4 \cdot 2. \qquad (4.16)$$

$c_2 \mapsto c_2 - c_1, c_3 \mapsto c_3 - c_1$ のあと $c_3 \mapsto c_3 - 2c_2$ とした．ここで c_i は第 i 列を表している．例 4.2.3 の行列式なら例えば上三角行列にして

$$\begin{vmatrix} 25 & 5 & 1 \\ 9 & 3 & 1 \\ 4 & 2 & 1 \end{vmatrix} = \begin{vmatrix} 21 & 3 & 1 \\ 5 & 1 & 1 \\ 0 & 0 & 1 \end{vmatrix} = \begin{vmatrix} 6 & 3 & 1 \\ 0 & 1 & 1 \\ 0 & 0 & 1 \end{vmatrix} = 6 \cdot 1 \cdot 1 = 6. \qquad (4.17)$$

$c_1 \mapsto c_1 - 4c_3$, $c_2 \mapsto c_2 - 2c_3$ として，$c_1 \mapsto c_1 - 5c_3$ とした．■

注意 4.2.6　行列式の計算で列や行のスカラー倍（基本変形の (ii)）をしてはいけない．例えばある列を 3 倍すれば行列式の値は 3 倍になって変わってしまう．平行四辺形の辺の長さを 3 倍に変えると面積が 3 倍になるのは当然．

行と列の対称性

命題 4.2.7　A を 3 次正方行列とする．$\det {}^t\!A = \det A$ が成り立つ．

証明　式 (4.14) において $a_{ij} \mapsto a_{ji}$ という置き換えをする．(4.14) の第 1 項は明らかに変化しない．第 2 項 $a_{21}a_{32}a_{13}$ は $a_{12}a_{23}a_{31}$ に変わる．これはもとの第 3 項と同じ．もとの第 3 項はもとの第 2 項に変わる．第 4, 5, 6 項は不変であることがすぐに見てとれる．したがって全体としては $a_{ij} \mapsto a_{ji}$ という置き換えをしても行列式の値は変わらない．□

行と列に関する対称性は置換の図を用いて理解することができる．置換の図を行列の場合と同様に対角線に関して転置すると，例えば

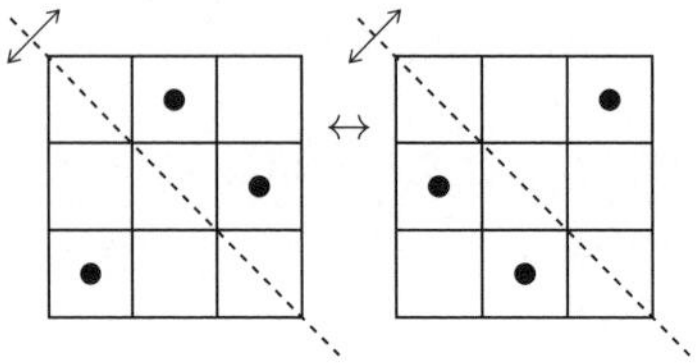

となる．$a_{31}a_{12}a_{23}$ と $a_{21}a_{32}a_{13}$ の間の関係に対応している．置換の図を転置すると逆置換（後述）の図になる．図を転置したときに，対応する置換の符号が変化しないことの理由を考えてみよ．

対称性はのちに定義する n 次の行列式に対しても成立する．

系 4.2.8　$\det A$ は行に関しても多重線型性，交代性を持つ．したがって，タイプ (i) の行の変形で不変である．

例 4.2.9　$r_2 \mapsto r_2 - 2r_1$ により

$$\begin{vmatrix} 1 & 1 & 1 \\ 2 & 2 & 2 \\ 5 & 2 & -3 \end{vmatrix} = \begin{vmatrix} 1 & 1 & 1 \\ 0 & 0 & 0 \\ 5 & 2 & -3 \end{vmatrix} = 0.$$

■

例 4.2.10　$\det A = \begin{vmatrix} a & 1 & 1 \\ 1 & a & 1 \\ 1 & 1 & a \end{vmatrix}$ を計算しよう．a の 3 次多項式であることが定義からわかる．$a = 1$ とおくと A の階数が 1 なので $\det A$ は 0 になることに気付く．因数定理から $|A|$ は $a - 1$ で割り切れるはずである．実際，例えば $r_1 \mapsto r_1 - r_2$ として

$$\begin{vmatrix} a & 1 & 1 \\ 1 & a & 1 \\ 1 & 1 & a \end{vmatrix} = \begin{vmatrix} a-1 & 1-a & 0 \\ 1 & a & 1 \\ 1 & 1 & a \end{vmatrix} = (a-1)\begin{vmatrix} 1 & -1 & 0 \\ 1 & a & 1 \\ 1 & 1 & a \end{vmatrix}$$

とできる．例えば $r_2 \mapsto r_2 - r_3$ 第 2 行の $(a - r)$ をくり出し，$r_3 \mapsto r_3 - r_1$ などと続けて以下，

$$(a-1)\begin{vmatrix} 1 & -1 & 0 \\ 0 & a-1 & 1-a \\ 1 & 1 & a \end{vmatrix} = (a-1)^2\begin{vmatrix} 1 & -1 & 0 \\ 0 & 1 & -1 \\ 1 & 1 & a \end{vmatrix}$$

$$= (a-1)^2\begin{vmatrix} 1 & -1 & 0 \\ 0 & 1 & -1 \\ 0 & 2 & a \end{vmatrix}$$

$$= (a-1)^2\begin{vmatrix} 1 & -1 \\ 2 & a \end{vmatrix} = (a-1)^2(a+2)$$

となる．なお (4.14) から出発して因数分解しようとするのはおすすめできない．初手で行列式の良い性質をすべて手放すことを意味するからである．■

例 4.2.11　$\det A = \begin{vmatrix} x_1^2 & x_1 & 1 \\ x_2^2 & x_2 & 1 \\ x_3^2 & x_3 & 1 \end{vmatrix}$ を計算しよう．これは**ヴァンデルモンドの行列式**と呼ばれる．$x_1 = x_2$ とおくと第1行と第2行が一致するので行列式は0になる．因数定理[*3]から行列式が $x_1 - x_2$ で割り切れることがわかる．同様に $x_1 - x_3$, $x_2 - x_3$ で割り切れる．このような変数の差をすべてかけ合わせたもの

$$\Delta = (x_1 - x_2)(x_1 - x_3)(x_2 - x_3)$$

を**差積**（difference product）と呼ぶ．厳密には少し議論[*4]が必要だが，$\det A$ は差積で割り切れることが示せる．行列式も差積 Δ も共に3次斉次多項式なので $\det A = c\Delta$ という定数 c がある．例えば $x_1^2 x_2$ の係数を比較すれば $c = 1$ がわかる．よって $\det A = \Delta$ が成り立つ．

---

*3　x の多項式 $f(x)$ が $f(a) = 0$ をみたすならば $f(x)$ は $x - a$ で割り切れる．$\det A$ を x_1 の多項式としてみる．

*4　整数 n が異なる2つの素数 p, q で割り切れるならば n は積 pq で割り切れる．このことは高校の段階では深入りしないが，証明を必要とする大切な事実である．多項式の割り算についても $x_i - x_j$ $(i \neq j)$ らが‘互いに素’であることから Δ がこれらの1次式の積で割り切れることを示すことができる．代数学の用語を用いると，可換体 k を係数とする多項式環 $k[x_1, \ldots, x_n]$ は一意分解整域であるという環論における事実（『代数入門（新装版）』堀田良之（裳華房，2021）や『代数学入門』永井保成（森北出版，2024）などを参照）による．

直接計算により示すには次のようにするとよい．$c_1 \mapsto c_1 - x_3 \cdot c_2$ とした後で $c_2 \mapsto c_2 - x_3 \cdot c_3$ とする：

$$\begin{vmatrix} x_1^2 & x_1 & 1 \\ x_2^2 & x_2 & 1 \\ x_3^2 & x_3 & 1 \end{vmatrix} = \begin{vmatrix} x_1(x_1 - x_3) & x_1 & 1 \\ x_2(x_2 - x_3) & x_2 & 1 \\ 0 & x_3 & 1 \end{vmatrix} = \begin{vmatrix} x_1(x_1 - x_3) & x_1 - x_3 & 1 \\ x_2(x_2 - x_3) & x_2 - x_3 & 1 \\ 0 & 0 & 1 \end{vmatrix}.$$

次に右下の 1 を要として第 3 列を上向きに掃き出すと

$$\begin{vmatrix} x_1(x_1 - x_3) & x_1 - x_3 & 0 \\ x_2(x_2 - x_3) & x_2 - x_3 & 0 \\ 0 & 0 & 1 \end{vmatrix}$$

となる．第 1 行と第 2 行の因子をくくり出して

$$\begin{aligned} \det A &= (x_1 - x_3)(x_2 - x_3) \begin{vmatrix} x_1 & 1 & 0 \\ x_2 & 1 & 0 \\ 0 & 0 & 1 \end{vmatrix} \\ &= (x_1 - x_3)(x_2 - x_3) \begin{vmatrix} x_1 & 1 \\ x_2 & 1 \end{vmatrix} = \Delta \end{aligned}$$

となる．■

例 4.2.12　例 4.2.3 はヴァンデルモンド行列式の $x_1 = 5, x_2 = 3, x_3 = 2$ の場合なので $\det A = (5-3)(5-2)(3-2) = 6$ である．■

平行六面体の体積

$\boldsymbol{v}_1, \boldsymbol{v}_2, \boldsymbol{v}_3 \in \mathbb{R}^3$ に対して

$$\mathcal{P}(\boldsymbol{v}_1, \boldsymbol{v}_2, \boldsymbol{v}_3) = \{t_1\boldsymbol{v}_1 + t_2\boldsymbol{v}_2 + t_3\boldsymbol{v}_3 \mid 0 \le t_i \le 1 \ (i = 1, 2, 3)\}$$

とおく．$\boldsymbol{v}_1, \boldsymbol{v}_2, \boldsymbol{v}_3$ が線型独立ならば**平行六面体**（parallelepiped）と呼ばれる図形である．$\mathcal{P}(\boldsymbol{v}_1, \boldsymbol{v}_2, \boldsymbol{v}_3)$ の体積を $\mathrm{Vol}(\boldsymbol{v}_1, \boldsymbol{v}_2, \boldsymbol{v}_3)$ と表す．命題 4.1.1 と同様に

$$\mathrm{Vol}(\boldsymbol{v}_1, \boldsymbol{v}_2, \boldsymbol{v}_3) = \mathrm{Vol}(\boldsymbol{v}_1, \boldsymbol{v}_2, \boldsymbol{v}_3 + c_1\boldsymbol{v}_1 + c_2\boldsymbol{v}_2) \tag{4.18}$$

が成り立つ．底面を $\mathcal{P}(\boldsymbol{v}_1, \boldsymbol{v}_2)$ とみて，上面を底面との平行を保ったまま移動しても体積は変わらないことを意味する．

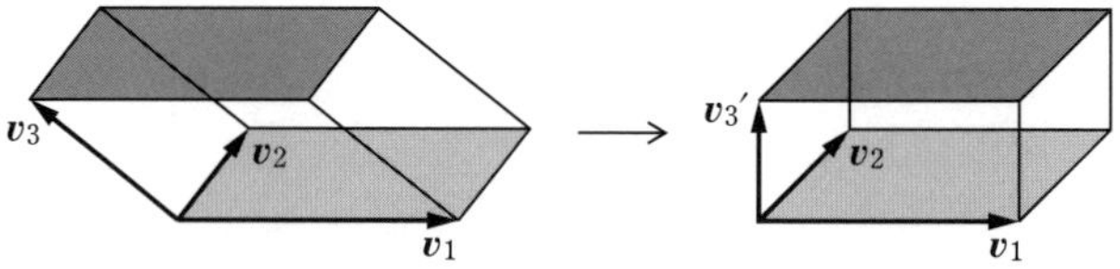

定理 4.2.13　線型独立な $\boldsymbol{v}_1, \boldsymbol{v}_2, \boldsymbol{v}_3 \in \mathbb{R}^3$ に対して

$$\mathrm{Vol}(\boldsymbol{v}_1, \boldsymbol{v}_2, \boldsymbol{v}_3) = \pm \det(\boldsymbol{v}_1, \boldsymbol{v}_2, \boldsymbol{v}_3). \tag{4.19}$$

証明　$A = (\boldsymbol{v}_1, \boldsymbol{v}_2, \boldsymbol{v}_3)$ は正則行列なので，列のスカラー倍以外の列の基本変形の繰り返しで対角行列 $A' = (\boldsymbol{v}_1', \boldsymbol{v}_2', \boldsymbol{v}_3')$ にできる（注意 2.4.14）．このとき，列の交換も必要なく，タイプ (i) の列基本変形のみの繰り返しで A から対角行列 A' に変形できる場合をまず考える．(4.18) により，変形の各段階で体積が変わらない．また $\mathcal{P}(\boldsymbol{v}_1', \boldsymbol{v}_2', \boldsymbol{v}_3')$ は直方体なので体積は $\|\boldsymbol{v}_1'\| \cdot \|\boldsymbol{v}_2'\| \cdot \|\boldsymbol{v}_3'\|$ である．よって

$$\mathrm{Vol}(\boldsymbol{v}_1, \boldsymbol{v}_2, \boldsymbol{v}_3) = \mathrm{Vol}(\boldsymbol{v}_1', \boldsymbol{v}_2', \boldsymbol{v}_3') = \|\boldsymbol{v}_1'\| \cdot \|\boldsymbol{v}_2'\| \cdot \|\boldsymbol{v}_3'\| = \det(\boldsymbol{v}_1', \boldsymbol{v}_2', \boldsymbol{v}_3')$$

これは $\det(\boldsymbol{v}_1, \boldsymbol{v}_2, \boldsymbol{v}_3)$ と等しい．もしも，変形 $A \to A'$ で列の交換を i 回行っていれば，$\det(\boldsymbol{v}_1', \boldsymbol{v}_2', \boldsymbol{v}_3') = (-1)^i \det(\boldsymbol{v}_1, \boldsymbol{v}_2, \boldsymbol{v}_3)$ となる．　□

(4.19) の右辺の符号は $(\boldsymbol{v}_1, \boldsymbol{v}_2, \boldsymbol{v}_3)$ の‘向き’と関係している．$(\boldsymbol{v}_1, \boldsymbol{v}_2, \boldsymbol{v}_3)$ がいわゆる右手系[*5]のとき符号は正で，左手系のときは負である．高次元の場合はむしろ行列式の符号を用いて‘向き’を定義[*6]する．

例 4.2.14　次の行列式は a, b を交換すると第 1 行と第 2 行の成分が入れ替わって符号が変わる．

$$\begin{vmatrix} a^2 & a & b+c \\ b^2 & b & c+a \\ c^2 & c & a+b \end{vmatrix}.$$

b, c などについても同様であるから，差積 $(a-b)(a-c)(b-c)$ で割り切れる．全体は 4 次，差積は 3 次の斉次多項式なので商は 1 次斉次式であるはずである．$c_3 \mapsto c_3 + c_2$ により第 3 列の成分がすべて $a+b+c$ になるので $a+b+c$ をくくり出せる．残りの因子はヴァンデルモンドの行列式，すなわち差積なので求める行列式の値は定数 k を用いて $k(a+b+c)(a-b)(a-c)(b-c)$ となる．例えば a^3b の係数を比較して $k=1$ であることがわかる．■

問 4.2　クラメルの公式を用いて，課題 1.3 の方程式を解け．

課題 4.2　クラメルの公式を用いて，次で与えられる連立線型方程式 $A\boldsymbol{x} = \boldsymbol{b}$ を解け．ただし a, b, c は相異なる数とする．

$$A = \begin{pmatrix} a^2 & a & 1 \\ b^2 & b & 1 \\ c^2 & c & 1 \end{pmatrix}, \quad \boldsymbol{b} = \begin{pmatrix} 1 \\ 0 \\ 0 \end{pmatrix}.$$

---

*5　右手の親指を x 軸，人差し指を y 軸，中指を z 軸に見立てる．

*6　$\mathbb{R}^n$ の順序付けられた基底 $(\boldsymbol{a}_1, \ldots, \boldsymbol{a}_n)$ は $\det(\boldsymbol{a}_1, \ldots, \boldsymbol{a}_n) > 0$ (< 0) のときに**向き**（orientation）が正（負）であると定義する．

4.3　置換の符号

$A=(a_{ij})$ が 4 次正方行列のとき

$$|A| = \sum_{(i,j,k,l)} \pm a_{i1}a_{j2}a_{k3}a_{l4} \tag{4.20}$$

によって 4 次の行列式を定めればよさそうである．(i,j,k,l) は $(1,2,3,4)$ の置換全部を動く．全部で $4! = 24$ 個ある．例えば $(i,j,k,l)=(2,4,1,3)$ ならば，以下

$$\begin{vmatrix} a_{11} & a_{12} & a_{13} & a_{14} \\ a_{21} & a_{22} & a_{23} & a_{24} \\ a_{31} & a_{32} & a_{33} & a_{34} \\ a_{41} & a_{42} & a_{43} & a_{44} \end{vmatrix}$$

で示す 4 つの成分をかけ合わせたもの $a_{21}a_{42}a_{13}a_{34}$ に符号を付ける．

各列から1つずつ，行番号に重複がないように成分を選び出す

方法のすべてについて和をとっているのである．

符号を決める考え方は次のようなものであった．ベクトルを 2 つずつ交換して $\det(\boldsymbol{e}_1,\boldsymbol{e}_2,\boldsymbol{e}_3,\boldsymbol{e}_4)$ にする．例えば

$$\begin{aligned} \det(\boldsymbol{e}_2,\boldsymbol{e}_4,\boldsymbol{e}_1,\boldsymbol{e}_3) &= -\det(\boldsymbol{e}_2,\boldsymbol{e}_1,\boldsymbol{e}_4,\boldsymbol{e}_3) \\ &= (-1)^2\det(\boldsymbol{e}_1,\boldsymbol{e}_2,\boldsymbol{e}_4,\boldsymbol{e}_3) \\ &= (-1)^3\det(\boldsymbol{e}_1,\boldsymbol{e}_2,\boldsymbol{e}_3,\boldsymbol{e}_4) \end{aligned} \tag{4.21}$$

とできる．1 回交換するごとに符号が 1 回反転するので，交換が偶数回ならば $+1$，奇数回ならば -1 である．よって $(i,j,k,l)=(2,4,1,3)$ の場合は 3 回でできたので -1 である．意味がわかれば次のように数字の変化

$$2413 \to 2143 \to 1243 \to 1234 \tag{4.22}$$

だけ書けば十分である．以下の図と対応付けるとわかりやすい．

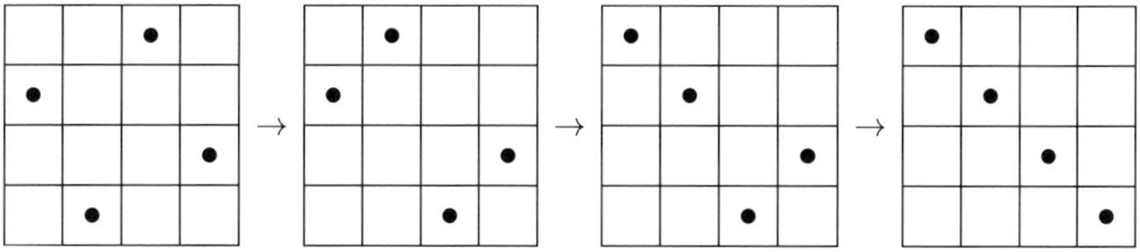

さて，目下の大問題は，行列式の定義がまだできていないことである．つまり (4.20) の姿をしたものがちゃんと意味を持ち，行列式の性質（特に交代性）をみたしていることを示す必要があるのだが，その議論はまだできていない．行列式の存在が証明できていないのに，行列式を用いて符号を決めているのだから，論理的には欠陥がある．そこで，以下では本腰を入れて置換の性質を調べることにしよう．

n 次の置換

ここまでに現れた置換は，どちらかというと高校数学における順列としての扱いに近い．つまり，例えば $(1,2,3,4)$ を並べ替えた列 (i,j,k,l) を "置換" と呼んでいた．いわば静的なものの見方である．以下においては

$$1 \longmapsto i, \quad 2 \longmapsto j, \quad 3 \longmapsto k, \quad 4 \longmapsto l$$

というように，番号を並べ替える操作そのもの，つまり写像としての置換を考える．いわば動的なものの見方（"作用" のニュアンス，付録 A.2 節参照）である．

集合 $\{1,2,\ldots,n\}$ からそれ自身への写像 σ が全単射であるとき，σ は n **次の置換**であるという．例えば

$$\sigma(1)=2, \quad \sigma(2)=3, \quad \sigma(3)=1$$

によって 3 次の置換 σ を定めることができる．この置換を

$$\sigma = \begin{pmatrix} 1 & 2 & 3 \\ 2 & 3 & 1 \end{pmatrix} \tag{4.23}$$

と表記する．行列と紛らわしいが，前後関係で区別できる．写像と見る利点の 1 つは積が定義できることである．もう 1 つの置換

$$\tau = \begin{pmatrix} 1 & 2 & 3 \\ 1 & 3 & 2 \end{pmatrix}$$

が与えられたとき合成写像 $\sigma \circ \tau$ は

$$1 \overset{\tau}{\longmapsto} 1 \overset{\sigma}{\longmapsto} 2, \quad 2 \overset{\tau}{\longmapsto} 3 \overset{\sigma}{\longmapsto} 1, \quad 3 \overset{\tau}{\longmapsto} 2 \overset{\sigma}{\longmapsto} 3$$

なので

$$\sigma\tau = \begin{pmatrix} 1 & 2 & 3 \\ 2 & 1 & 3 \end{pmatrix}$$

である．通常，合成の記号 $\circ$ を書かずに $\sigma\tau$ と表記する．右にある文字 τ が先に数字に働きかけることに注意しよう．なお

$$\tau\sigma = \begin{pmatrix} 1 & 2 & 3 \\ 3 & 2 & 1 \end{pmatrix}$$

となることからわかるように $\sigma\tau$ と $\tau\sigma$ は一般には異なる．

恒等写像 $\mathrm{id} : \{1, \ldots, n\} \to \{1, \ldots, n\}$, $\mathrm{id}(i) = i$ $(1 \leq i \leq n)$ は置換である．これを $e = \mathrm{id}$ と書き，**恒等置換**と呼ぶ．明らかに

$$\sigma e = e\sigma = \sigma$$

が任意の置換 σ に対して成立する．

置換 σ は全単射であるから逆写像 σ^{-1} がある．これを**逆置換**と呼ぶ．(4.23) の σ の逆置換は

$$\sigma^{-1} = \begin{pmatrix} 1 & 2 & 3 \\ 3 & 1 & 2 \end{pmatrix}$$

である．

また，結合法則 $(\sigma\tau)\rho = \sigma(\tau\rho)$ が成立する．つまり，すべての n 次の置換からなる集合は "群" と呼ばれる構造（付録 A.2 節）を持っている．これを $\boldsymbol{n}$ **次対称群**（symmetric group of degree n）と呼び S_n で表す．

S_n が群であることが効いてくるのは，端的には以下のような場面である．

問 4.3 f を S_n 上の関数[*7]とする．次が成り立つ．(1) 任意の $\tau \in S_n$ に対して $\sum_{\sigma\in S_n} f(\tau\sigma) = \sum_{\sigma\in S_n} f(\sigma) = \sum_{\sigma\in S_n} f(\sigma\tau)$．(2) $\sum_{\sigma\in S_n} f(\sigma^{-1}) = \sum_{\sigma\in S_n} f(\sigma)$.

群（group）の概念には早い段階で親しむのがよい．線型代数学は群にあふれているのだから．例えば，第 3 章で学ぶ基底変換は群の**作用**の観点から整理できる．気になったときが好機なので付録 A.2 節を読んでみよう．

互換および置換の符号

ここまでの議論から，2 文字だけを交換する置換，例えば

$$\begin{pmatrix} 1 & 2 & 3 & 4 & 5 \\ 1 & 4 & 3 & 2 & 5 \end{pmatrix} \tag{4.24}$$

のようなものが基本的であることがわかるであろう．$1 \leq i \neq j \leq n$ のとき $\sigma(i) = j$, $\sigma(j) = i$ であって k が i, j 以外のとき $\sigma(k) = k$ とすることで得られる置換を $\sigma = (ij)$ と書く．このような置換を**互換**（transposition）と呼ぶ．互換の逆置換は自分自身である．(4.24) で定まる置換は (24) である．

置換を表す 2 行の表示は下の行だけで情報としては十分なので，$\sigma = 14325$ などと書いてしまうと便利である．これを σ の **1 行表示**（one-line notation）と呼ぶ．以下，断らずに 1 行表示を用いる．

例 4.3.1 $\sigma = 14325$ とする．例えば次が成り立つ

$$(12)\sigma = 24315, \quad \sigma(12) = 41325.$$

■

以下は明らかであろう．

命題 4.3.2 $\sigma \in S_n$ に対して $\tau = (ij)$ を左からかけた $\tau\sigma$ の 1 行表示は σ の数字 i と数字 j を交換したものである．右からかけた $\sigma\tau$ の 1 行表示は σ の i 番目の数字 と j 番目の数字を交換したものである．

---

*7 一般に加法が意味を持つ集合への写像ならなんでもよい．

命題 4.3.3　任意の置換 σ はいくつかの互換の積として書ける．

証明　n に関する帰納法を用いる．$n=1$ のときは自明である．$(n-1)$ 次以下の置換が互換の積で書けることを仮定する．σ を n 次の置換とし，$k=\sigma(n)$ とする．$k=n$ ならば σ は $(n-1)$ 次の置換と考えられるので帰納法の仮定より互換の積である．$k \neq n$ ならば $\sigma' := (nk)\sigma$ とおくと $\sigma'(n)=n$ である．このとき σ' は $(n-1)$ 次の置換であると考えられる．よって $\sigma' = \tau_1 \cdots \tau_i$ と互換 $\tau_1, \ldots, \tau_i$ の積としてかける．このとき $\sigma = (nk)\tau_1 \cdots \tau_i$ である．□

例 4.3.4　$\sigma = 2413$ とすると $\sigma = (34)(12)(23)$ と書ける．この置換は (4.22) と同じ経過をたどれば

$$\sigma = 2413 \xrightarrow{\cdot(23)} 2143 \xrightarrow{\cdot(12)} 1243 \xrightarrow{\cdot(34)} 1234 = e$$

となるので $\sigma(23)(12)(34) = e$ である．右から $(34), (12), (23)$ を次々とかけることで $\sigma = (34)(12)(23)$ を得る（互換の逆置換は自分自身）．互換の積として σ を表す方法は他にもある．例えば $(14)(34)(12)$ や $(24)(34)(14)(13)(34)$ でもよい．■

定理 4.3.5　置換 σ を互換の積として書くとき，現れる互換の個数の偶奇は σ のみによって決まる．

証明はやや技術的なのでこの章の最後の 4.7 節で行う．この定理が成り立つおかげで置換に対してその符号を定義することができる．

定義 4.3.6（置換の符号）　$\sigma \in S_n$ の符号 $\mathrm{sgn}(\sigma) \in \{\pm 1\}$ を $\sigma = \tau_1 \cdots \tau_i$ と互換の積として書いたときに

$$\mathrm{sgn}(\sigma) = (-1)^i$$

とする．

$\mathrm{sgn}(\sigma) = +1$ のとき σ は**偶置換**（even permutation），$\mathrm{sgn}(\sigma) = -1$ のとき σ は**奇置換**（odd permutation）であるという．

命題 4.3.7（符号の乗法性）　$\mathrm{sgn}(\sigma\tau) = \mathrm{sgn}(\sigma)\mathrm{sgn}(\tau)$.

証明　$\sigma = \tau_1 \cdots \tau_i$，$\tau = \rho_1 \cdots \rho_j$（$\tau_1, \ldots, \tau_i, \rho_1, \ldots, \rho_j$ は互換）とするとき，$\sigma\tau = \tau_1 \cdots \tau_i \rho_1 \cdots \rho_j$ である．このとき $\mathrm{sgn}(\sigma) = (-1)^i$，$\mathrm{sgn}(\tau) = (-1)^j$，$\mathrm{sgn}(\sigma\tau) = (-1)^{i+j}$ であるので $\mathrm{sgn}(\sigma\tau) = \mathrm{sgn}(\sigma)\mathrm{sgn}(\tau)$.　□

命題 4.3.8（逆置換の符号）　$\mathrm{sgn}(\sigma^{-1}) = \mathrm{sgn}(\sigma)$.

証明　$\sigma = \tau_1 \cdots \tau_i$ とするとき $\sigma^{-1} = \tau_i \cdots \tau_1$ である．　□

例 4.3.9　$\sigma = 2413 \in S_4$ とする．左から次々と互換をかけて

$$\sigma = 2413 \overset{(12)\cdot}{\to} 1423 \overset{(24)\cdot}{\to} 1243 \overset{(34)\cdot}{\to} 1234 = e$$

とすることもできる（数字の交換）．$(34)(24)(12)\sigma = e$ なので $\sigma^{-1} = (34)(24)(12)$ である．したがって $\mathrm{sgn}(\sigma) = \mathrm{sgn}(\sigma^{-1}) = (-1)^3 = -1$.　■

課題 4.3　次の置換の符号を求めよ．

(1) $\begin{pmatrix} 1 & 2 & 3 & 4 & 5 & 6 & 7 \\ 3 & 4 & 7 & 2 & 5 & 6 & 1 \end{pmatrix}$, (2) $\begin{pmatrix} 1 & 2 & 3 & 4 & 5 & 6 & 7 \\ 2 & 3 & 4 & 5 & 6 & 7 & 1 \end{pmatrix}$,

(3) $\begin{pmatrix} 1 & 2 & \cdots & n-1 & n \\ n & n-1 & \cdots & 2 & 1 \end{pmatrix}$.

4.4　n 次の行列式

これまでの議論を踏まえて，n 次正方行列 A の**行列式**を

$$\det A = \sum_{\sigma \in S_n} \mathrm{sgn}(\sigma) a_{\sigma(1)1} \cdots a_{\sigma(n)n} \tag{4.25}$$

と定義[*8]する．各列から 1 つずつ，行に重複がないように成分を選び，それらをかけ合わせ，符号をつけて足すという意味を把握しよう．

*8　$\sum_{\sigma \in S_n} \mathrm{sgn}(\sigma) a_{1\sigma(1)} \cdots a_{n\sigma(n)}$ と定義する場合が多いけれども，行と列の対称性（定理 4.4.11）によりここで定義したものと一致する．

例 4.4.1　三角行列の行列式は対角成分の積である：

$$\begin{vmatrix} a_{11} & a_{12} & \cdots & \cdots & a_{1n} \\ 0 & a_{22} & \cdots & \cdots & a_{2n} \\ 0 & 0 & \ddots & & \vdots \\ \vdots & \vdots & \ddots & \ddots & \vdots \\ 0 & 0 & \cdots & 0 & a_{nn} \end{vmatrix} = a_{11}\cdots a_{nn}.$$

各列から 1 つずつ，0 でない成分を重複なく選び出す方法は，対角成分をすべて選ぶやり方しかないからである．下三角行列でも同様である．■

例 4.4.2　$\sigma \in S_n$ に対して $E_\sigma = (\boldsymbol{e}_{\sigma(1)}, \ldots, \boldsymbol{e}_{\sigma(n)})$ を**置換行列**と呼ぶ．例えば $E_{231} = \begin{pmatrix} 0 & 0 & 1 \\ 1 & 0 & 0 \\ 0 & 1 & 0 \end{pmatrix}$ である．各列から，行の重複なく 0 でない成分を選ぶ方法は 1 通りしかないので，置換行列の行列式は置換の符号と一致する：

$$\det(E_\sigma) = \mathrm{sgn}(\sigma).$$

これは，本書におけるそもそもの $\mathrm{sgn}(\sigma)$ の導入の仕方からも明らかである (明らかでないのは符号の "存在")．■

例 4.4.3　置換行列に似ている例：

$$\begin{vmatrix} 0 & 0 & 0 & 0 & 5 \\ 1 & 0 & 0 & 0 & 0 \\ 0 & 2 & 0 & 0 & 0 \\ 0 & 0 & 3 & 0 & 0 \\ 0 & 0 & 0 & 4 & 0 \end{vmatrix} = 5! \begin{vmatrix} 0 & 0 & 0 & 0 & 1 \\ 1 & 0 & 0 & 0 & 0 \\ 0 & 1 & 0 & 0 & 0 \\ 0 & 0 & 1 & 0 & 0 \\ 0 & 0 & 0 & 1 & 0 \end{vmatrix} = 5!\ \det E_{23451}$$

だが，$\mathrm{sgn}(23451) = +1$ であるから行列式の値は 5! である．■

問 4.4　$E_\sigma E_\tau = E_{\sigma\tau}$, $E_{\sigma^{-1}} = {}^tE_\sigma$ を示せ．

定理 4.4.4　行列式 $\det(\boldsymbol{a}_1,\ldots,\boldsymbol{a}_n)$ は次の性質をもつ：

(1) 多重線型性（列に関する）：

$$\det(\boldsymbol{a}_1,\ldots,\overset{i}{\breve{\boldsymbol{u}+\boldsymbol{v}}},\ldots,\boldsymbol{a}_n)=\det(\boldsymbol{a}_1,\ldots,\overset{i}{\breve{\boldsymbol{u}}},\ldots,\boldsymbol{a}_n)+\det(\boldsymbol{a}_1,\ldots,\overset{i}{\breve{\boldsymbol{v}}},\ldots,\boldsymbol{a}_n),$$

$$\det(\boldsymbol{a}_1,\ldots,c\,\overset{i}{\breve{\boldsymbol{a}}}_i,\ldots,\boldsymbol{a}_n)=c\ \det(\boldsymbol{a}_1,\ldots,\overset{i}{\breve{\boldsymbol{a}}}_i\ldots,\boldsymbol{a}_n)$$

(2) 交代性（列に関する）：

$$\det(\ldots,\overset{i}{\breve{\boldsymbol{a}}}_j,\ldots,\overset{j}{\breve{\boldsymbol{a}}}_i,\ldots)=-\det(\ldots,\overset{i}{\breve{\boldsymbol{a}}}_i,\ldots,\overset{j}{\breve{\boldsymbol{a}}}_j,\ldots).\tag{4.26}$$

証明　(1) 多重線型性については $\sigma\in S_n$ に対応する各項を考えて

$$\begin{aligned}&a_{\sigma(1)1}\cdots\bigl(u_{\sigma(i)}+v_{\sigma(i)}\bigr)\cdots a_{\sigma(n)n}\\=&\bigl(a_{\sigma(1)1}\cdots u_{\sigma(i)}\cdots a_{\sigma(n)n}\bigr)+\bigl(a_{\sigma(1)1}\cdots v_{\sigma(i)}\cdots a_{\sigma(n)n}\bigr)\end{aligned}$$

および

$$a_{\sigma(1)1}\cdots\bigl(ca_{\sigma(i)}\bigr)\cdots a_{\sigma(n)n}=c\,a_{\sigma(1)1}\cdots a_{\sigma(i)}\cdots a_{\sigma(n)n}$$

を用いるだけでよい．

(2) 交代性について：左辺は

$$\begin{aligned}&\det(\ldots,\overset{i}{\breve{\boldsymbol{a}}}_j,\ldots,\overset{j}{\breve{\boldsymbol{a}}}_i,\ldots)\\=&\sum_{\sigma\in S_n}\mathrm{sgn}(\sigma)a_{\sigma(1)1}\cdots a_{\sigma(i)j}\cdots a_{\sigma(j)i}\cdots a_{\sigma(n)n}\end{aligned}$$

と書ける．$\sigma\in S_n$ に対応する項は成分を並べ替えて列の添字を整頓すると

$$\mathrm{sgn}(\sigma)a_{\sigma(1)1}\cdots a_{\sigma(j)i}\cdots a_{\sigma(i)j}\cdots a_{\sigma(n)n}$$

と同じである．$\tau=\sigma(ij)$ とおくと，$\sigma(j)=\tau(i)$, $\sigma(i)=\tau(j)$ であることと，$\mathrm{sgn}(\sigma)=-\mathrm{sgn}(\tau)$ に注意すると，この項は

$$-\mathrm{sgn}(\tau)a_{\tau(1)1}\cdots a_{\tau(i)i}\cdots a_{\tau(j)j}\cdots a_{\tau(n)n}$$

と書ける．これは右辺の行列式を S_n にわたる和として書くときの $\tau\in S_n$ に対応する項（の -1 倍）である．$\sigma\in S_n$ と $\tau=\sigma(ij)\in S_n$ は 1 対 1 に対応するので，和は $-\det(\ldots,\boldsymbol{a}_i,\ldots,\boldsymbol{a}_j,\ldots)$ と一致する（問 4.3 参照）．　□

系 4.4.5　次が成り立つ．

(1) $\det(\cdots,\overset{i}{\boldsymbol{a}_j},\cdots,\overset{j}{\boldsymbol{a}_i},\cdots) = -\det(\cdots,\overset{i}{\boldsymbol{a}_i},\cdots,\overset{j}{\boldsymbol{a}_j},\cdots)$.

(2) $\det(\cdots,\overset{i}{\boldsymbol{u}},\cdots,\overset{j}{\boldsymbol{u}},\cdots) = 0$.

(3)（列の掃き出しに関する不変性）$i \neq j$ のとき

$$\det(\cdots,\boldsymbol{a}_i \overset{i}{+} c\,\boldsymbol{a}_j,\cdots,\overset{j}{\boldsymbol{a}_j},\ldots) = \det(\cdots,\overset{i}{\boldsymbol{a}_i},\cdots,\overset{j}{\boldsymbol{a}_j},\ldots).$$

証明　(1) は $\sigma = (i,j)$ の場合の (4.26) である．(2) は (1) において $\boldsymbol{a}_i = \boldsymbol{a}_j = \boldsymbol{u}$ とおくと $\det(\cdots,\boldsymbol{u},\cdots,\boldsymbol{u},\cdots) = -\det(\cdots,\boldsymbol{u},\cdots,\boldsymbol{u},\cdots)$ なのでしたがう．(3) 多重線型性と (2) を用いて

$$\begin{aligned}
&\det(\cdots,\boldsymbol{a}_i \overset{i}{+} c\,\boldsymbol{a}_j,\cdots,\overset{j}{\boldsymbol{a}_j},\ldots)\\
&= \det(\cdots,\overset{i}{\boldsymbol{a}_i},\cdots,\overset{j}{\boldsymbol{a}_j},\ldots) + c\det(\cdots,\overset{i}{\boldsymbol{a}_j},\cdots,\overset{j}{\boldsymbol{a}_j},\ldots)\\
&= \det(\cdots,\overset{i}{\boldsymbol{a}_i},\cdots,\overset{j}{\boldsymbol{a}_j},\ldots).
\end{aligned}$$

□

定理 4.4.6（多重線型性と交代性による行列式の特徴付け）　写像 $F : \mathbb{R}^n \times \cdots \times \mathbb{R}^n \to \mathbb{R}$ が多重線型性と交代性をみたすならば

$$F(\boldsymbol{a}_1,\ldots,\boldsymbol{a}_n) = F(\boldsymbol{e}_1,\ldots,\boldsymbol{e}_n)\cdot\det(\boldsymbol{a}_1,\ldots,\boldsymbol{a}_n).$$

証明　多重線型性により

$$\begin{aligned}
F(\boldsymbol{a}_1,\ldots,\boldsymbol{a}_n) &= F\left(\sum_{i_1=1}^{n} a_{i_1 1}\boldsymbol{e}_{i_1},\ldots,\sum_{i_n=1}^{n} a_{i_n n}\boldsymbol{e}_{i_n}\right)\\
&= \sum_{i_1,\ldots,i_n} a_{i_1 1}\cdots a_{i_n n} F(\boldsymbol{e}_{i_1},\ldots,\boldsymbol{e}_{i_n})
\end{aligned}$$

を得る．和において各 i_k $(1 \leq k \leq n)$ はそれぞれ 1 から n を動く．しかし F の交代性により $(i_1,\ldots,i_n)$ が $(1,\ldots,n)$ の置換でない限り $F(\boldsymbol{e}_{i_1},\ldots,\boldsymbol{e}_{i_n}) = 0$ なので，実際には n 次の置換

$$\sigma = \begin{pmatrix} 1 & \cdots & \cdots & n \\ i_1 & \cdots & \cdots & i_n \end{pmatrix} \in S_n \tag{4.27}$$

にわたる和であるとみなせる．この対応 (4.27) により $(i_1,\ldots,i_n)$ と $\sigma \in S_n$ を同一視するとき

$$F(\boldsymbol{e}_{i_1},\ldots,\boldsymbol{e}_{i_n})=F(\boldsymbol{e}_{\sigma(1)},\ldots,\boldsymbol{e}_{\sigma(n)})=\mathrm{sgn}(\sigma)F(\boldsymbol{e}_1,\ldots,\boldsymbol{e}_n)$$

なので上の和は

$$\begin{aligned}&\sum_{\sigma\in S_n}a_{\sigma(1)1}\cdots a_{\sigma(n)n}F(\boldsymbol{e}_{\sigma(1)},\ldots,\boldsymbol{e}_{\sigma(n)})\\&=\left(\sum_{\sigma\in S_n}\mathrm{sgn}(\sigma)a_{\sigma(1)1}\cdots a_{\sigma(n)n}\right)F(\boldsymbol{e}_1,\ldots,\boldsymbol{e}_n)\\&=\det(\boldsymbol{a}_1,\ldots,\boldsymbol{a}_n)\,F(\boldsymbol{e}_1,\ldots,\boldsymbol{e}_n).\end{aligned}$$

□

この定理の応用として，次を挙げる．

例 4.4.7　A を n 次正方行列，D を m 次正方行列とするとき

$$\begin{vmatrix}A & B\\ O & D\end{vmatrix}=\det A\cdot\det D. \tag{4.28}$$

$A=(\boldsymbol{a}_1,\ldots,\boldsymbol{a}_n)$ として $F(\boldsymbol{a}_1,\ldots,\boldsymbol{a}_n)=\begin{vmatrix}A & B\\ O & D\end{vmatrix}$ とみると，多重線型性と交代性を持つので

$$F(\boldsymbol{a}_1,\ldots,\boldsymbol{a}_n)=F(\boldsymbol{e}_1,\ldots,\boldsymbol{e}_n)\cdot\det A.$$

このとき

$$F(\boldsymbol{e}_1,\ldots,\boldsymbol{e}_n)=\begin{vmatrix}E_n & B\\ O & D\end{vmatrix}=\begin{vmatrix}E_n & O\\ O & D\end{vmatrix}\quad(\text{列の掃き出しで } B \text{ を } 0 \text{ に})$$

を得る．今度はこれを D の列ベクトルの関数とみなして同じように

$$\begin{vmatrix}E & O\\ O & D\end{vmatrix}=\begin{vmatrix}E_n & O\\ O & E_m\end{vmatrix}\det D=\det D$$

となるから (4.28) が示せた．　■

定理 4.4.8（乗法性）　$\det(AB) = \det A \cdot \det B$.

証明　B の列ベクトルを $\boldsymbol{b}_1, \ldots, \boldsymbol{b}_n$ とし，関数 $F(\boldsymbol{b}_1, \ldots, \boldsymbol{b}_n) = \det(A\boldsymbol{b}_1, \ldots, A\boldsymbol{b}_n)$ を考える．これは多重線型性と交代性を持つ．よって

$$F(\boldsymbol{b}_1, \ldots, \boldsymbol{b}_n) = F(\boldsymbol{e}_1, \ldots, \boldsymbol{e}_n) \cdot \det B.$$

$F(\boldsymbol{e}_1, \ldots, \boldsymbol{e}_n) = \det(A\boldsymbol{e}_1, \ldots, A\boldsymbol{e}_n) = \det(\boldsymbol{a}_1, \ldots, \boldsymbol{a}_n) = \det A$ であるから定理が成り立つ．□

定理 4.4.9　A が正則行列 $\Longleftrightarrow \det A \neq 0$.

証明　A が正則であることは列ベクトル $\boldsymbol{a}_1, \ldots, \boldsymbol{a}_n$ が線型独立であることと同値である（命題 2.4.4）から定理が成り立つ．

（$\Longrightarrow$）については乗法性を用いる証明も可能である．A が正則であるとすると行列式の乗法性より

$$1 = \det E = \det(AA^{-1}) = \det A \cdot \det(A^{-1})$$

なので $\det A \neq 0$.　□

行列式を次の形で使うことが多い．

系 4.4.10（消去法の原理）　A を正方行列とするとき

$$A\boldsymbol{x} = \boldsymbol{0} \text{ に非自明解が存在する} \Longleftrightarrow \det A = 0.$$

定理 4.4.11（行列式の対称性）　$\det {}^t\!A = \det A$.

証明　$\det {}^t\!A$ の定義式の $\sigma \in S_n$ に対応する項 $\mathrm{sgn}(\sigma) a_{1\sigma(1)} \cdots a_{n\sigma(n)}$ は列の添字をソートして，$\mathrm{sgn}(\sigma^{-1}) = \mathrm{sgn}(\sigma)$ を使うと

$$\mathrm{sgn}(\sigma^{-1}) a_{\sigma^{-1}(1)1} \cdots a_{\sigma^{-1}(n)n}$$

と書ける．これは $\det A$ の定義式の σ^{-1} に対応する項と同じである．□

系 4.4.12　行列式は行に関しても多重線型性と交代性を持つ．

したがって系 4.4.5 の行ヴァージョンも成立する．

n 次行列式の定義式は $n!$ 個の項を持っているので，計算機を使ったとしても定義の通りに計算するのは得策ではない．そこで，次のような方法がよく用いられている．基本は例 4.4.1 でとりあげた三角行列の行列式である．

例 4.4.13

$$\begin{vmatrix} 1 & 1 & -2 & -1 \\ 2 & 1 & -3 & 0 \\ -1 & 2 & 5 & 1 \\ 3 & 1 & -1 & 2 \end{vmatrix} = \begin{vmatrix} 1 & 1 & -2 & -1 \\ 0 & -1 & 1 & 2 \\ 0 & 3 & 3 & 0 \\ 0 & -2 & 5 & 5 \end{vmatrix} = \begin{vmatrix} 1 & 1 & -2 & -1 \\ 0 & -1 & 1 & 2 \\ 0 & 0 & 6 & 6 \\ 0 & 0 & 3 & 1 \end{vmatrix}$$

$$= \begin{vmatrix} 1 & 1 & -2 & -1 \\ 0 & -1 & 1 & 2 \\ 0 & 0 & 6 & 6 \\ 0 & 0 & 0 & -2 \end{vmatrix} = 1 \cdot (-1) \cdot 6 \cdot (-2) = 12.$$

このように行の基本変形を左から順に行って下三角成分を次々と 0 にするのである．最後は対角成分の積として行列式を求める．行の交換は必要なければ行わない． ■

例 4.4.14

$$\begin{vmatrix} 1 & 1 & 2 & -1 \\ 1 & 1 & 5 & 2 \\ -1 & 2 & 1 & 1 \\ 3 & 0 & 1 & -4 \end{vmatrix} = \begin{vmatrix} 1 & 1 & 2 & -1 \\ 0 & 0 & 3 & 3 \\ 0 & 3 & 3 & 0 \\ 0 & -3 & -5 & -1 \end{vmatrix}.$$

$(2,2)$ 成分が 0 なので第 2 行と第 3 行を交換してから同様に進める．

$$(-1)\begin{vmatrix} 1 & 1 & -2 & -1 \\ 0 & 3 & 3 & 0 \\ 0 & 0 & 3 & 3 \\ 0 & -3 & -5 & -1 \end{vmatrix} = (-1)\begin{vmatrix} 1 & 1 & -2 & -1 \\ 0 & 3 & 3 & 0 \\ 0 & 0 & 3 & 3 \\ 0 & 0 & -2 & -1 \end{vmatrix}$$

$$= (-1)\begin{vmatrix} 1 & 1 & -2 & -1 \\ 0 & 3 & 3 & 0 \\ 0 & 0 & 3 & 3 \\ 0 & 0 & 0 & 0 \end{vmatrix} = -1 \cdot 3 \cdot 3 = -9.$$

このように，上三角型になったら対角成分の積に途中の行の交換の回数だけ -1 をかければよい． ■

上の計算法を振り返ると定理 4.4.9 の $\Longrightarrow$ のもう 1 通りの別証明ができている．正方行列 A が正則ならばすべての列が主列なので，行の変形（行のスカラー倍を使わない）で上三角型にできる．すべての対角成分が主成分なので，それらは 0 ではない．$\det A$ は対角成分の積と符号を除いて等しいので 0 ではない．

課題 4.4（ヴァンデルモンドの行列式*9）　次を示せ．

$$\begin{vmatrix} x_1^{n-1} & \cdots & x_1 & 1 \\ x_2^{n-1} & \cdots & x_2 & 1 \\ \vdots & & \vdots & \vdots \\ x_n^{n-1} & \cdots & x_n & 1 \end{vmatrix} = \prod_{1 \leq i < j \leq n} (x_i - x_j). \tag{4.29}$$

4.5　余因子展開とその応用

2 次の行列式を用いて 3 次の行列式を表す式 (4.13) を一般化する．

n 次正方行列 $A = (a_{ij})$ から第 i 行と第 j 列を取り去って $(n-1)$ 次の正方行列を作り，その行列式に符号 $(-1)^{i+j}$ をかけたものを (i, j) **余因子** (co-factor) と呼び $\tilde{a}_{ij}$ と書く．

*9　文献によっては第 i 行が $(1, x_i, \cdots, x_i^{n-1})$ となっているものもある（あるいはその転置）．その場合は右辺に $(-1)^{\frac{n(n-1)}{2}}$ をかける必要がある．

定理 4.5.1（余因子展開）

$$\det A = \tilde{a}_{1j}a_{1j} + \tilde{a}_{2j}a_{2j} + \cdots + \tilde{a}_{nj}a_{nj} \quad （第 j 列に関する展開） \tag{4.30}$$

$$= \tilde{a}_{i1}a_{i1} + \tilde{a}_{i2}a_{i2} + \cdots + \tilde{a}_{in}a_{in} \quad （第 i 行に関する展開）. \tag{4.31}$$

例 4.5.2 $\det A = \begin{vmatrix} 1 & 2 & 1 & 1 \\ 3 & 0 & 1 & -1 \\ 1 & 1 & 1 & -1 \\ 4 & 0 & -1 & 1 \end{vmatrix}$ の第 2 列に関する展開は $a_{22} = a_{24} = 0$ なので項が 2 つになって

$$(-1)^{1+2}\begin{vmatrix} 3 & 1 & -1 \\ 1 & 1 & -1 \\ 4 & -1 & 1 \end{vmatrix} \cdot 2 + (-1)^{3+2}\begin{vmatrix} 1 & 1 & 1 \\ 3 & 1 & -1 \\ 4 & -1 & 1 \end{vmatrix} \cdot 1$$

となる．なお，符号 $(-1)^{i+j}$ は市松模様（あるいはチェス・ボード）のように

$$\begin{pmatrix} + & - & + & - \\ - & + & - & + \\ + & - & + & - \\ - & + & - & + \end{pmatrix}$$

と並んでいると覚えよう．

$\det A$ を求める場合，このまま計算するよりも，最初に戻って，例えば $r_1 \mapsto r_1 - 2r_3$ により $\det A = \begin{vmatrix} -1 & 0 & -1 & 3 \\ 3 & 0 & 1 & -1 \\ 1 & 1 & 1 & -1 \\ 4 & 0 & -1 & 1 \end{vmatrix}$ として第 2 列に 0 を増やして下ごしらえをしておくのがよい．こうしておいてから，第 2 列に関する余因子展開により

$$\det A = (-1)^{3+2}\begin{vmatrix} -1 & -1 & 3 \\ 3 & 1 & -1 \\ 4 & -1 & 1 \end{vmatrix}$$

を得る．さらに $c_2 \mapsto c_2 + c_3$ として第2列に関する余因子展開を利用して計算すると

$$-\begin{vmatrix} -1 & 2 & 3 \\ 3 & 0 & -1 \\ 4 & 0 & 1 \end{vmatrix} = -(-1)^{1+2}\begin{vmatrix} 3 & -1 \\ 4 & 1 \end{vmatrix} \cdot 2 = 7 \cdot 2 = 14$$

となる．やみくもに余因子展開するとかえって計算量が増えることもあるので注意しよう．■

定理 4.5.1 の証明　列に関する展開だけを示す．行の方は対称性よりしたがう．$A = (\boldsymbol{a}_1, \ldots, \boldsymbol{a}_n)$ と A を列ベクトル表示する．$\boldsymbol{a}_j = a_{1j}\boldsymbol{e}_1 + \cdots + a_{nj}\boldsymbol{e}_n$ なので，行列式の多重線型性を用いて

$$\begin{aligned} \det A = |\boldsymbol{a}_1, \ldots, \overset{i}{\boldsymbol{a}_j}, \ldots, \boldsymbol{a}_n| &= \sum_{i=1}^{n} |\boldsymbol{a}_1, \ldots, a_{ij}\overset{i}{\boldsymbol{e}_i}, \ldots, \boldsymbol{a}_n| \\ &= \sum_{i=1}^{n} a_{ij} |\boldsymbol{a}_1, \ldots, \overset{i}{\boldsymbol{e}_i}, \ldots, \boldsymbol{a}_n| \end{aligned}$$

を得る．さらに $|\boldsymbol{a}_1, \ldots, \overset{i}{\boldsymbol{e}_j}, \ldots, \boldsymbol{a}_n|$ を次のように計算する：

$$i)\begin{vmatrix} a_{11} & \cdots & \overset{j}{0} & \cdots & a_{1n} \\ \vdots & \cdots & 0 & \cdots & \vdots \\ a_{i1} & \cdots & 1 & \cdots & a_{in} \\ \vdots & \cdots & 0 & \cdots & \vdots \\ a_{n1} & \cdots & 0 & \cdots & a_{nn} \end{vmatrix} \underset{(1)}{=} i)\begin{vmatrix} a_{11} & \cdots & \overset{j}{0} & \cdots & a_{1n} \\ \vdots & \cdots & 0 & \cdots & \vdots \\ 0 & \cdots & 1 & \cdots & 0 \\ \vdots & \cdots & 0 & \cdots & \vdots \\ a_{n1} & \cdots & 0 & \cdots & a_{nn} \end{vmatrix}$$

$$\underset{(2)}{=} (-1)^{i+j}\begin{vmatrix} 1 & 0 & \cdots & 0 & 0 \\ 0 & a_{11} & \cdots & \cdots & a_{1n} \\ \vdots & \vdots & \cdots & \cdots & \vdots \\ \vdots & \vdots & \cdots & \cdots & \vdots \\ 0 & a_{n1} & \cdots & \cdots & a_{nn} \end{vmatrix} = (-1)^{i+j}\begin{vmatrix} a_{11} & \cdots & \cdots & a_{1n} \\ \vdots & \cdots & \cdots & \vdots \\ \vdots & \cdots & \cdots & \vdots \\ a_{n1} & \cdots & \cdots & a_{nn} \end{vmatrix}$$

(1): (i,j) 成分を要にして第 i 行を掃き出す.

(2): i 行目を 1 つ上の行と順に交換して 1 行目まで移動し，次に j 列目を 1 つ左の列と順に交換して 1 列目まで移動する．行と列の交換から生じる符号の変化は $(i-1)+(j-1)$ 回なので $(-1)^{i+j-2}=(-1)^{i+j}$ と表せる．よって結果は $\tilde{a}_{ij}$ となる． □

逆行列の公式

余因子展開の等式は逆行列の公式に読み替えられることを説明する．余因子展開を行列の積として読み替えるために行列

$$\hat{A}=\begin{pmatrix}\tilde{a}_{11} & \tilde{a}_{21} & \cdots & \tilde{a}_{n1}\\ \tilde{a}_{12} & \tilde{a}_{22} & \cdots & \tilde{a}_{n2}\\ \vdots & \vdots & & \vdots\\ \tilde{a}_{1n} & \tilde{a}_{2n} & \cdots & \tilde{a}_{nn}\end{pmatrix}$$

を導入しよう．行と列の添字をここでひっくり返しておくのが便利である．つまり

$$\hat{A}\text{ の }(i,j)\text{ 成分 }\hat{A}_{ij}\text{ は }\tilde{a}_{ji}$$

とするのである．これを**余因子行列**と呼ぶ．2 次ならば

$$\hat{A}=\begin{pmatrix}a_{22} & -a_{12}\\ -a_{21} & a_{11}\end{pmatrix},$$

3 次ならば

$$\hat{A} = \begin{pmatrix} \begin{vmatrix} a_{22} & a_{23} \\ a_{32} & a_{33} \end{vmatrix} & -\begin{vmatrix} a_{12} & a_{13} \\ a_{32} & a_{33} \end{vmatrix} & \begin{vmatrix} a_{12} & a_{13} \\ a_{22} & a_{23} \end{vmatrix} \\ -\begin{vmatrix} a_{21} & a_{23} \\ a_{31} & a_{33} \end{vmatrix} & \begin{vmatrix} a_{11} & a_{13} \\ a_{31} & a_{33} \end{vmatrix} & -\begin{vmatrix} a_{11} & a_{13} \\ a_{21} & a_{23} \end{vmatrix} \\ \begin{vmatrix} a_{21} & a_{22} \\ a_{31} & a_{32} \end{vmatrix} & -\begin{vmatrix} a_{11} & a_{12} \\ a_{31} & a_{32} \end{vmatrix} & \begin{vmatrix} a_{11} & a_{12} \\ a_{21} & a_{22} \end{vmatrix} \end{pmatrix}$$

である．第 i 列に関する余因子展開 (4.30) を読み替えると

$$\begin{aligned} \det A &= \tilde{a}_{1i}a_{1i} + \tilde{a}_{2i}a_{2i} + \cdots + \tilde{a}_{ni}a_{ni} \\ &= \hat{A}_{i1}a_{1i} + \hat{A}_{i2}a_{2i} + \cdots + \hat{A}_{in}a_{ni} \\ &= \hat{A}A \text{ の } (i,i) \text{ 成分} \end{aligned}$$

である．行列 $\hat{A}A$ の対角成分がすべて $\det A$ であることがわかった．非対角成分も計算してみよう．$i \neq j$ とすると

$$\begin{aligned} &\hat{A}A \text{ の } (i,j) \text{ 成分} \\ &= \hat{A}_{i1}a_{1j} + \hat{A}_{i2}a_{2j} + \cdots + \hat{A}_{in}a_{nj} \\ &= \tilde{a}_{1i}a_{1j} + \tilde{a}_{2i}a_{2j} + \cdots + \tilde{a}_{ni}a_{nj} \end{aligned}$$

であるが，これは 0 である．なぜなら，これは第 i 列ベクトル $\boldsymbol{a}_i$ があるべきところに $\boldsymbol{a}_j$ をおいた行列式 $\det(\boldsymbol{a}_1, \ldots, \boldsymbol{a}_{i-1}, \boldsymbol{a}_j, \boldsymbol{a}_{i+1}, \ldots, \boldsymbol{a}_n)$ を第 i 列に関して余因子展開した式だからである．この行列式は i 列と j 列がともに $\boldsymbol{a}_j$ なので 0 になる．また，同様に $A\hat{A}$ の (i,i) 成分は

$$a_{i1}\hat{A}_{1i} + a_{i2}\hat{A}_{2i} + \cdots + a_{in}\hat{A}_{ni} = \tilde{a}_{i1}a_{i1} + \tilde{a}_{i2}a_{i2} + \cdots + \tilde{a}_{in}a_{in} = \det A$$

であり，$i \neq j$ ならば，

$$A\hat{A} \text{ の } (i,j) \text{ 成分} = a_{i1}\hat{A}_{1j} + a_{i2}\hat{A}_{2j} + \cdots + a_{in}\hat{A}_{nj} = 0.$$

以上から次が成り立つことがわかった．

定理 4.5.3　A を正方行列とするとき

$$A\hat{A} = \hat{A}A = \det A \cdot E. \tag{4.32}$$

したがって $\det A \neq 0$ ならば

$$A\left(\frac{1}{\det A}\hat{A}\right) = \left(\frac{1}{\det A}\hat{A}\right)A = E$$

なので

$$A^{-1} = \frac{1}{\det A}\hat{A}$$

が成り立つ.

定理 4.5.4（逆行列の公式）　A が正則行列ならば

$$A^{-1} = \frac{1}{\det A}\hat{A}.$$

例 4.5.5　$A = \begin{pmatrix} 2 & 1 & 0 \\ 1 & 2 & 1 \\ 0 & 1 & 2 \end{pmatrix}$ とする．$\det A = 4 \neq 0$ なので A は正則行列であり

$$A^{-1} = \frac{1}{4}\begin{pmatrix} \begin{vmatrix} 2 & 1 \\ 1 & 2 \end{vmatrix} & -\begin{vmatrix} 1 & 0 \\ 1 & 2 \end{vmatrix} & \begin{vmatrix} 1 & 0 \\ 2 & 1 \end{vmatrix} \\ -\begin{vmatrix} 1 & 1 \\ 0 & 2 \end{vmatrix} & \begin{vmatrix} 2 & 0 \\ 0 & 2 \end{vmatrix} & -\begin{vmatrix} 2 & 0 \\ 1 & 1 \end{vmatrix} \\ \begin{vmatrix} 1 & 2 \\ 0 & 1 \end{vmatrix} & -\begin{vmatrix} 2 & 1 \\ 0 & 1 \end{vmatrix} & \begin{vmatrix} 2 & 1 \\ 1 & 2 \end{vmatrix} \end{pmatrix} = \frac{1}{4}\begin{pmatrix} 3 & -2 & 1 \\ -2 & 4 & -2 \\ 1 & -2 & 3 \end{pmatrix}.$$

■

系 4.5.6　正方行列 A に対して $AB = E$ となる正方行列 B があるならば，A は正則であり $BA = E$ が成り立つ．よって $B = A^{-1}$.

証明　$AB = E$ より $\det A \cdot \det B = \det(AB) = \det E = 1$ なので $\det A \neq 0$. したがって定理 4.4.9 より A は正則で逆行列 A^{-1} を持つ. $B = EB = (A^{-1}A)B = A^{-1}(AB) = A^{-1}E = A^{-1}$ である. 特に $BA = E$ が成り立つ. □

系 4.5.7（クラメルの公式）　正則行列 $A = (\boldsymbol{a}_1, \ldots, \boldsymbol{a}_n)$ と任意の $\boldsymbol{b} \in \mathbb{R}^n$ に対して $A\boldsymbol{x} = \boldsymbol{b}$ のただ 1 つの解が

$$x_i = \frac{\det(\boldsymbol{a}_1, \ldots, \overset{i}{\breve{\boldsymbol{b}}}, \ldots, \boldsymbol{a}_n)}{\det(\boldsymbol{a}_1, \ldots, \boldsymbol{a}_n)} \tag{4.33}$$

により与えられる.

証明　A が正則なので $A\boldsymbol{x} = \boldsymbol{b}$ の解がただ 1 つ存在することがわかっている. その解を $\boldsymbol{x} \in \mathbb{R}^n$ とするとき $\sum_{j=1}^n x_j \boldsymbol{a}_j = \boldsymbol{b}$ なので

$$\begin{aligned}
\det(\boldsymbol{a}_1, \ldots, \overset{i}{\breve{\boldsymbol{b}}}, \ldots, \boldsymbol{a}_n) &= \det(\boldsymbol{a}_1, \ldots, \overset{i}{\overbrace{\sum_{j=1}^n x_j \boldsymbol{a}_j}}, \ldots, \boldsymbol{a}_n) \\
&= \sum_{i=1}^n x_j \det(\boldsymbol{a}_1, \ldots, \overset{i}{\breve{\boldsymbol{a}_j}}, \ldots, \boldsymbol{a}_n) \\
&= x_i \det(\boldsymbol{a}_1, \ldots, \overset{i}{\breve{\boldsymbol{a}_i}}, \ldots, \boldsymbol{a}_n).
\end{aligned}$$

定理 4.4.9 より $\det(\boldsymbol{a}_1, \ldots, \overset{i}{\breve{\boldsymbol{a}_i}}, \ldots, \boldsymbol{a}_n) \neq 0$ なので (4.33) を得る. □

余因子行列を用いれば $\boldsymbol{x} = (\det\ A)^{-1} \hat{A}\boldsymbol{b}$ である. $\hat{A}\boldsymbol{b}$ の第 i 成分

$$\tilde{a}_{1i}\, b_1 + \cdots + \tilde{a}_{ni}\, b_n$$

は $\det(\boldsymbol{a}_1, \ldots, \boldsymbol{b}, \ldots, \boldsymbol{a}_n)$ を第 i 列で展開したものなので, クラメルの公式の別証明が得られる.

課題 4.5　次の行列の逆行列を以下の方法を用いて求めよ. (i) 掃き出し法, (ii) 余因子行列による公式.

$$(1)\begin{pmatrix}\cos\theta & 0 & -\sin\theta\\ 0 & 1 & 0\\ \sin\theta & 0 & \cos\theta\end{pmatrix},\ (2)\begin{pmatrix}1 & a & 0 & 0\\ 0 & 1 & a & 0\\ 0 & 0 & 1 & a\\ 0 & 0 & 0 & 1\end{pmatrix},\ (3)\begin{pmatrix}2 & -1 & 0 & 0\\ -1 & 2 & -1 & 0\\ 0 & -1 & 2 & -1\\ 0 & 0 & -2 & 2\end{pmatrix}.$$

4.6 探究——小行列式と線型独立性

次は定理 4.4.9 の言い換えである.

定理 4.6.1 $\boldsymbol{a}_1, \ldots, \boldsymbol{a}_n \in \mathbb{R}^n$ が線型独立ならば $\det(\boldsymbol{a}_1, \ldots, \boldsymbol{a}_n) \neq 0$

ベクトルの個数が n よりも多いときはつねに線型従属（系 1.6.6）であることはわかっている. では $m < n$ のときに $\boldsymbol{a}_1, \ldots, \boldsymbol{a}_m \in \mathbb{R}^n$ の線型独立性を行列式で判定できるだろうか？ この問題を考えよう. $A = (a_{ij}) = (\boldsymbol{a}_1, \ldots, \boldsymbol{a}_m)$ とおくと縦長の行列になるわけである. 行の番号 $1, 2, \ldots, n$ のうち

$$1 \leq i_1 < i_2 < \cdots < i_m \leq n$$

を選んで m 次の行列式（**小行列式**という）

$$P_{i_1,\ldots,i_m} = \begin{vmatrix} a_{i_1 1} & \cdots & a_{i_1 m}\\ \vdots & \ddots & \vdots\\ a_{i_m 1} & \cdots & a_{i_m m}\end{vmatrix}$$

を考える.

ある m 次小行列式 $P_{i_1,\ldots,i_m}$ が 0 でないとする. 連立 1 次方程式 $A\boldsymbol{x} = \boldsymbol{0}$ の $i_1, \ldots, i_m$ 行にあたる m 本の方程式を考えれば自明な解しかないことがわかる. なぜなら, A からこれらの行を取り出して m 次正方行列を作れば正則行列になるからである. よって $\boldsymbol{a}_1, \ldots, \boldsymbol{a}_m$ は線型独立である. これは次の定理の十分性を示している.

定理 4.6.2 $m \leq n$ とする. $\boldsymbol{a}_1, \ldots, \boldsymbol{a}_m \in \mathbb{R}^n$ とする. $A = (\boldsymbol{a}_1, \ldots, \boldsymbol{a}_m)$ の m 次小行列式 $P_{i_1,\ldots,i_m}$ のなかに 0 でないものが存在することは, $\boldsymbol{a}_1, \ldots, \boldsymbol{a}_m$ が線型独立であることと必要十分である.

例 4.6.3　$\boldsymbol{a} = \begin{pmatrix} a_1 \\ a_2 \\ a_3 \end{pmatrix}$，$\boldsymbol{b} = \begin{pmatrix} b_1 \\ b_2 \\ b_3 \end{pmatrix}$ が線型従属（平行）であるためには

$$\begin{vmatrix} a_1 & b_1 \\ a_2 & b_2 \end{vmatrix} = \begin{vmatrix} a_1 & b_1 \\ a_3 & b_3 \end{vmatrix} = \begin{vmatrix} a_2 & b_2 \\ a_3 & b_3 \end{vmatrix} = 0$$

が成り立つことが必要十分である．■

注意 4.6.4　グラスマン代数を用いると定理の条件を簡潔に表現できる（問題 4.10 参照）．

必要性を議論するために次の概念を導入する．

$\boldsymbol{a}_1, \ldots, \boldsymbol{a}_k \in \mathbb{R}^n$ が P **独立**であるとは，$(\boldsymbol{a}_1, \ldots, \boldsymbol{a}_k)$ の k次小行列式のなかに0でないものがあることと定める．P 独立でないとき P **従属**であるという（特に $k > n$ ならばそもそも k 次小行列式はないので P 従属である）．上の定理の内容は「P 独立 $\Longleftrightarrow$ 線型独立」である．証明が残っているのは $\Longleftarrow$ つまり「$\boldsymbol{a}_1, \ldots, \boldsymbol{a}_m$ が線型独立 $\Longrightarrow$ $\boldsymbol{a}_1, \ldots, \boldsymbol{a}_m$ が P 独立」である．

次の事実は，P 独立性が線型独立性と同値であることを思わせるであろう．

問 4.5　$\boldsymbol{a}_1, \ldots, \boldsymbol{a}_k, \boldsymbol{b} \in \mathbb{R}^n$, $k \leq n$ とする．$\boldsymbol{a}_1, \ldots, \boldsymbol{a}_k$ が P 従属ならば $\boldsymbol{a}_1, \ldots, \boldsymbol{a}_k, \boldsymbol{b}$ も P 従属であることを示せ．

補題 4.6.5　$\boldsymbol{a}_1, \ldots, \boldsymbol{a}_k$, $\boldsymbol{b} \in \mathbb{R}^n$, $k \leq n$ とする．$\boldsymbol{a}_1, \ldots, \boldsymbol{a}_k$ が P 独立であり，$\boldsymbol{a}_1, \ldots, \boldsymbol{a}_k, \boldsymbol{b}$ が P 従属ならば，$\boldsymbol{b} \in \langle \boldsymbol{a}_1, \ldots, \boldsymbol{a}_k \rangle$．

証明　$A = (\boldsymbol{a}_1, \ldots, \boldsymbol{a}_k) = (a_{ij}), \boldsymbol{b} = (b_i)$ とおく．$\{\boldsymbol{a}_1, \ldots, \boldsymbol{a}_k\}$ が P 独立であるという仮定から $P_{i_1,\ldots,i_k} \neq 0$ であるとする．連立 1 次方程式

$$\begin{cases} a_{i_1 1}x_1 + a_{i_1 2}x_2 + \cdots + a_{i_1 k}x_k = b_{i_1} \\ a_{i_2 1}x_1 + a_{i_2 2}x_2 + \cdots + a_{i_2 k}x_k = b_{i_2} \\ \qquad\qquad \vdots \\ a_{i_k 1}x_1 + a_{i_k 2}x_2 + \cdots + a_{i_k k}x_k = b_{i_k} \end{cases} \tag{4.34}$$

は一意的な解 $(x_i)_{i=1}^k = (c_i)_{i=1}^k$ を持つ．クラメルの公式によれば

$$\tilde{c}_i = \begin{vmatrix} a_{i_1 1} & \cdots & b_{i_1} & \cdots & a_{i_1 k} \\ a_{i_2 1} & \cdots & b_{i_2} & \cdots & a_{i_2 k} \\ \vdots & \cdots & \vdots & \cdots & \vdots \\ a_{i_k 1} & \cdots & b_{i_k} & \cdots & a_{i_k k} \end{vmatrix} \quad (i\text{ 列め})$$

とするとき $c_i = \tilde{c}_i / P_{i_1,\ldots,i_k}$ である.

$j \notin \{i_1, \ldots, i_k\}$ とするとき $\boldsymbol{a}_1, \ldots, \boldsymbol{a}_k, \boldsymbol{b}$ の P 従属性から

$$\begin{vmatrix} a_{i_1 1} & a_{i_1 2} & \cdots & a_{i_1 k} & b_{i_1} \\ a_{i_2 1} & a_{i_2 2} & \cdots & a_{i_2 k} & b_{i_2} \\ \vdots & \vdots & \ddots & \vdots & \vdots \\ a_{i_k 1} & a_{i_k 2} & \cdots & a_{i_k k} & b_{i_k} \\ a_{j1} & a_{j2} & \cdots & a_{jk} & b_j \end{vmatrix} = 0$$

である. 第 $(k+1)$ 行に関して余因子展開すると

$$-(a_{j1}\tilde{c}_1 + a_{j2}\tilde{c}_2 + \cdots + a_{jk}\tilde{c}_k) + b_j \cdot P_{i_1,\ldots,i_k} = 0$$

が得られる. 詳しくいうと, 列の交換をして書き直している（余因子の符号に注意). 移項して $c_i = \tilde{c}_i / P_{i_1,\ldots,i_k}$ を使って書き換えると

$$a_{j1}c_1 + a_{j2}c_2 + \cdots + a_{jk}c_k = b_j \tag{4.35}$$

となる. 一方 $(c_i)_{i=1}^k$ は (4.34) の解であるから等式 (4.35) は $j \in \{i_1, \ldots, i_k\}$ のときも成り立っている. したがって

$$c_1\boldsymbol{a}_1 + c_2\boldsymbol{a}_2 + \cdots + c_k\boldsymbol{a}_k = \boldsymbol{b}$$

が成り立つ. つまり $\boldsymbol{b} \in \langle \boldsymbol{a}_1, \ldots, \boldsymbol{a}_k \rangle$ である. □

系 4.6.6 $\boldsymbol{a}_1, \ldots, \boldsymbol{a}_m \in \mathbb{R}^n$ に対する P 独立性と線型独立性は同値である.

証明　$\boldsymbol{a}_1, \ldots, \boldsymbol{a}_m$ が線型独立であると仮定する．$\{\boldsymbol{a}_1\}$ は線型独立である．このとき，明らかに $\{\boldsymbol{a}_1\}$ は P 独立である．$\{\boldsymbol{a}_1, \ldots, \boldsymbol{a}_s\}$ が P 独立であるような最大の $s \geq 1$ をとる．もしも $s < m$ ならば，補題 4.6.5 より $\boldsymbol{a}_{s+1}$ は $\langle \boldsymbol{a}_1, \ldots, \boldsymbol{a}_s \rangle$ に属すから $\boldsymbol{a}_1, \ldots, \boldsymbol{a}_s, \boldsymbol{a}_{s+1}$ は線型従属である．これは仮定に反する．したがって $s = m$ である．つまり $\boldsymbol{a}_1, \ldots, \boldsymbol{a}_m$ は P 独立である．　□

注意 4.6.7　P 独立という用語は一般的なものではない．プリュッカー（Julius Plücker, 1801-1868）にちなんでそう呼んでみた．$\boldsymbol{a}_1, \ldots, \boldsymbol{a}_m$ が線型独立のとき $(P_{i_1,\ldots,i_m}) \in \mathbb{R}^{\binom{n}{m}}$ を m 次元部分ベクトル空間 $V = \langle \boldsymbol{a}_1, \ldots, \boldsymbol{a}_m \rangle \subset \mathbb{R}^n$ の**プリュッカー座標**と呼ぶ．その意味や応用については [2] を参照のこと．

定理 4.6.8　行列 A の 0 でない小行列式の次数の最大値は $\mathrm{rank}(A)$ と一致する．すなわち $\mathrm{rank}(A) = r$ であることと以下は同値である：

(i) r 次の小行列式であって 0 でないものがある．

(ii) r 次より大きな小行列式はすべて 0 である．

注意 4.6.9　数学で最大という言葉がでてきたら，いつも上のように 2 つのことに分けて考えるのがよい．

証明　$r = \mathrm{rank}(A)$ とする．

(i) について：A の列ベクトルから r 個の線型独立なものを選び出すことができる（例えば主列ベクトルを選べばよい）．これらから $n \times r$ 型行列を作る．この行列からうまく r 個の行を選べば，小行列式は 0 でないものがある（定理 4.6.2）．

(ii) について：$s > r$ とし，A から s 個の列ベクトルを任意に選び出す．s は階数より大きいので，これらは線型従属である（命題 1.6.12）．これらから $n \times s$ 型行列を作ると，その s 次の小行列式はすべて消える（定理 4.6.2）．　□

問 4.6　課題 1.6 を定理 4.6.8 を用いて解答せよ．

定理 4.6.8 を用いれば

$$\mathrm{rank}({}^t A) = \mathrm{rank}(A)$$

が成り立つこと（系 2.6.8）はただちにわかる．

4.7 探究——置換の符号の存在証明

置換の性質を理解するためには置換の‘作用’を調べるのがよい．$\sigma \in S_n$ は n 個のものを置換するので，変数 $x_1, \ldots, x_n$ に関する多項式への作用が自然に定まる．置換 $\sigma \in S_n$ と n 変数多項式 $f = f(x_1, \ldots, x_n)$ が与えられたとする．変数 x_i に $x_{\sigma(i)}$ を代入することにより

$$(\sigma f)(x_1, \ldots, x_n) = f(x_{\sigma(1)}, \ldots, x_{\sigma(n)})$$

と定める．例えば $\sigma = 2413$，$f = x_1^3 x_3 x_4 + 2x_2^3 x_4^2 + x_1^2 x_2^2 x_4$ ならば

$$\sigma f = x_2^3 x_1 x_3 + 2x_4^3 x_3^2 + x_2^2 x_4^2 x_3 = x_1 x_2^3 x_3 + 2x_3^2 x_4^3 + x_2^2 x_3 x_4^2$$

である．

命題 4.7.1　$f = f(x_1, \ldots, x_n)$ を n 変数の多項式とし $\sigma, \tau \in S_n$ とするとき

$$(\sigma\tau)f = \sigma(\tau f). \tag{4.36}$$

証明　$(\tau f)(x_1, \ldots, x_n) = f(x_{\tau(1)}, \ldots, x_{\tau(n)})$ である．さらに σ を作用させると，$x_{\tau(i)}$ は $x_{\sigma(\tau(i))} = x_{(\sigma\tau)(i)}$ に置き換わるので

$$\begin{aligned}(\sigma(\tau f))(x_1, \ldots, x_n) &= f(x_{(\sigma\tau)(1)}, \ldots, x_{(\sigma\tau)(n)}) \\ &= ((\sigma\tau)f)(x_1, \ldots, x_n)\end{aligned}$$

が成り立つ．□

注意 4.7.2　群 G が集合 X に**作用**するという概念（付録 A.2 節）の具体例である．

n 変数の差積

$$\Delta_n = \prod_{1 \leq i < j \leq n} (x_i - x_j)$$

への $\sigma \in S_n$ の作用を考える．ヴァンデルモンド行列式が差積 Δ_n と一致すること（課題 4.4）を既知とするならば，行列式の交代性から，置換 σ の Δ_n への作用は置換の符号 $\mathrm{sgn}(\sigma)$ をかけることだと理解できる．しかし，ここではそもそも行列式や置換の符号の存在を証明するための議論をしているので，行

列式を使うことはできないわけである．少なくとも，符号を理解するために差積を使うことができそうだということはわかるだろう．

命題 4.7.3　τ を互換とするとき，$\tau\Delta_n = -\Delta_n$.

証明　$i < j$ として $\tau = (ij)$ とする．各因子 $x_s - x_t$ $(1 \leq s < t \leq n)$ の変化は以下のようになる：

- $1 \leq s < i$ に対して $x_s - x_i$ と $x_s - x_j$ が入れ替わる．
- $i < s \leq n$ に対して $x_i - x_s$ と $x_j - x_s$ が入れ替わる．
- $i < s < j$ に対して $x_i - x_s$ と $x_s - x_j$ は符号が逆になって入れ替わる．
- $x_i - x_j$ は $x_j - x_i$ になる．

それ以外の因子は変化しない．3つめの場合は積 $(x_i - x_s)(x_s - x_j)$ は変化しないことに注意しよう．結局 $x_i - x_j$ の符号が1回だけ変わって結果を得る．

$$
\begin{array}{ccccccc}
(x_* - x_*) & (x_* - x_i) & (x_* - x_*) & (x_* - x_*) & (x_* - x_j) & (x_* - x_*) & (x_* - x_*) \\
 & (x_* - x_i) & (x_* - x_*) & (x_* - x_*) & (x_* - x_j) & (x_* - x_*) & (x_* - x_*) \\
 & & (x_i - x_*) & (x_i - x_*) & (x_i - x_j) & (x_i - x_*) & (x_i - x_*) \\
 & & & (x_* - x_*) & (x_* - x_j) & (x_* - x_*) & (x_* - x_*) \\
 & & & & (x_* - x_j) & (x_* - x_*) & (x_* - x_*) \\
 & & & & & (x_j - x_*) & (x_j - x_*) \\
 & & & & & & (x_* - x_*)
\end{array}
$$

□

系 4.7.4 置換 $\sigma \in S_n$ が s 個の互換の積として書けるならば

$$\sigma\Delta_n = (-1)^s\Delta_n. \tag{4.37}$$

証明 置換 σ を $\sigma = \tau_1 \cdots \tau_s$ と互換の積として書いたときに

$$\begin{aligned}
\sigma\Delta_n &= (\tau_1 \cdots \tau_s)\Delta_n \\
&= (\tau_1 \cdots \tau_{s-1})(\tau_s\Delta_n) \quad \text{(命題 4.7.1)} \\
&= (\tau_1 \cdots \tau_{s-1})(-\Delta_n) \quad \text{(命題 4.7.3)} \\
&= (-1)(\tau_1 \cdots \tau_{s-1})\Delta_n \\
&= (-1)^s\Delta_n.
\end{aligned}$$

□

左辺の $\sigma\Delta_n$ は σ を互換の積として表すということとは無関係に σ が与えられれば決まる多項式である．それが $+\Delta_n$ になるか $-\Delta_n$ になるかどちらかであり，符号は置換 σ が与えられれば定まる（$\Delta_n \neq 0$ に注意）．

σ を互換の積として表したとき，その個数が偶数であるならば符号は $+$ であり，奇数であるならば符号は $-$ である．以上のことから，置換 σ を互換の積として書くとき，そこに現れる互換の個数の偶奇は σ のみによって決まっていること（定理 4.3.5）が証明できた．つまり置換の符号が存在する．このことは行列式が存在することとほぼ同じ内容だといってもよいくらいである．

行列式のまとめ

A を n 次正方行列とする．行列式 $\det A$ は

$$\det A = \sum_{\sigma \in S_n} \mathrm{sgn}(\sigma) a_{\sigma(1)1} \cdots a_{\sigma(n)n}$$

により定義される．S_n は n 次の置換全体がなす集合であり，$\sigma \in S_n$ に対して $\mathrm{sgn}(\sigma) \in \{\pm 1\}$ はその符号である（符号の存在証明は 4.7 節）．$\det A$ を A の列ベクトル $\boldsymbol{a}_1, \ldots, \boldsymbol{a}_n \in \mathbb{R}^n$ の関数とみるとき，多重線型性と交代性がある（定理 4.4.4）．また，行列式は多重線型性と交代性によって特徴付けられる（定理 4.4.6）．行列式の性質として

- A が正則 $\Longleftrightarrow \det A \neq 0$（定理 4.4.9）
- 乗法性：$\det(AB) = \det A \cdot \det B$（定理 4.4.8）
- 行と列の対称性：$\det {}^tA = \det A$（定理 4.4.11）
- 列（または行）に関する "掃き出し" に関する不変性（系 4.4.5）
- 三角行列（例 4.4.1），ブロック対角行列（例 4.4.7）の行列式
- 余因子展開（定理 4.5.1）
- 余因子を用いる逆行列の公式（定理 4.5.4）

が挙げられる．以上の他に行列式と関係する基本事項として

- クラメルの公式（系 4.5.7）
- 行列の階数と小行列式の関係（定理 4.6.8）

がある．ヴァンデルモンド行列式などの特殊行列式についての知識と経験はあるに越したことはない．その他に，行列式は平行六面体の体積やその高次元版や基底の "向き" などの幾何的な事柄とも関連する．

章末問題

問題 4.1　次の行列式を因数分解された形で表せ．

$$(1) \begin{vmatrix} b+c+2a & b & c \\ a & c+a+2b & c \\ a & b & a+b+2c \end{vmatrix}, \quad (2) \begin{vmatrix} b+c & c+a & a+b \\ a & b & c \\ a^2 & b^2 & c^2 \end{vmatrix},$$

$$(3) \begin{vmatrix} a & 1 & 0 & 1 \\ 1 & a & 1 & 0 \\ 0 & 1 & a & 1 \\ 1 & 0 & 1 & a \end{vmatrix}, \quad (4) \begin{vmatrix} a & b & b & b \\ a & b & a & a \\ a & a & b & a \\ b & b & b & a \end{vmatrix}, \quad (5) \begin{vmatrix} a & b & b & b & b \\ a & a & b & b & b \\ a & a & a & b & b \\ a & a & a & a & b \\ a & a & a & a & a \end{vmatrix}.$$

問題 4.2　次を示せ（n 次とする）.

$$\begin{vmatrix} a & 1 & 1 & \cdots & 1 \\ 1 & a & 1 & \cdots & 1 \\ 1 & 1 & a & \cdots & 1 \\ \vdots & \vdots & \vdots & \ddots & \vdots \\ 1 & 1 & 1 & \cdots & a \end{vmatrix} = (a+n-1)(a-1)^{n-1}.$$

問題 4.3　直交行列の行列式は 1 または -1 であることを示せ.

問題 4.4　$\begin{vmatrix} a & -b & -c & -d \\ b & a & -d & c \\ c & d & a & -b \\ d & -c & b & a \end{vmatrix} = (a^2+b^2+c^2+d^2)^2$ を示せ.

問題 4.5　ω を 1 の原始 3 乗根とする．次を示せ.

$$\begin{vmatrix} a & b & c \\ b & c & a \\ c & a & b \end{vmatrix} = (a+b+c)(a+\omega b+\omega^2 c)(a+\omega^2 b+\omega c).$$

問題 4.6　A, B がともに n 次正方行列とするとき

$$\begin{vmatrix} A & B \\ B & A \end{vmatrix} = |A-B||A+B|$$

であることを示せ.

問題 4.7　次を示せ.

$$\begin{vmatrix} 0 & a_{12} & a_{13} & a_{14} \\ -a_{12} & 0 & a_{23} & a_{24} \\ -a_{13} & -a_{23} & 0 & a_{34} \\ -a_{14} & -a_{24} & -a_{34} & 0 \end{vmatrix} = (a_{12}a_{34} - a_{13}a_{24} + a_{14}a_{23})^2.$$

問題 4.8　$\sigma \in S_n$ に対して

$$\ell(\sigma) = \#\{(i,j) \mid 1 \leq i < j \leq n,\ \sigma(i) > \sigma(j)\}$$

とおき σ の**転倒数**（inversion unmber）という（$\#X$ は有限集合 X の元の個数を表す）．$\mathrm{sgn}(\sigma) = (-1)^{\ell(\sigma)}$ を示せ.

問題 4.9　m を正の整数とするとき $A_m = \begin{pmatrix} x_1^{m+2} & x_1 & 1 \\ x_2^{m+2} & x_2 & 1 \\ x_3^{m+2} & x_3 & 1 \end{pmatrix}$ とおくと $\det A_m$ は Δ で割り切れる．Δ は 3 変数の差積とする．比 $\det A_m/\Delta$ を求めよ．

問題 4.10（グラスマン代数）　$\boldsymbol{e}_1, \ldots, \boldsymbol{e}_n$ を $\mathbb{R}^n$ の基本ベクトルとするとき，

$$\boldsymbol{e}_i \wedge \boldsymbol{e}_j = -\boldsymbol{e}_j \wedge \boldsymbol{e}_i \quad (i \neq j), \quad \boldsymbol{e}_i \wedge \boldsymbol{e}_i = \boldsymbol{0} \quad (1 \leq i \leq n) \tag{4.38}$$

という規則にしたがう積 $\wedge$ を考えることができる．2 個よりも多いベクトル $\boldsymbol{a}_1, \ldots, \boldsymbol{a}_m \in \mathbb{R}^n$ の積 $\boldsymbol{a}_1 \wedge \cdots \wedge \boldsymbol{a}_m$ も定義できて，4.6 節の記号で

$$\boldsymbol{a}_1 \wedge \cdots \wedge \boldsymbol{a}_m = \sum_{1 \leq i_1 < \cdots < i_m \leq n} P_{i_1,\ldots,i_m} \boldsymbol{e}_{i_1} \wedge \cdots \wedge \boldsymbol{e}_{i_m}$$

が成り立つことが知られている．次を導け．

（1）$\boldsymbol{a} = (a_i), \boldsymbol{b} = (b_i) \in \mathbb{R}^2$ のとき

$$\boldsymbol{a} \wedge \boldsymbol{b} = \begin{vmatrix} a_1 & b_1 \\ a_2 & b_2 \end{vmatrix} \boldsymbol{e}_1 \wedge \boldsymbol{e}_2. \tag{4.39}$$

（2）$\boldsymbol{a} = (a_i), \boldsymbol{b} = (b_i) \in \mathbb{R}^3$ のとき

$$\boldsymbol{a} \wedge \boldsymbol{b} = \begin{vmatrix} a_1 & b_1 \\ a_2 & b_2 \end{vmatrix} \boldsymbol{e}_1 \wedge \boldsymbol{e}_2 + \begin{vmatrix} a_1 & b_1 \\ a_3 & b_3 \end{vmatrix} \boldsymbol{e}_1 \wedge \boldsymbol{e}_3 + \begin{vmatrix} a_2 & b_2 \\ a_3 & b_3 \end{vmatrix} \boldsymbol{e}_2 \wedge \boldsymbol{e}_3.$$

第5章　行列の対角化

行列によって与えられた線型変換に対して，基底変換をうまく選んで表現行列を調べやすい形にするという問題を考えよう．

5.1　固有値と固有ベクトル

与えられた正方行列 A に対して，正則行列 P をうまく選ぶことによって $P^{-1}AP$ が対角行列になるようにすることを行列の**対角化**という．

固有値と固有ベクトル——対角化

対角行列は積などの計算が簡単で，それが表現する線型変換の幾何学的な意味も明瞭である．もしも，与えられた線型変換 f に対し，表現行列が対角行列であるような基底変換が得られる（対角化可能という）ならば，変換 f のことがとてもよく理解できたといってよいだろう．

基本的な用語を定めておく．

定義 5.1.1（固有値と固有ベクトル）　正方行列 A に対して

$$A\boldsymbol{v} = \alpha\boldsymbol{v} \tag{5.1}$$

となるような $\mathbf{0}$ でないベクトル $\boldsymbol{v}$ とスカラー α が存在するとき，$\boldsymbol{v}$ は A の**固有ベクトル**（eigenvector）であるといい，α を $\boldsymbol{v}$ の**固有値**（eigenvalue）と呼ぶ．

例 5.1.2　$A = \begin{pmatrix} 1 & 1 \\ -2 & 4 \end{pmatrix}$ とする．$\boldsymbol{v} = \begin{pmatrix} 1 \\ 1 \end{pmatrix}$ は

$$A\,\boldsymbol{v} = \begin{pmatrix} 1 & 1 \\ -2 & 4 \end{pmatrix}\begin{pmatrix} 1 \\ 1 \end{pmatrix} = \begin{pmatrix} 2 \\ 2 \end{pmatrix} = 2\,\boldsymbol{v}$$

をみたすので，固有値が 2 の固有ベクトルである．■

固有値 α の固有ベクトルとは，斉次形方程式

$$(\alpha E - A)\,\boldsymbol{x} = \boldsymbol{0} \tag{5.2}$$

の非自明解のことである．定義を理解するために，次の問題を考えてみよう．

問 5.1　行列 $A = \begin{pmatrix} 0 & -1 & 2 \\ 2 & 3 & -2 \\ 2 & 1 & 0 \end{pmatrix}$ を考える．(1) $\boldsymbol{v} = {}^t(2, -2, 1)$ が A の固有ベクトルであることを示し，その固有値 α を答えよ．(2) 固有値が α の固有ベクトルをすべて求めよ．

例 3.4.1 などで見たように，行列 A の固有ベクトルからなる $\mathbb{R}^n$ の基底が存在すれば，A は対角化できる．

定理 5.1.3（行列の対角化）　n 次正方行列 A に対して，A の固有ベクトルからなる $\mathbb{R}^n$ の基底 $\boldsymbol{v}_1, \ldots, \boldsymbol{v}_n$ があって，それぞれの固有値が $\alpha_1, \ldots, \alpha_n$ であるとする．$P = (\boldsymbol{v}_1, \ldots, \boldsymbol{v}_n)$ とおくとき，P は正則行列であり，

$$P^{-1}AP = \begin{pmatrix} \alpha_1 & 0 & \cdots & 0 \\ 0 & \alpha_2 & \cdots & 0 \\ \vdots & \vdots & \ddots & \vdots \\ 0 & 0 & \cdots & \alpha_n \end{pmatrix} \tag{5.3}$$

が成立する．逆に，(5.3) が成立するような正則行列 P が存在すれば，P の j 番目の列ベクトル $\boldsymbol{v}_j$ は A の固有値 α_j の固有ベクトルである．

証明 $A\boldsymbol{v}_i = \alpha_i \boldsymbol{v}_i$ $(1 \leq i \leq n)$ なので

$$\begin{aligned}
AP &= A(\boldsymbol{v}_1, \ldots, \boldsymbol{v}_n) \\
&= (A\boldsymbol{v}_1, \ldots, A\boldsymbol{v}_n) \\
&= (\alpha_1 \boldsymbol{v}_1, \ldots, \alpha_n \boldsymbol{v}_n) \\
&= (\boldsymbol{v}_1, \ldots, \boldsymbol{v}_n) \begin{pmatrix} \alpha_1 & 0 & \cdots & 0 \\ 0 & \alpha_2 & \cdots & 0 \\ \vdots & \vdots & \ddots & \vdots \\ 0 & 0 & \cdots & \alpha_n \end{pmatrix} \\
&= P \begin{pmatrix} \alpha_1 & 0 & \cdots & 0 \\ 0 & \alpha_2 & \cdots & 0 \\ \vdots & \vdots & \ddots & \vdots \\ 0 & 0 & \cdots & \alpha_n \end{pmatrix}.
\end{aligned}$$

$\boldsymbol{v}_1, \ldots, \boldsymbol{v}_n$ は $\mathbb{R}^n$ の基底なので P は正則行列である．左から P^{-1} をかけて (5.3) を得る．逆に正則行列 $P = (\boldsymbol{v}_1, \ldots, \boldsymbol{v}_n)$ が (5.3) をみたせば上の計算の逆によって $\boldsymbol{v}_i$ が固有値 α_i の固有ベクトルであることが導かれる． □

例 5.1.4 $A = \begin{pmatrix} 0 & -1 \\ 1 & 0 \end{pmatrix}$ を考える．A は $\pi/2$ 回転を表す行列なので，$\mathbb{R}^2$ には固有ベクトルはない（$\mathbf{0}$ でないベクトルは方向を変える）．しかし $i \in \mathbb{C}$ を虚数単位とするとき

$$\begin{pmatrix} 0 & -1 \\ 1 & 0 \end{pmatrix}\begin{pmatrix} 1 \\ -i \end{pmatrix} = \begin{pmatrix} i \\ 1 \end{pmatrix} = i\begin{pmatrix} 1 \\ -i \end{pmatrix}, \quad \begin{pmatrix} 0 & -1 \\ 1 & 0 \end{pmatrix}\begin{pmatrix} 1 \\ i \end{pmatrix} = \begin{pmatrix} -i \\ 1 \end{pmatrix} = (-i)\begin{pmatrix} 1 \\ i \end{pmatrix}$$

となるので，$\mathbb{C}^2$ においては "固有ベクトル" が存在する．$P = \begin{pmatrix} 1 & 1 \\ -i & i \end{pmatrix}$ とおけば $P^{-1}AP = \begin{pmatrix} i & 0 \\ 0 & -i \end{pmatrix}$ が成り立つ．つまり '対角化' できた． ■

どのような正方行列 A にも複素ベクトルとしてならば必ず固有ベクトル（定義はまったく同様，ただし固有値も複素数）が存在する（5.2 節）．

以下，本章の終わりまでは，特に断らない限り，行列やベクトルの成分は複

素数であるとする．行列の演算や階数の概念は成分が複素数でも同じように意味をもつ．複素数を成分とする n 次数ベクトル空間 $\mathbb{C}^n$ やその部分空間，およびその基底や次元なども自然に定義される．ただし，そのときスカラーは任意の複素数であることに注意しよう．定理 5.1.3 は複素行列に対しても同様に成立する．ベクトルや行列の成分が複素数であると考えるだけで，証明はまったく同じでよい．ここで，行列が対角化可能であることの定義をしておこう．

定義 5.1.5　A を正方行列とする．正則行列 P が存在して，$P^{-1}AP$ が対角行列になるとき，A は**対角化可能**（diagonalizable）であるという．

問 5.2　$\mathbb{R}^2$ の回転を表す行列 R_θ を（複素数を用いて）対角化せよ．

どうしても対角化できない行列も存在する．

例 5.1.6　$A = \begin{pmatrix} 0 & 1 \\ 0 & 0 \end{pmatrix}$ を考える．$A^2 = O$ であることがすぐわかる．もしも $\boldsymbol{v}$ が A の固有ベクトルで，α がその固有ベクトルならば

$$\mathbf{0} = O\,\boldsymbol{v} = A^2\,\boldsymbol{v} = A(A\,\boldsymbol{v}) = A(\alpha\,\boldsymbol{v}) = \alpha(A\,\boldsymbol{v}) = \alpha^2\,\boldsymbol{v}$$

となるので $\boldsymbol{v} \neq 0$ より $\alpha^2 = 0$，よって $\alpha = 0$ がしたがう．つまり固有値は 0 のみである．対角化するためには A の 2 つの固有ベクトルであって線型独立なものが必要である．固有値が 0 の固有ベクトルは $A\boldsymbol{x} = 0\boldsymbol{x}$ の非自明な解である．そのようなベクトルは $\begin{pmatrix} 1 \\ 0 \end{pmatrix}$ のスカラー倍しかない．よって，この行列は対角化できないことがわかる．■

固有ベクトルの性質として次は基本的である．

定理 5.1.7　相異なる固有値をもつ固有ベクトルは線型独立である．つまり $\boldsymbol{v}_1, \ldots, \boldsymbol{v}_m$ を正方行列 A の固有ベクトルとし，$\boldsymbol{v}_i$ の固有値が α_i であり，$i \neq j$ ならば $\alpha_i \neq \alpha_j$ とするとき，$\boldsymbol{v}_1, \ldots, \boldsymbol{v}_m$ は線型独立である．

証明　m に関する帰納法を用いて示す．$m = 1$ のとき，$\boldsymbol{v}_1$ は固有ベクトルゆえ $\mathbf{0}$ ではないので $\{\boldsymbol{v}_1\}$ は線型独立である．$m \geq 2$ として $(m-1)$ 個以下の固有ベクトルについて定理の主張が成り立つと仮定する．線型関係式

$$c_1\boldsymbol{v}_1+\cdots+c_m\boldsymbol{v}_m=\mathbf{0} \tag{5.4}$$

があるとする．両辺に A をかけると $A\boldsymbol{v}_i=\alpha_i\boldsymbol{v}_i$ なので

$$c_1\alpha_1\boldsymbol{v}_1+\cdots+c_m\alpha_m\boldsymbol{v}_m=\mathbf{0}.$$

この等式から，関係式 (5.4) の α_m 倍を引いて

$$c_1(\alpha_1-\alpha_m)\boldsymbol{v}_1+\cdots+c_{m-1}(\alpha_{m-1}-\alpha_m)\boldsymbol{v}_{m-1}=\mathbf{0}$$

が得られる．帰納法の仮定から $\boldsymbol{v}_1,\ldots,\boldsymbol{v}_{m-1}$ は線型独立なので

$$c_1(\alpha_1-\alpha_m)=\cdots=c_{m-1}(\alpha_{m-1}-\alpha_m)=0$$

であるが，$\alpha_i-\alpha_m\neq 0\ (1\leq i\leq m-1)$ なので

$$c_1=\cdots=c_{m-1}=0$$

となる．このとき $c_m\boldsymbol{v}_m=\mathbf{0}$ だが $\boldsymbol{v}_m\neq\mathbf{0}$ なので，$c_m=0$ である．以上より $\boldsymbol{v}_1,\ldots,\boldsymbol{v}_m$ は線型独立である． □

A を正方行列，$\alpha\in\mathbb{C}$ が A の固有値であるとき $W(\alpha):=\mathrm{Ker}(\alpha E-A)$ を固有値 α の**固有空間**（eigenspace）と呼ぶ．$W(\alpha)$ は固有値 α の固有ベクトルのすべて，および $\mathbf{0}$ とからなる $\mathbb{C}^n$ の線型部分空間である．

例 5.1.8 問 5.1 の行列 A の固有値が 2 の固有ベクトルをすべて求めてみよう．掃き出し法を用いると

$$2E-A=\begin{pmatrix}2&1&-2\\-2&-1&2\\-2&-1&2\end{pmatrix}\longrightarrow\begin{pmatrix}2&1&-2\\0&0&0\\0&0&0\end{pmatrix}\longrightarrow\begin{pmatrix}1&1/2&-1\\0&0&0\\0&0&0\end{pmatrix}$$

なので $W(2)=\mathrm{Ker}(2E-A)$ の基底として $\boldsymbol{u}_1={}^t(-1/2,1,0)$，$\boldsymbol{u}_2={}^t(1,0,1)$ がとれる．もう 1 つの固有ベクトル $\boldsymbol{u}_3$ があって $\boldsymbol{u}_1,\boldsymbol{u}_2,\boldsymbol{u}_3$ が線型独立ならば A は対角化可能である． ■

課題 5.1　定理 5.1.7 の別証明が次のように得られる．$1 \leq i \leq m$ に対して $\boldsymbol{v}_i \in \mathbb{C}^n$ が固有値 α_i の A の固有ベクトルとし，線型関係 $\sum_{i=1}^{m} c_i \boldsymbol{v}_i = \mathbf{0}$ があるとする．(1) $k \geq 1$ に対して $\sum_{i=1}^{m} \alpha_i^k c_i \boldsymbol{v}_i = \mathbf{0}$ を導け．(2) $\alpha_i \ (1 \leq i \leq m)$ が相異なると仮定する．ヴァンデルモンド行列式を用いて $c_i = 0 \ (1 \leq i \leq m)$ を導け．

5.2　特性多項式と対角化可能性

特性多項式

基本的なのは

$$\text{どのような}\alpha \in \mathbb{C}\text{ に対して } \mathrm{Ker}(\alpha E - A) \neq \{\mathbf{0}\} \text{ か？}$$

という問題である．でたらめな α に対して $\mathrm{Ker}(\alpha E - A)$ はほとんど $\{\mathbf{0}\}$ になる（そのときは固有空間とは呼ばない）．問題は $\alpha E - A$ が非自明解を持つような α を求めることなので，行列式の理論（系 4.4.10）によれば，

$$\det(\alpha E - A) = 0 \tag{5.5}$$

という答えがある．なお，これは $\mathrm{rank}(\alpha E - A) < n$ とも同値であるが，α を未知数と考えるとき，行列式の等式 (5.5) は α に対する方程式とみなせるので，より扱いやすい．

定義 5.2.1（特性多項式）　A を正方行列，t を変数として

$$\Phi_A(t) = \det(tE - A)$$

とおく．これを A の**特性多項式**（characteristic polynomial）と呼ぶ．

定理 5.2.2　A を正方行列，$\Phi_A(t)$ をその特性多項式とする．$\alpha \in \mathbb{C}$ が A の固有値であるためには $\Phi_A(\alpha) = 0$ であることが必要十分である．

A が n 次ならば $\Phi_A(t)$ は t に関する複素係数の n 次多項式である．定数でない任意の複素係数多項式 $F(t)$ には複素根，つまり $F(\alpha) = 0$ をみたす $\alpha \in$

$\mathbb{C}$ が存在することが知られている[*1]ので A の複素固有値は必ず存在する．よって A の固有値は必ず存在する．

例 5.2.3 例 5.1.2 の行列 A の特性多項式は

$$\Phi_A(t) = \begin{vmatrix} t-1 & -1 \\ 2 & t-4 \end{vmatrix} = \begin{vmatrix} t-2 & -1 \\ t-2 & t-4 \end{vmatrix}$$
$$= (t-2)\begin{vmatrix} 1 & -1 \\ 1 & t-4 \end{vmatrix} = (t-2)\begin{vmatrix} 1 & -1 \\ 0 & t-3 \end{vmatrix} = (t-2)(t-3)$$

と因数分解されるので固有値は $\alpha = 2, 3$ の 2 つであることがわかる．すでに 2 が固有値であることはわかっている．例 3.4.1 を思い出すと ${}^t(1,2)$ は固有値 3 の固有ベクトルであった． ■

例 5.2.4 問 5.1 の行列 A には固有値 2 があることがわかっている（例 5.1.8）．それを踏まえて特性多項式 $\Phi_A(t)$ を計算してみよう．定理から $\Phi_A(2) = 0$ が成り立つので，因数定理から $\Phi_A(t)$ は $t-2$ で割り切れるはずである．実際

$$\Phi_A(t) = \begin{vmatrix} t & 1 & -2 \\ -2 & t-3 & 2 \\ -2 & -1 & t \end{vmatrix} = \begin{vmatrix} t-2 & t-2 & 0 \\ -2 & t-3 & 2 \\ -2 & -1 & t \end{vmatrix} = (t-2)\begin{vmatrix} 1 & 1 & 0 \\ -2 & t-3 & 2 \\ -2 & -1 & t \end{vmatrix}$$

となる（2 つめの等号は $r_1 \mapsto r_1 + r_2$）．さらにこのあと，続けて

$$= (t-2)\begin{vmatrix} 1 & 0 & 0 \\ -2 & t-1 & 2 \\ -2 & 1 & t \end{vmatrix} = (t-2)\begin{vmatrix} t-1 & 2 \\ 1 & t \end{vmatrix}$$
$$= (t-2)\begin{vmatrix} t+1 & 2 \\ t+1 & t \end{vmatrix} = (t-2)(t+1)\begin{vmatrix} 1 & 2 \\ 1 & t \end{vmatrix} = (t-2)^2(t+1)$$

となる．「α が固有値 $\Longleftrightarrow \Phi_A(\alpha) = 0$」なので $\alpha = -1, 2$ であることがわかる．

---

*1 代数学の基本定理といわれる．わかりやすい証明としては複素関数論におけるリウヴィルの定理を用いるものがある．大学 1 年生は複素関数論にまだ触れたことがないだろう．微積分を学んだら複素関数論を勉強するとよい．『複素関数入門』神保道夫（岩波書店，2003）や『函数論 第 2 版』吉田洋一（岩波書店，2015）をすすめる．

固有空間 $W(-1)$ を調べておこう．

$$-E-A=\begin{pmatrix}-1 & 1 & -2\\ -2 & -4 & 2\\ -2 & -1 & -1\end{pmatrix}\to\begin{pmatrix}1 & 0 & 1\\ 0 & 1 & -1\\ 0 & 0 & 0\end{pmatrix}$$

なので $\boldsymbol{u}_3 = {}^t(-1,1,1)$ を基底に持つ1次元空間である．固有値が2の固有ベクトルと合わせて $\boldsymbol{u}_1, \boldsymbol{u}_2, \boldsymbol{u}_3$ が線型独立であることが確認できる．実は線型独立性は自動的に成立する（定理 5.2.11 の証明の後半参照）．したがって A は対角化可能である． ■

特性多項式を因数分解する計算では初手が大切である．上の例で用いた $r_1 \mapsto r_1 + r_2$ の他にも $r_2 \mapsto r_2 - r_3$, $r_1 \mapsto r_1 + r_3$ や $c_1 \mapsto c_1 + c_3$ などにより $t-2$ がくくり出せる形になる．

特性多項式の形に関して一般的に言えることとして

$$\Phi_A(t) = t^n - (\operatorname{tr} A)t^{n-1} + \cdots + (-1)^n \det A \tag{5.6}$$

のように，$(n-1)$ 次の係数が $-\operatorname{tr}(A)$ であることと，定数項が $(-1)^n \det A$ であることは注目に値する．定数項については $\Phi_A(0) = \det(0E - A) = \det(-A) = (-1)^n \det A$ とわかる．t^{n-1} の係数に関しては，行列式の展開式で寄与するのは対角成分の積 $(t-a_{11})\cdots(t-a_{nn})$ からのみであるから，このことは見やすい．

定理 5.2.5　$\Phi_A(t) = (t-\alpha_1)\cdots(t-\alpha_n)$ とするとき

$$\operatorname{tr} A = \alpha_1 + \cdots + \alpha_n, \quad \det A = \alpha_1 \cdots \alpha_n.$$

証明　$\Phi_A(t)$ の t^{n-1} の係数，および定数項を2通りに表した結果である． □

線型空間 V の線型変換 f に対して，V のある基底に関する表現行列 A の特性多項式 $\Phi_A(t)$ は基底の選び方によらず f のみによって決まる．このことは，行列式の乗法性から，正則行列 P に対して

$$\Phi_{P^{-1}AP}(t) = \Phi_A(t) \tag{5.7}$$

が成り立つことからわかる．したがって f の特性多項式 $\Phi_f(t)$ および $\det f$ や $\mathrm{tr}(f)$ が意味をもつ．

正方行列 A が与えられたとき $\mathrm{tr}\,A$ の方は $\det A$ と比べると値がすぐにわかるので，例えば以下のような考察ができる．

例 5.2.6　引き続き，問 5.1 の行列を考える．トレースと固有値の関係から，重複度 2 の固有値 2 以外のもう 1 つの固有値を α とすると，$3 = \mathrm{tr}(A) = 2 + 2 + \alpha$ より $\alpha = -1$ がわかる．■

例 5.2.7　A を問 5.1 の行列とする．上の結果から

$$\boldsymbol{u}_1 = \begin{pmatrix} -1/2 \\ 1 \\ 0 \end{pmatrix}, \quad \boldsymbol{u}_2 = \begin{pmatrix} 1 \\ 0 \\ 1 \end{pmatrix}, \quad \boldsymbol{u}_3 = \begin{pmatrix} -1 \\ 1 \\ 1 \end{pmatrix}$$

とおくとき $\boldsymbol{u}_1, \boldsymbol{u}_2$ は $W(2)$ の基底であり，$\boldsymbol{u}_3$ は $W(-1)$ の基底である．$\{\boldsymbol{u}_1, \boldsymbol{u}_2, \boldsymbol{u}_3\}$ が線型独立であることは定理 5.1.7 からしたがう．

定理 5.1.3 によって A は対角化可能である．実際 $P = (\boldsymbol{u}_1, \boldsymbol{u}_2, \boldsymbol{u}_3)$ とおくと正則行列であって

$$P^{-1}AP = \begin{pmatrix} 2 & 0 & 0 \\ 0 & 2 & 0 \\ 0 & 0 & 1 \end{pmatrix}$$

となるはずである．

検算をするには $P^{-1}AP$ を計算してもよいが次の計算をするとよい：

$$AP = \begin{pmatrix} -1 & 2 & -1 \\ 2 & 0 & 1 \\ 0 & 2 & 1 \end{pmatrix} = P \begin{pmatrix} 2 & 0 & 0 \\ 0 & 2 & 0 \\ 0 & 0 & -1 \end{pmatrix}.$$

最後の等号で AP の列ベクトルが P の列ベクトルのそれぞれ $2, 2, -1$ 倍であることを確認できる．■

例 5.2.8（特性多項式の計算例）$A = \begin{pmatrix} 0 & -1 & -1 \\ -1 & 0 & 1 \\ -1 & 1 & 0 \end{pmatrix}$ の特性多項式の計算をしながら要点を復習しよう．

$$
\begin{aligned}
\begin{vmatrix} t & 1 & 1 \\ 1 & t & -1 \\ 1 & -1 & t \end{vmatrix} \underset{\text{初手}}{=} \begin{vmatrix} t+1 & t+1 & 0 \\ 1 & t & -1 \\ 1 & -1 & t \end{vmatrix} &= (t+1) \begin{vmatrix} 1 & 1 & 0 \\ 1 & t & -1 \\ 1 & -1 & t \end{vmatrix} \\
= \quad (t+1) \begin{vmatrix} 1 & 1 & 0 \\ 0 & t+1 & -t-1 \\ 1 & -1 & t \end{vmatrix} &= (t+1)^2 \begin{vmatrix} 1 & 1 & 0 \\ 0 & 1 & -1 \\ 1 & -1 & t \end{vmatrix} \\
\underset{\text{下ごしらえ}}{=} (t+1)^2 \begin{vmatrix} 1 & 1 & 0 \\ 0 & 1 & -1 \\ 0 & -2 & t \end{vmatrix} &= (t+1)^2 \begin{vmatrix} 1 & -1 \\ -2 & t \end{vmatrix} \\
= \quad (t+1)^2 \begin{vmatrix} 1 & 0 \\ -2 & t-2 \end{vmatrix} &= (t+1)^2 (t-2).
\end{aligned}
$$

初手[*2]は $c_1 \to c_1 + c_2$ とした．第 1 行が $t+1$ で割り切れる．余因子展開の前に 0 を増やす下ごしらえなどを忘れずに．トレースによるチェック $(-1) + (-1) + 2 = 0 = \mathrm{tr}(A)$ も利用しよう．$(t+1)^2$ がくくり出せた瞬間に残りの固有値が 2 だとわかる．■

対角化可能性

対角化可能性について考えるために特性多項式を因数分解して

$$\Phi_A(t) = (t - \alpha_1)^{k_1} \cdots (t - \alpha_s)^{k_s}$$

とする．$\alpha_1, \ldots, \alpha_s$ は相異なるものとする．k_i は 1 以上の整数であり，固有値 α_i の**重複度**と呼ぶ．$\Phi_A(t)$ は n 次多項式であるから $\sum_{i=1}^{s} k_i = n$ が成り立つ．この節の終わりまで同じ記号（A に対する α_i や k_i）を用いる．

---

*2　他には $c_2 \to c_2 - c_3$ や $r_1 \to r_1 + r_3, r_2 \to r_2 - r_3$ など．定数の成分を 0 にすることをねらうのがよい．そうしないと 1 次式で割り切れない．

命題 5.2.9 $1 \leq i \leq r$ に対して $\dim W(\alpha_i) \leq k_i$ が成り立つ．

証明 $\boldsymbol{v}_1, \ldots, \boldsymbol{v}_m \in W(\alpha_i)$ が線型独立であるとする．$\boldsymbol{v}_{m+1}, \ldots, \boldsymbol{v}_n$ を追加して $\mathbb{C}^n$ の基底 $\boldsymbol{v}_1, \ldots, \boldsymbol{v}_n$ を作る．このとき

$$
\begin{aligned}
A(\boldsymbol{v}_1, \ldots, \boldsymbol{v}_m, \boldsymbol{v}_{m+1}, \ldots, \boldsymbol{v}_n) &= (\alpha_i \boldsymbol{v}_1, \ldots, \alpha_i \boldsymbol{v}_m, *, \ldots, *) \\
&= (\boldsymbol{v}_1, \ldots, \boldsymbol{v}_m, \boldsymbol{v}_{m+1}, \ldots, \boldsymbol{v}_n) \left(\begin{array}{c|c} \alpha_i E_m & * \\ \hline O & * \end{array} \right).
\end{aligned}
$$

$P = (\boldsymbol{v}_1, \ldots, \boldsymbol{v}_n)$ とおくとき $P^{-1}AP = \left(\begin{array}{c|c} \alpha_i E_m & * \\ \hline O & * \end{array} \right)$ なので

$$
\Phi_A(t) = \Phi_{P^{-1}AP}(t) = \det \left(\begin{array}{c|c} (t - \alpha_i) E_m & * \\ \hline O & * \end{array} \right).
$$

よって $\Phi_A(t)$ は $(t - \alpha_i)^m$ で割り切れるから $m \leq k_i$，すなわち $\dim W(\alpha_i) \leq k_i$ が得られる． □

系 5.2.10 $\Phi_A(t)$ において α_i が単根ならば，すなわち $k_i = 1$ ならば，$\dim W(\alpha_i) = 1$ である．

証明 α_i は固有値なので $W(\alpha_i) \neq \{\mathbf{0}\}$，つまり $\dim W(\alpha_i) \geq 1$ である．$k_i = 1$ ならば $\dim W(\alpha_i) \leq 1$ なので $\dim W(\alpha_i) = 1$． □

定理 5.2.11 $\dim W(\alpha_i) = k_i$ $(1 \leq i \leq s)$ が成り立つことは A が対角化可能であることの必要十分条件である．

証明 A が対角化可能であるとして，正則行列 P により $P^{-1}AP$ が対角行列になったとする．$\Phi_{P^{-1}AP}(t) = \Phi_A(t) = (t - \alpha_1)^{k_1} \cdots (t - \alpha_s)^{k_s}$ なので $P^{-1}AP$ の対角線には α_1 が k_1 個，α_2 が k_2 個，…，α_s が k_s 個現れる．このことは P の列ベクトルからなる A の固有ベクトルの集合には固有値 α_1 を持つものが k_1 個，固有値 α_2 を持つものが k_2 個，…，固有値 α_s を持つものが k_s 個含まれるということを意味する．各 i に対して，k_i の線型独立なベクトルが $W(\alpha_i)$ に含まれることになるから $\dim W(\alpha_i) \geq k_i$ がしたがう．一方，命題 5.2.9 から $\dim W(\alpha_i) \leq k_i$ なので $\dim W(\alpha_i) = k_i$ である．

逆は，相異なる固有値を持つ固有ベクトルの集合が線型独立（定理 5.1.7）であることから示せる．$\dim W(\alpha_i) = k_i$ が成り立つとし，$W(\alpha_i)$ の基底 $\mathcal{V}_i$ をとる．$\mathcal{V}_i$ は k_i 個の元からなる．$\mathcal{V} := \mathcal{V}_1 \cup \cdots \cup \mathcal{V}_s$ が $\mathbb{C}^n$ の基底であることを示そう．$\mathcal{V}$ の元の個数は $\sum_{i=1}^{s} k_i = n \,(= \dim \mathbb{C}^n)$ なので $\mathcal{V}$ が線型独立であることを示せばよい（命題 3.2.12）．$\mathcal{V}$ のベクトルの線型関係式があるとしよう．$\mathcal{V}_i = \{\boldsymbol{v}_1^{(i)}, \boldsymbol{v}_2^{(i)}, \ldots, \boldsymbol{v}_{k_i}^{(i)}\}$ と書き

$$\sum_{i=1}^{s}\sum_{j=1}^{k_i} c_{ij}\boldsymbol{v}_j^{(i)} = \mathbf{0}$$

をみたす c_{ij} があるとする．$\boldsymbol{w}_i = \sum_{j=1}^{k_i} c_{ij}\boldsymbol{v}_j^{(i)}$ とおけば $\sum_{i=1}^{s} \boldsymbol{w}_i = \mathbf{0}$ である．定理 5.1.7 より $\boldsymbol{w}_i$ $(1 \leq i \leq s)$ はすべて $\mathbf{0}$ である（$\boldsymbol{w}_i \neq \mathbf{0}$ ならば $\boldsymbol{w}_i$ は固有値が α_i の固有ベクトルである）．すると $\boldsymbol{w}_i = \sum_{j=1}^{k_i} c_{ij}\boldsymbol{v}_j^{(i)} = \mathbf{0}$ から $c_{ij} = 0\,(1 \leq j \leq k_i)$ が成り立つ． □

系 5.2.12　$\Phi_A(t)$ が重根をもたなければ A は対角化可能である．

系 5.2.13（固有空間分解）　A が対角化可能ならば次が成り立つ．

$$\mathbb{C}^n = W(\alpha_1) \oplus \cdots \oplus W(\alpha_s). \tag{5.8}$$

証明　A が対角化可能ならば，定理 5.2.11 の証明中の記号で $\mathcal{V}_i$ は $W(\alpha_i)$ の基底である．しかも $\mathcal{V} := \mathcal{V}_1 \cup \cdots \cup \mathcal{V}_s$ は $\mathbb{C}^n$ の基底である．したがって直和分解 (5.8) が得られる． □

現段階では，「対角化可能かどうか調べて，可能ならば対角化を実行せよ」というのが基本的な課題であろう．手順としては

- 特性多項式を因数分解する．
- 各固有空間の次元を調べ，対角化可能かどうか判定する．
- 対角化可能ならばすべての固有空間の基底を集めて変換行列 P を作る．

という流れで計算をやってみてほしい．

課題 5.2　次の行列が対角化可能かどうか調べ，可能ならば対角化せよ．

$$(1)\begin{pmatrix}1&0&1\\0&1&1\\0&0&2\end{pmatrix},\quad (2)\begin{pmatrix}1&1&1\\0&1&1\\0&0&2\end{pmatrix},$$

$$(3)\begin{pmatrix}3&2&0&4\\0&1&0&0\\-2&-2&1&-4\\-2&-2&0&-3\end{pmatrix},(4)\begin{pmatrix}4&-1&-1&-1\\2&1&-1&-1\\2&-1&0&0\\3&-1&-1&0\end{pmatrix},(5)\begin{pmatrix}1&1&0&0\\0&1&0&0\\0&0&1&0\\0&0&0&1\end{pmatrix}.$$

ヒント：1 つでも $\dim W(\alpha_i) < k_i$ となる固有値 α_i があれば対角化不可能である．系 5.2.10 が成り立つから，対角化可能かどうか調べる際に，単根になっている固有値はあと回しにすればよい．なお，実際に P^{-1} を計算して $P^{-1}AP$ のかけ算も実行するのは論理的には必要のない計算である（もちろん検算の意味はある）．正しく固有ベクトルが求まっていれば $P^{-1}AP$ は対角行列になるはずである．試験のときに「$P^{-1}AP$ の計算をする時間が足りませんでした」という学生はよくいるので念のため．

5.3　行列の三角化とその応用

対角化できるかどうかわからない行列を扱うとき，次が基本的である．

定理 5.3.1　A を複素正方行列とする．ある正則行列 P が存在して $P^{-1}AP$ が上三角行列になる．対角成分は重複度を込めて A の固有値と一致する．

証明　n に関する帰納法を用いる．$n = 1$ のときは自明なので $n \geq 2$ とする．$\boldsymbol{v}_1$ を A の固有ベクトルとし，その固有値を α_1 とする．$\boldsymbol{v}_2, \ldots, \boldsymbol{v}_n$ を追加して $\mathbb{C}^n$ の基底に延長する．$P_1 = (\boldsymbol{v}_1, \ldots, \boldsymbol{v}_n)$ とおくと

$$P_1^{-1}AP_1 = \begin{pmatrix}\alpha_1 & * \\ \mathbf{0} & A_1\end{pmatrix}$$

となる．A_1 は $(n-1)$ 次の正方行列である．帰納法の仮定より，$(n-1)$ 次の正則行列 P_2 を選べば $P_2^{-1}A_1P_2$ が上三角行列になる．$P = P_1\begin{pmatrix}1 & {}^t\mathbf{0} \\ \mathbf{0} & P_2\end{pmatrix}$ とお

けば

$$
\begin{aligned}
P^{-1}AP &= \begin{pmatrix} 1 & {}^t\mathbf{0} \\ \mathbf{0} & P_2 \end{pmatrix}^{-1} P_1^{-1}AP_1 \begin{pmatrix} 1 & {}^t\mathbf{0} \\ \mathbf{0} & P_2 \end{pmatrix} \\
&= \begin{pmatrix} 1 & {}^t\mathbf{0} \\ \mathbf{0} & P_2 \end{pmatrix}^{-1} \begin{pmatrix} \alpha_1 & * \\ \mathbf{0} & A_1 \end{pmatrix} \begin{pmatrix} 1 & {}^t\mathbf{0} \\ \mathbf{0} & P_2 \end{pmatrix} \\
&= \begin{pmatrix} \alpha_1 & * \\ \mathbf{0} & P_2^{-1}A_1P_2 \end{pmatrix}
\end{aligned}
$$

となる．これは上三角行列である．固有値に関する主張は $\Phi_{P^{-1}AP}(t) = \Phi_A(t)$ と三角行列の行列式が対角成分の積であることから明らかである． □

三角化を精密にすると次の結果が示せる．

定理 5.3.2（ブロック対角化）A の相異なる固有値が $\alpha_1, \ldots, \alpha_s$ であり，$\Phi_A(t) = \prod_{i=1}^{s}(t-\alpha_i)^{k_i}$ となるとき，$\mathbb{C}^n$ のある基底によって変換された表現行列が

$$
\begin{pmatrix} A_1 & O & \cdots & O \\ O & A_2 & \cdots & O \\ \vdots & \vdots & \ddots & \vdots \\ O & O & \cdots & A_s \end{pmatrix}
$$

となる．ここで，各 A_i は対角成分がすべて α_i の k_i 次の上三角行列である．

証明　A が $\begin{pmatrix} A_1 & A_{12} & \cdots & A_{1s} \\ & A_2 & \cdots & A_{2s} \\ & & \ddots & \vdots \\ & & & A_s \end{pmatrix}$ という上三角行列であるとしてよい．A_i については定理の主張の通り．基底変換で A_{ij} $(i < j)$ のところを O にできればよい．$s = 1$ のときは示すべきことがない．$s \geq 2$ とするとき，行と列に関して $n = (n-k_s) + k_s$ という区分けをして $A - \alpha_s E = \begin{pmatrix} B & C \\ O & N \end{pmatrix}$ とす

る．右下の $N = A_s - \alpha_s E_{k_s}$ は対角成分が 0 の上三角行列なので巾零である．左上の B は，対角成分が 0 でない上三角行列なので正則である．問題 3.7 を適用できて，正則行列 P を選べば $P^{-1}(A - \alpha_s E)P = \begin{pmatrix} B & O \\ O & N \end{pmatrix}$ となる．A と $A - \alpha_s E$ の違いは対角成分だけなので $P^{-1}AP$ も同じ区分けでブロック対角形である．B に対しても同じことができるので望む形に変換できる． □

注意 5.3.3 この定理は，**広義固有空間分解**（問題 5.4）と呼ばれる事実を行列の言葉だけを使って述べたものである．

ケーリー・ハミルトンの定理

三角化の応用としてケーリー・ハミルトンの定理を証明しよう．

$F(t) = \sum_{i=0}^{k} c_i t^i$ を t を変数とする複素係数の多項式とする．$t^i \mapsto A^i$ $(i \geq 0)$ と代入することが意味を持つので $F(A) = \sum_{i=0}^{k} c_i A^i$ と表す．なお，$A^0 = E$ と考えて，定数項 c_0 は $c_0 E$ とする．

定理 5.3.4（ケーリー・ハミルトンの定理） $\Phi_A(A) = O$.

例 5.3.5 $n = 2$ の場合は

$$
\begin{aligned}
&\begin{pmatrix} a & b \\ c & d \end{pmatrix}^2 - (a+d)\begin{pmatrix} a & b \\ c & d \end{pmatrix} + (ad - bc)\begin{pmatrix} 1 & 0 \\ 0 & 1 \end{pmatrix} \\
&= \begin{pmatrix} a^2 + bc & ab + bd \\ ca + dc & cb + d^2 \end{pmatrix} - \begin{pmatrix} (a+d)a & (a+d)b \\ (a+d)c & (a+d)d \end{pmatrix} + \begin{pmatrix} ad - bc & 0 \\ 0 & ad - bc \end{pmatrix} \\
&= \begin{pmatrix} 0 & 0 \\ 0 & 0 \end{pmatrix}
\end{aligned}
$$

である． ■

$\Phi_A(t) = \det(tE - A)$ なので，$t = A$ を代入して det の中の $tE - A$ が $A - A = 0$ なので証明終了！　というのは正しくない．どう正しくないか？　もしも，行列 $tE - A$ に形式的に $t = A$ を代入するなら

$$\begin{pmatrix} A - aE & -bE \\ -cE & A - dE \end{pmatrix}$$

のような“行列”を考えることになるだろう．こういうものを考えてはいけないという法はない*3けれど，ゼロになるわけではない．

問 5.3　三角化を用いてケーリー・ハミルトンの定理を示せ．

ヒント：3 次の上三角行列の場合に計算してみよ．

問 5.4（フロベニウスの定理）　$F(t)$ を変数 t の多項式とする．正方行列の固有値が $\alpha_1, \ldots, \alpha_n$ であるとする．$F(A)$ の固有値は重複度を込めて $F(\alpha_1), \ldots, F(\alpha_n)$ と一致する．三角化を用いてこれを示せ．

ケーリー・ハミルトンの定理の別証明――行列式のトリック

行列式は，その定義式 (4.25) をみるとわかるように，文字 a_{ij} についての整数係数の多項式である．行列式のさまざまな性質，例えば余因子展開なども多項式として成立する．文字 a_{ij} には，互いに足したり引いたり，かけたりできて，かけ算が互いに可換*4であるものならば数（スカラー）以外のものも代入することができる．

f を線型空間 V の線型変換とし，$\Phi_f(t)$ をその特性多項式とする．$t = f$ を代入して得られる $\Phi_f(f)$ は V の線型変換として意味をもつ．

---

*3　下記に述べる定理 3.7.8 の別証明では実際にこのような行列を考えて議論する．

*4　より厳格にいうと，和と積について $x(y+z) = xy + xz, (x+y)z = xz + yz$ がみたされることも仮定する．代数学の用語では任意の**可換環** R の元 $a_{ij} \in R$ を代入できる．

定理 3.7.8 の別証明 f を n 次元の線型空間 V の線型変換であるとし，ある基底 $\boldsymbol{v}_1, \ldots, \boldsymbol{v}_n$ に関する f の表現行列が $A = (a_{ij})$ であるとする．行列 $\Phi_A(A)$ は V の線型変換 $\Phi_f(f)$ を表現している．$\Phi_f(f) = 0$ を示そう．V の基底 $\boldsymbol{v}_1, \ldots, \boldsymbol{v}_n$ に関する f の表現行列 $A = (a_{ij})$ を定める等式を

$$\sum_{j=1}^{n} (\delta_{ij} f - a_{ji} \cdot \mathrm{id}_V)\, \boldsymbol{v}_j = \mathbf{0} \quad (1 \leq i \leq n)$$

と書く．(i, j) 成分が $\delta_{ij} f - a_{ji} \cdot \mathrm{id}_V$ である n 次正方行列を M_f とし，縦ベクトル ${}^t(\boldsymbol{v}_1, \ldots, \boldsymbol{v}_n)$ に左からかける

$$\begin{pmatrix} f - a_{11} & -a_{21} & \cdots & -a_{n1} \\ -a_{12} & f - a_{22} & \cdots & -a_{n2} \\ \vdots & \vdots & \ddots & \vdots \\ -a_{1n} & -a_{2n} & \cdots & f - a_{nn} \end{pmatrix} \begin{pmatrix} \boldsymbol{v}_1 \\ \vdots \\ \boldsymbol{v}_n \end{pmatrix} = \begin{pmatrix} \mathbf{0} \\ \vdots \\ \mathbf{0} \end{pmatrix}$$

と読むことができる（形式的な行列算）．$\det M_f$ は M_f の各成分どうしが可換[*5]なので意味を持ち，${}^tA$ の特性多項式 $\Phi_{{}^tA}(t)$ に f を代入したものである．$\Phi_{{}^tA}(t) = \Phi_A(t)$ なので $\det M_f = \Phi_f(f)$ である．行列 (M_f) の余因子行列を左からかければ

$$\begin{pmatrix} \Phi_f(f) & 0 & \cdots & 0 \\ 0 & \Phi_f(f) & \cdots & 0 \\ \vdots & \vdots & \ddots & \vdots \\ 0 & 0 & \cdots & \Phi_f(f) \end{pmatrix} \begin{pmatrix} \boldsymbol{v}_1 \\ \vdots \\ \boldsymbol{v}_n \end{pmatrix} = \begin{pmatrix} \mathbf{0} \\ \vdots \\ \mathbf{0} \end{pmatrix},$$

すなわち $\Phi_f(f)\, \boldsymbol{v}_i = \mathbf{0}$ $(1 \leq i \leq n)$ となる．$\{\boldsymbol{v}_i\}$ は V を張っているので，任意の $\boldsymbol{v} \in V$ に対して $\Phi_f(f)\boldsymbol{v} = \mathbf{0}$，つまり $\Phi_f(f) = 0$ が得られる． □

上記の証明の論法は“行列式のトリック”と呼ばれることもある．

---

*5 f を行列 A だと思えば M_f の (i, j) 成分は $\delta_{ij} A - a_{ji} E$ であるから，これらどうしの積は可換である．V の線型変換であって f の複素係数多項式として表せるもの全体がなす集合を $\mathbb{C}[f]$ と表すとき，これは可換環である．M_f は $\mathbb{C}[f]$ に成分を持つ行列である．代数学の用語では，ここで V を左 $\mathbb{C}[f]$ 加群とみなしている．このような視点に関して詳しく知りたい場合は『代数入門（新装版）』堀田良之（裳華房，2021）の第 2 章を参照せよ．

課題 5.3（2次のジョルダン標準形）　A を2次の正方行列とし，$\Phi_A(t) = (t-\alpha)^2$ かつ $\dim W(\alpha) = 1$ と仮定する．次を示せ．

（1）$N = A - \alpha E$ とおくとき $N^2 = O$.

（2）$N\boldsymbol{v} \neq \boldsymbol{0}$ となる $\boldsymbol{v} \in \mathbb{C}^2$ がとれる[*6]．$\boldsymbol{v}_1 = N\boldsymbol{v}$，$\boldsymbol{v}_2 = \boldsymbol{v}$ とおくとき，$\{\boldsymbol{v}_1, \boldsymbol{v}_2\}$ は $\mathbb{C}^2$ の基底である．

（3）$P = (\boldsymbol{v}_1, \boldsymbol{v}_2)$ とおくとき，$P^{-1}AP = \begin{pmatrix} \alpha & 1 \\ 0 & \alpha \end{pmatrix}$ となる．

章末問題

問題 5.1　次の行列 A は対角化可能である．対角化を用いて A^k を求めよ．

$$A = \begin{pmatrix} 3 & -2 \\ 1 & 0 \end{pmatrix}.$$

問題 5.2　$A = \begin{pmatrix} -1 & 1 \\ -1 & -3 \end{pmatrix}$ の固有値を α とする．$P^{-1}AP = \begin{pmatrix} \alpha & 1 \\ 0 & \alpha \end{pmatrix}$ となるような正則行列 P を求めよ．その結果を用いて A^k を計算せよ（k を用いた式により表せ）．

問題 5.3　n 次正方行列 A から i 行 i 列を除いた $(n-1)$ 行列を B_i とする．次を示せ：

$$\frac{d}{dt}\Phi_A(t) = \sum_{i=1}^{n} \Phi_{B_i}(t).$$

問題 5.4（広義固有空間分解）　A を複素正方行列とし $\Phi_A(t) = \prod_{i=1}^{s}(t-\alpha_i)^{k_i}$（$i \neq j$ ならば $\alpha_i \neq \alpha_j$）とする．**広義固有空間**を次で定める．

$$\widetilde{W}(\alpha_i) = \{\boldsymbol{v} \in \mathbb{C}^n \mid (A - \alpha_i E)^k \boldsymbol{v} = \boldsymbol{0} \text{ となる } k \geq 1 \text{ がある }\}.$$

（1）$\widetilde{W}(\alpha_i)$ が A 不変な部分空間であることを示せ．

（2）定理 5.3.2 において A の i 番目のブロックに対応する部分空間を V_i とする．$V_i = \widetilde{W}(\alpha_i)$ を示せ．

（3）$\mathbb{C}^n = \widetilde{W}(\alpha_1) \oplus \cdots \oplus \widetilde{W}(\alpha_s)$ を示せ．

---

*6　$\dim W(\alpha) = 1$ なので $N \neq O$ である．

第 6 章　実対称行列の対角化

対角化可能であることが知られている種類の行列として，**実対称行列**（real symmetric matrix）について述べる．実成分を持つ正方行列 $A = (a_{ij})$ は $a_{ij} = a_{ji}$ がすべての i, j について成り立つとき実対称行列であるという．

実対称行列の第 1 の特徴はすべての固有値が実数であることである．行列の成分が実であっても特性多項式の根は一般には実とは限らないので，これは著しい性質である．固有値の実数性は，実対称行列を含むエルミート行列という複素行列のクラスにおいても成り立つ．実対称行列の対角化を論じる際は，議論をエルミート行列に拡張するのが自然である．

6.1　エルミート行列とエルミート内積

複素正方行列 $A = (a_{ij})$ は

$$\overline{a}_{ij} = a_{ji}$$

がすべての i, j に対して成り立つとき，**エルミート行列**（Hermitian matrix）であるという．実対称行列は $\overline{a}_{ij} = a_{ij} = a_{ji}$ をみたすのでエルミート行列である．また，エルミート行列が実行列ならば実対称行列である：

$$\{\text{実対称行列}\} = \{\text{エルミート行列}\} \cap \{\text{実正方行列}\}.$$

なお，エルミートという名前は人名（Hermite）に由来する．

$A = (a_{ij})$ を正方とは限らない複素行列とするとき，(i, j) 成分が a_{ij} の共役

複素数 $\overline{a}_{ij}$ である行列を $\overline{A}$ と表す．積 AB が定義できるとき $\overline{AB} = \overline{A}\,\overline{B}$ が成り立つ．(i, j) 成分が $\overline{a}_{ji}$ である行列を A の**エルミート共役行列**（Hermite adjoint）と呼び，A^* で表す．$A^* = \overline{{}^t A} = {}^t(\overline{A})$ である．$(A^*)^* = A$ が成り立つことに注意しよう．また，A が実行列ならば $A^* = {}^t A$ である．複素正方行列 A がエルミート行列であることは，$A^* = A$ が成立することと言い換えられる．複素行列 A, B と $c \in \mathbb{C}$ に対して，行列の加法とスカラー倍との関係

$$(A+B)^* = A^* + B^*, \quad (cA)^* = \bar{c}A^*$$

が成り立つことは容易にわかる．

命題 6.1.1　複素行列 A, B の AB が定義できるとき $(AB)^* = B^*A^*$.

証明　${}^t(AB) = {}^tB\,{}^tA$ と $\overline{AB} = \overline{A}\,\overline{B}$ から

$$(AB)^* = \overline{{}^t(AB)} = \overline{{}^tB\,{}^tA} = \overline{{}^tB}\,\overline{{}^tA} = B^*A^*.$$

□

問 6.1　$\mathrm{rank}(A^*) = \mathrm{rank}(A)$ を示せ．

$\boldsymbol{u}, \boldsymbol{v} \in \mathbb{C}^n$ に対して**エルミート内積**（Hermite form）*1 を

$$(\boldsymbol{u}, \boldsymbol{v}) = \sum_{i=1}^{n} \overline{u}_i v_i \in \mathbb{C}$$

と定める．$\boldsymbol{u} \in \mathbb{C}^n$ を $n \times 1$ 型行列と考えて

$$(\boldsymbol{u}, \boldsymbol{v}) = \boldsymbol{u}^* \cdot \boldsymbol{v}$$

と行列の積の形に表せる．$\boldsymbol{u}, \boldsymbol{v} \in \mathbb{R}^n$ ならば $(\boldsymbol{u}, \boldsymbol{v})$ は通常の内積と一致する．

$\boldsymbol{u}, \boldsymbol{v}, \boldsymbol{u}_1, \boldsymbol{u}_2, \boldsymbol{v}_1, \boldsymbol{v}_2 \in \mathbb{C}^n$, $c \in \mathbb{C}$ に対して，以下が成立する：

- $(\boldsymbol{u}_1 + \boldsymbol{u}_2, \boldsymbol{v}) = (\boldsymbol{u}_1, \boldsymbol{v}) + (\boldsymbol{u}_2, \boldsymbol{v})$, $(c\,\boldsymbol{u}, \boldsymbol{v}) = \overline{c}\,(\boldsymbol{u}, \boldsymbol{v})$.
- $(\boldsymbol{u}, \boldsymbol{v}_1 + \boldsymbol{u}_2) = (\boldsymbol{u}, \boldsymbol{v}_1) + (\boldsymbol{u}, \boldsymbol{v}_2)$, $(\boldsymbol{u}, c\,\boldsymbol{v}) = c\,(\boldsymbol{u}, \boldsymbol{v})$.

---

*1　$(\boldsymbol{u}, \boldsymbol{v}) = \sum_{i=1}^{n} u_i \overline{v}_i$ を定義とすることもある．その場合は $(c\,\boldsymbol{u}, \boldsymbol{v}) = c(\boldsymbol{u}, \boldsymbol{v})$, $(\boldsymbol{u}, c\,\boldsymbol{v}) = \overline{c}(\boldsymbol{u}, \boldsymbol{v})$ が成り立つ．

- $(\boldsymbol{v},\boldsymbol{v})$ は 0 以上の実数であり，等号は $\boldsymbol{v}=\boldsymbol{0}$ のときのみ成立する．
- $\overline{(\boldsymbol{u},\boldsymbol{v})}=(\boldsymbol{v},\boldsymbol{u})$.

とりわけ $(c\,\boldsymbol{u},\boldsymbol{v})=\overline{c}\,(\boldsymbol{u},\boldsymbol{v})$ $(c\in\mathbb{C})$ という性質が特徴的である．もちろん c が実数ならば $(\boldsymbol{u},c\,\boldsymbol{v})=c\,(\boldsymbol{u},\boldsymbol{v})$ である．$(\boldsymbol{u},\boldsymbol{v})=0$ が成り立つとき $\boldsymbol{u}$ と $\boldsymbol{v}$ は**直交する**という．$\|\boldsymbol{v}\|=\sqrt{(\boldsymbol{v},\boldsymbol{v})}$ を $\boldsymbol{v}$ の**ノルム**（norm）という．なお，エルミート内積の場合は 2 つのベクトルのなす角は定義されない．

命題 6.1.2（随伴公式） A を複素正方行列とする．$\boldsymbol{u},\boldsymbol{v}\in\mathbb{C}^n$ に対して

$$(A\,\boldsymbol{u},\boldsymbol{v})=(\boldsymbol{u},A^*\boldsymbol{v}).$$

証明 行列の積の形と命題 6.1.1 を使うと

$$(A\,\boldsymbol{u},\boldsymbol{v})=(A\,\boldsymbol{u})^*\boldsymbol{v}=(\boldsymbol{u}^*A^*)\boldsymbol{v}=\boldsymbol{u}^*(A^*\boldsymbol{v})=(\boldsymbol{u},A^*\boldsymbol{v}).$$

□

定理 6.1.3 エルミート行列 A の固有値は実数である．

証明 $\boldsymbol{v}$ が A の固有ベクトルであるとし，その固有値を $\alpha\in\mathbb{C}$ とすると

$$(A\,\boldsymbol{v},\boldsymbol{v})=(\alpha\,\boldsymbol{v},\boldsymbol{v})=\overline{\alpha}\,(\boldsymbol{v},\boldsymbol{v})$$

である．一方，随伴公式を用いると

$$(A\,\boldsymbol{v},\boldsymbol{v})=(\boldsymbol{v},A^*\boldsymbol{v})=(\boldsymbol{v},A\,\boldsymbol{v})=(\boldsymbol{v},\alpha\,\boldsymbol{v})=\alpha\,(\boldsymbol{v},\boldsymbol{v}),$$

したがって $(\alpha-\overline{\alpha})(\boldsymbol{v},\boldsymbol{v})=0$ となる．$\boldsymbol{v}\neq\boldsymbol{0}$ だから，$(\boldsymbol{v},\boldsymbol{v})\neq 0$ であることを用いると $\overline{\alpha}=\alpha$ がしたがう．すなわち α は実数である． □

定理 6.1.4 エルミート行列の相異なる固有値を持つ固有ベクトルは直交する．すなわちエルミート行列 A の固有ベクトル $\boldsymbol{u},\boldsymbol{v}$ がそれぞれ固有値 $\alpha,\beta\in\mathbb{R}\,(\alpha\neq\beta)$ を持つとすると $(\boldsymbol{u},\boldsymbol{v})=0$ が成り立つ．

問 6.2 定理 6.1.4 を証明せよ．命題 6.1.2 を用いよ．

エルミート行列の対角化

この後，エルミート行列が必ず対角化できることを示すが，その際に変換行列に“ユニタリ”という条件をつけることができる．このことは対角化を応用する際にも重要な意味がある．

複素正方行列 U は $U^*U = UU^* = E$ が成り立つとき**ユニタリ行列**であるという．直交行列のエルミート内積版がユニタリ行列である：

$$\{\,\text{直交行列}\,\} = \{\,\text{ユニタリ行列}\,\} \cap \{\,\text{実正方行列}\,\}$$

が成り立つ．

命題 6.1.5　複素正方行列 U を $U = (\boldsymbol{u}_1, \ldots, \boldsymbol{u}_n)$ と列ベクトル分解するとき，

$$U \text{ はユニタリ行列} \iff (\boldsymbol{u}_i, \boldsymbol{u}_j) = \delta_{ij}.$$

証明　定理 6.1.4 と同様．□

問 6.3　複素正方行列 U がユニタリ行列であることは，任意の $\boldsymbol{u}, \boldsymbol{v} \in \mathbb{C}^n$ に対して $(U\boldsymbol{u}, U\boldsymbol{v}) = (\boldsymbol{u}, \boldsymbol{v})$ が成り立つことと同値である．また，この条件は U がノルムを保つこととも同値である．これらを示せ．

$\{\boldsymbol{u}_1, \ldots, \boldsymbol{u}_m\} \subset \mathbb{C}^n$ は $(\boldsymbol{u}_i, \boldsymbol{u}_j) = \delta_{ij}$ とみたすとき**正規直交系**であるという．$\mathbb{C}^n$ の部分空間 V の基底 $\{\boldsymbol{u}_1, \ldots, \boldsymbol{u}_m\}$ は正規直交系をなすときに V の**正規直交基底**であるという．$\{\boldsymbol{u}_1, \ldots, \boldsymbol{u}_m\}$ が $V \subset \mathbb{C}^n$ の正規直交基底であるとき，座標ベクトルがエルミート内積により求められる．つまり，任意の $\boldsymbol{v} \in V$ は

$$\boldsymbol{v} = \sum_{i=1}^{m} (\boldsymbol{u}_i, \boldsymbol{v})\, \boldsymbol{u}_i \tag{6.1}$$

と書く[*2]ことができる．

---

*2　エルミート内積の定義として $(\boldsymbol{u}, c\,\boldsymbol{v}) = \overline{c}\,(\boldsymbol{u}, \boldsymbol{v})$ であるものを採用した場合は，$\boldsymbol{v} = \sum_{i=1}^{m} (\boldsymbol{v}, \boldsymbol{u}_i)\, \boldsymbol{u}_i$ となる．

命題 6.1.6 $\mathcal{U}=\{\boldsymbol{u}_i\}_{i=1}^n$ を $\mathbb{C}^n$ の正規直交基底とすると $U=(\boldsymbol{u}_1,\ldots,\boldsymbol{u}_n)$ はユニタリ行列である．$\boldsymbol{v}\in\mathbb{C}^n$ の $\mathcal{U}$ に関する座標ベクトルは $U^*\boldsymbol{v}$ である．

証明 U がユニタリ行列であることは命題 6.1.5 よりわかる．U は $\mathbb{C}^n$ の標準基底から $\mathcal{U}$ への変換行列であるとみなせる．$\boldsymbol{v}$ の $\mathcal{U}$ に関する座標ベクトルを $\boldsymbol{c}\in\mathbb{C}^n$ とすると $\boldsymbol{v}=U\boldsymbol{c}$（座標ベクトルの変換則）なので左から U^* をかけて $\boldsymbol{c}=U^*\boldsymbol{v}$ を得る． □

補題 6.1.7 V を $\mathbb{C}^n$ の部分空間とする．V には正規直交基底が存在する．

証明 グラム・シュミットの正規直交化法を適用できる． □

問 6.4 $\omega=e^{\frac{2\pi i}{n}}$ とおき

$$\boldsymbol{u}_k=\frac{1}{\sqrt{n}}{}^t\!\left(1,\omega^k,\omega^{2k},\ldots,\omega^{(n-1)k}\right)\in\mathbb{C}^n\quad(0\le k\le n-1)$$

と定める．$\{\boldsymbol{u}_k\}_{k=0}^{n-1}$ が $\mathbb{C}^n$ の正規直交基底であることを示せ．

問 6.5 A を n 次のエルミート行列，U を n 次のユニタリ行列とするとき U^*AU が n 次のエルミート行列であることを示せ．

問 6.6 U,V を同じサイズのユニタリ行列とする．次を示せ．(1) UV はユニタリ行列である．(2) U^{-1} はユニタリ行列である．

定理 6.1.8 エルミート行列 A はユニタリ行列 U により対角化できる．

証明 A を n 次のエルミート行列とし，n に関する帰納法を用いる．$n=1$ のときは明らかである．α_1 を A 固有値として $\boldsymbol{v}_1$ を固有値 α_1 の固有ベクトルとする．このとき

$$V:=\{\boldsymbol{v}\in\mathbb{C}^n\mid(\boldsymbol{v},\boldsymbol{v}_1)=0\}$$

は $(n-1)$ 次元の A 不安な部分空間である．実際，$\boldsymbol{v}\in V$ とすると

$$(A\boldsymbol{v},\boldsymbol{v}_1)=(\boldsymbol{v},A\boldsymbol{v}_1)=(\boldsymbol{v},\alpha_1\boldsymbol{v}_1)=\alpha_1(\boldsymbol{v},\boldsymbol{v}_1)=0$$

である．よって $A\boldsymbol{v}\in V$ が成り立つ．

$\boldsymbol{v}_1$ を必要ならば正規化しておいて，V の正規直交基底 $\{\boldsymbol{v}_2,\ldots,\boldsymbol{v}_n\}$ を選ぶ

（補題 6.1.7）と $\{\boldsymbol{v}_1, \ldots, \boldsymbol{v}_n\}$ は $\mathbb{C}^n$ の正規直交基底になる（$\boldsymbol{v}_1$ は $\boldsymbol{v}_2, \ldots, \boldsymbol{v}_n \in V$ と直交するから）．このとき $U_1 = (\boldsymbol{v}_1, \boldsymbol{v}_2, \ldots, \boldsymbol{v}_n)$ はユニタリ行列である．A を基底 $\{\boldsymbol{v}_1, \ldots, \boldsymbol{v}_n\}$ を用いて表現すると，$(n-1)$ 次の正方行列 A_1 によって

$$U_1^* A U_1 = \begin{pmatrix} \alpha_1 & {}^t\mathbf{0} \\ \mathbf{0} & A_1 \end{pmatrix}$$

となる（右上の成分が ${}^t\mathbf{0} = (0, \ldots, 0)$ になるのは V が A 不変であるから）．$U_1^* A U_1$ はエルミート行列（問 6.5）なので，A_1 もエルミート行列である．

帰納法の仮定より $U_2^* A_1 U_2$ が対角行列になるような $(n-1)$ 次のユニタリ行列 U_2 が存在する．$U = U_1 \begin{pmatrix} 1 & {}^t\mathbf{0} \\ \mathbf{0} & U_2 \end{pmatrix}$ とおく．これはユニタリ行列である（問 6.6）．このとき

$$\begin{aligned} U^* A U &= \begin{pmatrix} 1 & {}^t\mathbf{0} \\ \mathbf{0} & U_2^* \end{pmatrix} U_1^* A U_1 \begin{pmatrix} 1 & {}^t\mathbf{0} \\ \mathbf{0} & U_2 \end{pmatrix} \\ &= \begin{pmatrix} 1 & {}^t\mathbf{0} \\ \mathbf{0} & U_2^* \end{pmatrix} \begin{pmatrix} \alpha_1 & {}^t\mathbf{0} \\ \mathbf{0} & A_1 \end{pmatrix} \begin{pmatrix} 1 & {}^t\mathbf{0} \\ \mathbf{0} & U_2 \end{pmatrix} \\ &= \begin{pmatrix} \alpha_1 & {}^t\mathbf{0} \\ \mathbf{0} & U_2^* A_1 U_2 \end{pmatrix} \end{aligned}$$

であるから，A はユニタリ行列 U によって対角化された．□

系 6.1.9　実対称行列 A はある直交行列 P により対角化される．つまり $P^{-1}AP = {}^tPAP$ が実対角行列になるような直交行列 P が存在する．

証明　実対称行列 A はエルミート行列なのでユニタリ行列 U により対角化される．この U が実行列に（したがって直交行列に）とれることを示せばよい．定理 6.1.8 の証明をなぞればよい（行列，ベクトルに対して同じ記号を用いる）．$\alpha_1 \in \mathbb{R}$ なので $\boldsymbol{v}_1 \in \mathbb{R}^n$ とできる[*3]．$\mathbb{R}^n$ の部分空間として $V :=$

---

*3　$\alpha_1 E - A$ の成分はすべて実数なので行変形も実係数で実行できて，実係数の階段行列が得られる．よって $\mathbb{R}^n$ に解がある．

$\{\boldsymbol{v} \in \mathbb{R}^n \mid (\boldsymbol{v}, \boldsymbol{v}_1) = 0\}$ を考える．V は A 不変であり，V の正規直交基底 $\{\boldsymbol{u}_2, \ldots, \boldsymbol{u}_n\}$ を $\mathbb{R}^n$ におけるグラム・シュミットの直交化（$\mathbb{R}^n$ の内積による）で構成できる．$U_1 = (\boldsymbol{u}_1, \ldots, \boldsymbol{u}_n)$ は直交行列である．以下同様の計算ができる．A_1 は実対称行列であり，U_2 は直交行列にとれるので U も直交行列である．$P = U$ とおけばよい（記法を合わせるだけの理由）． □

問 6.7 直交行列により実対角行列に対角化できる行列は実対称行列であることを示せ．

実対称行列 A に対応する $\mathbb{R}^n$ の線型変換を f とする．系 6.1.9 により座標 $\boldsymbol{x}$ を直交変換 P で $\boldsymbol{y}$ に変換すると，新しい直交座標 $\boldsymbol{y}$ では，f は各座標軸方向に α_i という実数をかけるという変換である．ただし α_i は負であることも 0 であることもある．実対称行列 A が表現する線型変換 f はこのような幾何的な特徴を持っていることがわかった．

例 6.1.10（実対称行列の対角化） 次の実対称行列を直交行列で対角化しよう：

$$A = \begin{pmatrix} 0 & -1 & -1 \\ -1 & 0 & 1 \\ -1 & 1 & 0 \end{pmatrix}.$$

$\Phi_A(t) = (t+1)^2(t-2)$ と計算できる（例 5.2.8）．$W(-1)$ の基底を求めるために行変形 $-E - A = \begin{pmatrix} -1 & 1 & 1 \\ 1 & -1 & -1 \\ 1 & -1 & -1 \end{pmatrix} \to \begin{pmatrix} 1 & -1 & -1 \\ 0 & 0 & 0 \\ 0 & 0 & 0 \end{pmatrix}$ を行う．固有空間 $W(-1)$ は確かに 2 次元であり $\boldsymbol{v}_1 = {}^t(1,1,0)$，$\boldsymbol{v}_2 = {}^t(1,0,1)$ を基底にとれる．$W(2)$ については $2E - A = \begin{pmatrix} 2 & 1 & 1 \\ 1 & 2 & -1 \\ 1 & -1 & 2 \end{pmatrix} \to \begin{pmatrix} 1 & 0 & 1 \\ 0 & 1 & -1 \\ 0 & 0 & 0 \end{pmatrix}$ から，$\boldsymbol{v}_3 = {}^t(-1,1,1)$ を基底に選べる．ここで直交性のチェック $(\boldsymbol{v}_1, \boldsymbol{v}_3) = (\boldsymbol{v}_2, \boldsymbol{v}_3) = 0$ を必ずしよう（定理 6.1.4）．なお $\boldsymbol{v}_1$ と $\boldsymbol{v}_2$ は固有値が同じなので直交する理由はない．

変換行列を直交行列に選ぶために $W(-1)$ の基底 $\boldsymbol{v}_1, \boldsymbol{v}_2$ を正規直交化する．$\boldsymbol{v}_1$ を正規化して $\boldsymbol{u}_1 = \frac{1}{\sqrt{2}}{}^t(1,-1,0)$．次に

$$\boldsymbol{v}_2' = \begin{pmatrix} 1 \\ 0 \\ 1 \end{pmatrix} - \frac{1}{\sqrt{2}}(1\cdot 1 + (-1)\cdot 0 + 0\cdot 1)\frac{1}{\sqrt{2}}\begin{pmatrix} 1 \\ 1 \\ 0 \end{pmatrix} = \frac{1}{2}\begin{pmatrix} 1 \\ -1 \\ 2 \end{pmatrix}$$

と計算して，これを正規化する．実際に正規化する前に $(\boldsymbol{v}_2', \boldsymbol{v}_1) = 0$ および $(\boldsymbol{v}_2', \boldsymbol{v}_3) = 0$ もチェックしておこう．確かに問題ないので正規化して $\boldsymbol{u}_2 = \frac{1}{\sqrt{6}}{}^t(1,-1,2)$ とする（正の因子 $\frac{1}{2}$ は正規化のときには無視してよい）．最後に $\boldsymbol{v}_3$ を正規化して $\boldsymbol{u}_3 = \frac{1}{\sqrt{3}}{}^t(-1,1,1)$ とする．直交行列

$$P = (\boldsymbol{u}_1, \boldsymbol{u}_2, \boldsymbol{u}_3) = \begin{pmatrix} \frac{1}{\sqrt{2}} & \frac{1}{\sqrt{6}} & \frac{-1}{\sqrt{3}} \\ \frac{1}{\sqrt{2}} & \frac{-1}{\sqrt{6}} & \frac{1}{\sqrt{3}} \\ 0 & \frac{2}{\sqrt{6}} & \frac{1}{\sqrt{3}} \end{pmatrix}$$

が得られた[*4]．列ベクトルの正規直交性の他に行ベクトルの正規直交性も確かめられる．なお，P の成分は「分母の有理化」をしなくてよい（むしろしない方がよい）．直交性のチェックなどの内積の計算にはこのままの方が便利である．また，$\dfrac{1}{\sqrt{2}}$ などの因子を「くくり出し」てしまう人がときどきいるけれど，行列式と混同しているのかもしれない．自分が何を計算しているのか忘れないようにしよう．検算として

$${}^tPAP = \begin{pmatrix} -1 & 0 & 0 \\ 0 & -1 & 0 \\ 0 & 0 & 2 \end{pmatrix}$$

を実行してみよ．$P^{-1} = {}^tP$ なので逆行列の計算をする必要がない．■

問 6.8　A を複素正方行列とする．あるユニタリ行列 U が存在して U^*AU が上三角行列になることを示せ．

---

*4　P の成分は「分母の有理化」をしなくてよい．むしろしない方が列ベクトルの直交性のチェックには便利である．

A を複素正方行列とする．$A^*A = AA^*$ が成り立つとき A は**正規行列**であるという．エルミート行列およびユニタリ行列は正規行列である．

問 6.9　複素正方行列 A に対して，次を示せ．

（1）A が正規行列 $\Longleftrightarrow$ 任意の $\boldsymbol{x} \in \mathbb{C}^n$ に対して $\|A\boldsymbol{x}\| = \|A^*\boldsymbol{x}\|$.

（2）A を正規行列とする．$\boldsymbol{v}$ が A の固有値 α の固有ベクトルならば $\boldsymbol{v}$ は A^* の固有値 $\overline{\alpha}$ の固有ベクトルである．

問 6.10　複素正方行列 A に対して，ユニタリ行列 U が存在して U^*AU が対角行列になるとき A が正規行列であることを示せ．

6.2　2 次形式の標準化

行列は 2 次式とも相性が良い．n 個の変数 $x_1, \ldots, x_n$ の斉次 2 次式を **2 次形式**（quadratic form）という．変数は可換，つまり $x_ix_j = x_jx_i$ と考えているので，$i \neq j$ のとき $1 \leq i < j \leq n$ という項だけを使って一般の 2 次形式を

$$Q(\boldsymbol{x}) = \sum_{i=1}^{n} a_{ii}x_i^2 + 2\sum_{i<j} a_{ij}x_ix_j \tag{6.2}$$

と書くことができる．$i < j$ に対して $a_{ji} = a_{ij}$ と定めれば

$$Q(\boldsymbol{x}) = \sum_{i,j=1}^{n} a_{ij}x_ix_j$$

と書ける．n 次正方行列 $A = (a_{ij})$ を 2 次形式 $Q(\boldsymbol{x})$ の**係数行列**という．係数行列は作り方から対称行列である．

例 6.2.1　2 変数の 2 次形式 $2x_1^2 + x_2^2$，$x_1^2 + x_1x_2$ の係数行列はそれぞれ $\begin{pmatrix} 2 & 0 \\ 0 & 1 \end{pmatrix}$，$\begin{pmatrix} 1 & 1/2 \\ 1/2 & 0 \end{pmatrix}$ である．■

任意の対称行列 A から2次形式を作ることができる．この対応で n 変数の2次形式 $Q(\boldsymbol{x})$ と n 次の対称行列 A は1対1に対応する．$\boldsymbol{x}$ を縦ベクトルとみるとき2次形式 $Q(\boldsymbol{x})$ とその係数行列は

$$Q(\boldsymbol{x}) = {}^t\boldsymbol{x}\,A\,\boldsymbol{x}$$

という関係にある．なお，この対応は「行列を見たら線型写像と思え」というこれまでの見方とは異なる．2次形式は線型変換と別なものなので，言うまでもないようだが念のため強調しておく．

2次形式と座標変換

以下，2次形式は係数が実数のものを考える．P を実正則行列とし，変数の変換を $\boldsymbol{x} = P\,\boldsymbol{y}$ により定めよう．このとき

$$Q(\boldsymbol{x}) = {}^t\boldsymbol{x}A\,\boldsymbol{x} = {}^t(P\,\boldsymbol{y})AP\,\boldsymbol{y} = {}^t\boldsymbol{y}\,({}^tPAP)\,\boldsymbol{y}$$

となるから，変数 $\boldsymbol{y}$ に関する係数行列は ${}^tPAP$ になる．

この変換則をみると，線型変換の表現行列の変換則とは異なることがわかる．「これをペダンチックにいえば，別種のテンソルだということになる」([7]) と佐武は説明している．線型空間 V 上の双線型形式の空間は $V^* \otimes V^*$ と同一視できる一方，V の線型変換の空間は $V \otimes V^*$ と同一視される ([2, 定理 4.3.8])．

系 6.1.9 より明らかである．

定理 6.2.2　実2次形式 $Q(\boldsymbol{x}) = {}^t\boldsymbol{x}A\boldsymbol{x}$ に対して，A を対角化する直交行列 P による座標変換 $\boldsymbol{x} = P\boldsymbol{y}$ を行えば

$$Q(\boldsymbol{x}) = \alpha_1 y_1^2 + \cdots + \alpha_n y_n^2 \tag{6.3}$$

とできる．ここに $\alpha_1, \ldots, \alpha_n$ は重複を込めて A の固有値と一致する．

与えられた2次形式は変数 $\boldsymbol{y}$ に関する交差項のない形になり，理解はぐっとやさしくなる．これを**実2次形式の標準形**という．

注意 6.2.3　系 6.1.9 では，実対称行列 A を線型変換の表現行列と考えて，直交行列で対角化したわけだが，単に行列の等式としては 2 次形式の理解にも流用（？）できる．その際，P が直交行列なので $P^{-1} = {}^tP$ であることがミソである．

例 6.2.4　$Q(\boldsymbol{x}) = 5x_1^2 - 4x_1x_2 + 5x_2^2$ の係数行列は $A = \begin{pmatrix} 5 & -2 \\ -2 & 5 \end{pmatrix}$ である．直交行列 $P = \dfrac{1}{\sqrt{2}}\begin{pmatrix} 1 & -1 \\ 1 & 1 \end{pmatrix}$ によって ${}^tPAP = \begin{pmatrix} 3 & 0 \\ 0 & 7 \end{pmatrix} =: B$ と対角化されるので $\boldsymbol{x} = P\boldsymbol{y}$ と座標変換すると ${}^t\boldsymbol{y}\,B\,\boldsymbol{y} = 3y_1^2 + 7y_2^2$ となる．方程式 $Q(\boldsymbol{x}) = 1$ で定まる 2 次曲線は図のような楕円である．新しい変数 y_1, y_2 が与える座標軸は元の座標軸を 45° 回転して得られる．

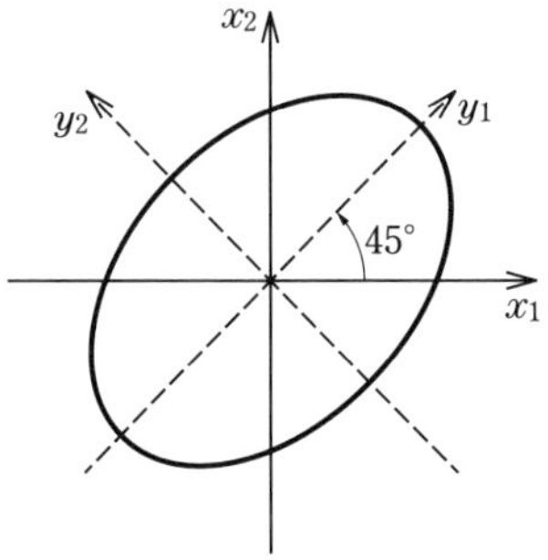

■

n 変数の 2 次形式 $Q(\boldsymbol{x})$ は，変数ベクトル $\boldsymbol{x}$ に n 次の数ベクトル $\boldsymbol{v} \in \mathbb{R}^n$ を代入することで $\mathbb{R}$ に値をとる関数とみなせる．2 次形式 $\sum_{i=1}^n x_i^2$ により定まる関数は $\mathbb{R}^n$ 上の標準内積で定まるノルムの 2 乗 $\|\boldsymbol{v}\|^2$ に他ならない．

例 6.2.5　B を n 次の実正方行列とする．$\|B\,\boldsymbol{x}\|^2$ は実対称行列 ${}^tBB$ に対応する 2 次形式である．実際 $\|B\,\boldsymbol{x}\|^2 = {}^t(B\,\boldsymbol{x})(B\,\boldsymbol{x}) = {}^t\boldsymbol{x}\,{}^tBB\,\boldsymbol{x}$ である．■

定義 6.2.6　2 次形式 $Q(\boldsymbol{x})$ は $\boldsymbol{x} = \boldsymbol{0}$ 以外での値がつねに正であるとき**正定値**（positive definite）であるという．また，$\boldsymbol{x} = \boldsymbol{0}$ 以外での値がつねに負であるとき**負定値**（negative definite）であるという．また，値がつねに非負であるとき**半正定値**（positive semi-definite）であるという．

例 6.2.7　2 変数の 2 次形式 $Q(\boldsymbol{x})$ の 2 変数関数としてのグラフを見てみよう．$(x_1, x_2) \in \mathbb{R}^2$ における値を $z = Q(\boldsymbol{x})$ として (x_1, x_2, z) をプロットするのである．$a_1 > 0, a_2 > 0$ とし $Q(\boldsymbol{x})$ を以下の 2 次形式とする．(i) $a_1^2x_1^2 + a_2^2x_2^2$, (ii) $-a_1^2x_1^2 - a_2^2x_2^2$, (iii) $a_1^2x_1^2 - a_2^2x_2^2$, (iv) $a_1^2x_1^2$. このとき $z = Q(\boldsymbol{x})$ のグラフとして以下のような曲面ができる．

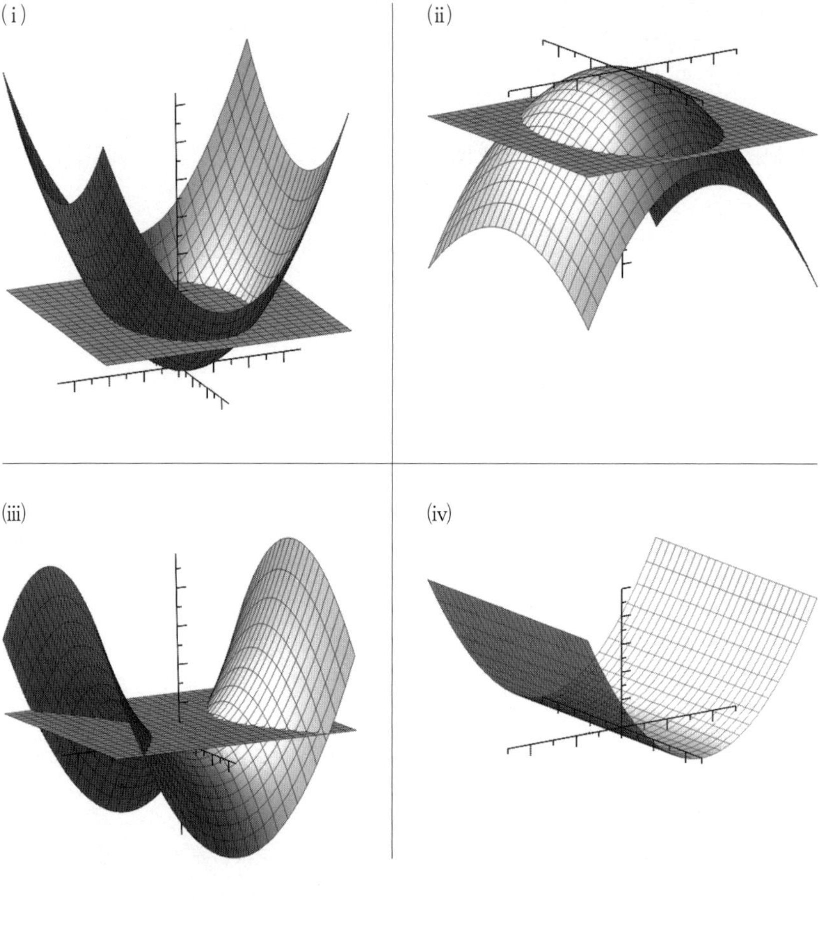

(i) は正定値である．曲面を $z = c$ で定まる平面で切ると $c > 0$ のときは楕円が切り口に現れる．(ii) は負定値である．$c < 0$ のとき $z = c$ による切り口が楕円になる．(iii) の場合は値が正にも負にもなる．$z = c$ による切り口は $c \neq 0$ ならば双曲線になる．(iv) は $x_2 = 0$ で定まる直線上では値が 0 であるが，それ以外では値が正である．したがって半正定値である．(i)，(ii) は**楕円放物面**（elliptic paraboloid），(iii) は**双曲放物面**（hyperbolic paraboloid），(iv) は**放物柱面**（parabolic cylinder, 放物線と直線の直積）と呼ばれる．■

定理 6.2.8　実対称行列 A に対応する 2 次形式は A の固有値がすべて正（負）ならば正定値（負定値）である．逆も成り立つ．また，A の固有値がすべて非負であることは，対応する 2 次形式が半正定値であることと同値である．

証明　$\boldsymbol{x} = P\boldsymbol{y}$ の関係は $\mathbb{R}^n - \{\boldsymbol{0}\}$ からそれ自身への全単射を与えるので，$Q(\boldsymbol{x})$ が正定値であることと $\alpha_1 y_1^2 + \cdots + \alpha_n y_n^2$ が正定値であることは同値である．2 次形式 $\alpha_1 y_1^2 + \cdots + \alpha_n y_n^2$ が正定値であることと $\alpha_1, \ldots, \alpha_n > 0$ とが同値であるのは明らかである．よって定理が成り立つ．半正定値性に関しても明らかである．□

問 6.11　A を $m \times n$ の実行列（複素行列）とする．${}^tAA$, $A{}^tA$（A^*A, AA^*）はそれぞれ n, m 次の実対称行列（エルミート行列）であり負の固有値を持たない．このことを示せ．特に A が実の場合，${}^tAA$ に対応する 2 次形式は半正定値である．

問 6.12　$Q(\boldsymbol{x})$ を実 2 次形式とし A をその係数行列とするとき，次を示せ．

$$\max_{\boldsymbol{v}:\|\boldsymbol{v}\|=1} Q(\boldsymbol{v}) = A \text{ の最大の固有値.}$$

2 次形式の符号数と正則標準形

2 次形式 $Q(\boldsymbol{x})$ の標準形 (6.3) において，必要ならば y_i を置換（直交変換である）して

$$\alpha_1, \ldots, \alpha_p > 0, \quad \alpha_{p+1}, \ldots, \alpha_{p+q} < 0, \quad \alpha_{p+q+1} = \cdots = \alpha_n = 0$$

とする．(p, q) を 2 次形式 $Q(\boldsymbol{x})$ の（あるいは実対称行列 A の）**符号数** (signature) と呼ぶ．定理 6.2.8 から $Q(\boldsymbol{x})$ の符号数を (p, q) とするとき

- $Q(\boldsymbol{x})$ が正定値 $\iff p = n,\ q = 0$
- $Q(\boldsymbol{x})$ が半正定値 $\iff q = 0$

である．また，$p + q = \mathrm{rank}(A)$ に注意しておこう．

ここで

$$\alpha_i = \sqrt{\alpha_i} \quad (1 \leq i \leq p), \quad \alpha_i = \sqrt{-\alpha_i} \quad (p+1 \leq i \leq p+g)$$

とし，$\boldsymbol{z} = \mathrm{diag}(\alpha_1, \ldots, \alpha_p, \alpha_{p+1}, \ldots, \alpha_{p+q}, 1, \ldots, 1)\, \boldsymbol{y}$ とさらに座標変換すると

$$\sum_{i=1}^{n} \alpha_i y_i^2 = z_1^2 + \cdots + z_p^2 - z_{p+1}^2 - \cdots - z_{p+q}^2$$

となる．$\boldsymbol{x}$ から $\boldsymbol{z}$ への変換は一般には直交行列によるものではなく，一般の正則行列によるものである．これを実 2 次形式 $Q(\boldsymbol{x})$ の**正則標準形**と呼ぶ．

直交行列による対角化を既知とすれば，さらに定数倍を調整するだけで正則標準形は得られる．それがどれほどの意味を持つのか？「標準形」と呼べるほど立派なものなのか，と疑問に思わないだろうか？

定理 6.2.9（シルヴェスターの慣性法則）　実 2 次形式 $Q(\boldsymbol{x})$ に対して適当な実正則行列 P による座標変換 $\boldsymbol{x} = P\boldsymbol{z}$ を行えば

$$z_1^2 + \cdots + z_p^2 - z_{p+1}^2 - \cdots - z_{p+q}^2 \tag{6.4}$$

の形にできる．このとき (p, q) は A の符号数である（P の選び方によらない）．

この定理の本質は後半にある．どのような正則行列で変換したとしても符号数 (p,q) が読みとれるのである．

例 6.2.10（ラグランジュの方法） シルヴェスターの慣性法則を前提とすれば，A の固有値を求めなくても符号数を求められる．x_1 を含む項を平方完成して

$$\begin{aligned} & x_1^2 - 2x_1x_2 + 2x_1x_3 - 3x_2^2 + 2x_2x_3 + 2x_3^2 \\ &= (x_1 - x_2 + x_3)^2 - 4x_2^2 + 4x_2x_3 + x_3^2 \end{aligned}$$

とできる．さらに第 2 項以下の x_2, x_3 の 2 次式を平方完成して

$$(x_1 - x_2 + x_3)^2 - (2x_2 - x_3)^2 + 2x_3^2.$$

$z_1 = x_1 - x_2 + x_3,\quad z_2 = 2x_2 - x_3,\quad z_3 = \sqrt{2}x_3$ とすれば $z_1^2 - z_2^2 + z_3^2$ なので，符号数は $(2,1)$ である．

なお変換行列は P^{-1} の方が簡単にわかり，

$$P^{-1} = \begin{pmatrix} 1 & -1 & 1 \\ 0 & 2 & -1 \\ 0 & 0 & \sqrt{2} \end{pmatrix}$$

と上三角型の正則行列である．ちなみに係数行列の特性多項式は $f(t) = t^3 - 13t + 13$ である．定数項が正なので固有値の積は負である．よって符号数は $(2,1)$ または $(0,3)$ である．関数 $f(t)$ の増減を調べれば符号数は $(2,1)$ であるとわかる．実際，固有値はおよそ 1.1, 2.9, −4.0 である． ■

例 6.2.11　$x_1x_2 + x_2x_3 + x_1x_3$ は 2 乗の項がないので工夫が必要である．$x_1 = x_1' + x_2'$, $x_2 = x_1' - x_2'$ として

$$\begin{aligned} & (x_1')^2 - (x_2')^2 + (x_1' - x_2')x_3 + (x_1' + x_2')x_3 \\ &= (x_1' + x_3)^2 - (x_2')^2 - x_3^2 \end{aligned}$$

とできる．よって符号数は $(1,2)$ である．実際，係数行列の固有値は 2 と -1（2 重根）である．例 6.2.10 と組み合わせれば任意の実 2 次形式の符号数が計算できる． ■

証明（シルヴェスターの慣性法則，定理 6.2.9 の証明）　$\mathbb{R}^n$ の基底 $\{\boldsymbol{u}_i\}, \{\boldsymbol{v}_i\}$ によって 2 通りの表示をする：

$$Q(\sum_i^n y_i\boldsymbol{u}_i) = y_1^2 + \cdots + y_p^2 - y_{p+1}^2 - \cdots - y_{p+q}^2, \tag{6.5}$$

$$Q(\sum_{i=1} z_i\boldsymbol{v}_i) = z_1^2 + \cdots + z_{p'}^2 - z_{p'+1}^2 - \cdots - z_{p'+q'}^2. \tag{6.6}$$

$p > p'$ と仮定して矛盾を導こう．$p + (n - p') > n$ であるから，ベクトル $\boldsymbol{u}_1, \ldots, \boldsymbol{u}_p, \boldsymbol{v}_{p'+1}, \ldots, \boldsymbol{v}_n \in \mathbb{R}^n$ は線型従属である．その非自明な線型関係式を

$$a_1\boldsymbol{u}_1 + \cdots + a_p\boldsymbol{u}_p = b_1\boldsymbol{v}_{p'+1} + \cdots + b_{n-p'}\boldsymbol{v}_n \tag{6.7}$$

と書く．両辺共通のベクトルを $\boldsymbol{w}$ と書くと $\boldsymbol{0}$ ではない．表示 (6.5) を使うと $Q(\boldsymbol{w}) = Q(a_1\boldsymbol{u}_1 + \cdots + a_p\boldsymbol{u}_p) = a_1^2 + \cdots + a_p^2 > 0$ である（$a_i \neq 0$ となる $1 \leq i \leq p$ がある）．一方，表示 (6.6) を使うと $Q(\boldsymbol{w}) = Q(b_1\boldsymbol{v}_{p'+1} + \cdots + b_{n-p'}\boldsymbol{v}_n) < 0$ だから矛盾である．$p < p'$ としても同様なので $p = p'$ である．$p + q = p' + q' = \mathrm{rank}(A)$ より $q' = q$ もしたがう．　□

問 6.13　$\mathbb{R}^n$ 上の半正定値の 2 次形式 $Q(\boldsymbol{x})$ の係数行列は，ある正方行列 B を用いて ${}^tBB$ と表すことができることを示せ（例 6.2.5 参照）．

2 次超曲面の分類

n 変数の低次も含む 2 次式は n 次の対称行列 $A, \boldsymbol{b} \in \mathbb{R}^n$, $c \in \mathbb{R}$ を用いて

$$F(\boldsymbol{x}) = {}^t\boldsymbol{x}A\,\boldsymbol{x} + 2{}^t\boldsymbol{b}\,\boldsymbol{x} + c$$

と書ける．1 つサイズの大きな対称行列 $\tilde{A}$ により次のようにも表せる：

$$F(\boldsymbol{x}) = {}^t\tilde{\boldsymbol{x}}\tilde{A}\,\tilde{\boldsymbol{x}}, \quad \tilde{A} = \begin{pmatrix} A & \boldsymbol{b} \\ {}^t\boldsymbol{b} & c \end{pmatrix}, \quad \tilde{\boldsymbol{x}} = \begin{pmatrix} \boldsymbol{x} \\ 1 \end{pmatrix}.$$

2 次式 $F(\boldsymbol{x})$ は対称行列 $A, \tilde{A}$ の階数や符号数によって分類されて直交行列による座標変換により標準形に整理できる．

問 6.14　直交行列 P と $\boldsymbol{d} \in \mathbb{R}^n$ によって $\boldsymbol{x} = P\boldsymbol{y} + \boldsymbol{d}$ と変換し，新しい変数 $\boldsymbol{y}$ に関する 2 次式に書き換えたものを

$$F'(\boldsymbol{y}) = {}^t\boldsymbol{y}\,A'\,\boldsymbol{y} + 2{}^t\boldsymbol{b}'\boldsymbol{y} + c'$$

とする．同様に $\tilde{A}'$ を定めるとき $A', \tilde{A}'$ の符号数（したがって階数も）は A, $\tilde{A}$ のものと一致することを示せ．

$A' = {}^tAP$, $\boldsymbol{b}' = {}^tP(A\boldsymbol{d}+\boldsymbol{b})$, $c' = F(\boldsymbol{d})$ および $\tilde{A}' = {}^t\tilde{P}\tilde{A}\tilde{P}$, $\tilde{P} = \begin{pmatrix} P & \boldsymbol{d} \\ 0 & 1 \end{pmatrix}$ となる．$\tilde{P}$ は一般には直交行列ではないがシルヴェスターの慣性法則より $\tilde{A}'$ と $\tilde{A}$ の符号数は一致する．

直交座標変換により，A が始めから対角行列としてもよい．$r = \mathrm{rank}(A)$ とする．このとき

$$\tilde{A} = \left(\begin{array}{ccc|c} \alpha_1 & & \text{\huge 0} & b_1 \\ & \ddots & & \vdots \\ \text{\huge 0} & & \alpha_n & b_n \\ \hline b_1 & \cdots & b_n & c \end{array}\right),\quad \text{ただし } \alpha_i = 0\ (i > r)$$

とすると $F(\boldsymbol{x}) = {}^t\tilde{\boldsymbol{x}}\tilde{A}\,\tilde{\boldsymbol{x}}$．ここで $y_i = x_i + \frac{b_i}{\alpha_i}$ $(1 \leq i \leq r)$, $y_i = x_i$ $(r < i \leq n)$ とすると $x_1, \ldots, x_r$ の 1 次の項が消去できる．定数項をあらためて c として

$$F(\boldsymbol{x}) = \alpha_1 y_1^2 + \cdots + \alpha_r y_r^2 + 2b_{r+1}y_{r+1} + \cdots + 2b_n y_n + c$$

となる．$a_i = \sqrt{|\alpha_i|}$ $(1 \leq i \leq r)$ とすると $F(\boldsymbol{x}) = 0$ の標準形

$$\begin{aligned} &a_1^2y_1^2 + \cdots + a_p^2y_p^2 - a_{p+1}^2y_{p+1}^2 - \cdots - a_{p+q}^2y_{p+q}^2 \\ &+ 2b_{r+1}y_{r+1} + \cdots + 2b_n y_n + c = 0 \end{aligned}$$

を得る．ここで (p, q) は A の符号数である．$r = p + q$ に注意．両辺に -1 をかければ符号数が逆になるので $p \geq q$ としてもよい．

例 6.2.12　$n=2$ の場合,

- A の符号数 $(2,0)$ ：$a_1^2y_1^2+a_2^2y_2^2+c=0$：“楕円”（elliptic curve）
- A の符号数 $(1,1)$ ：$a_1^2y_1^2-a_2^2y_2^2+c=0$：“双曲線”（hyperbolic curve）
- A の符号数 $(1,0)$ ：$a_1^2y_1^2+2b_2y_2+c=0$：“放物線”（parabolic curve）

となる．それぞれ例外があって

“楕円” は $c=0$ のときは原点だけからなる 1 点集合，$c>0$ ならば空集合.

“双曲線” は $c=0$ ならば原点で交わる 2 直線の和集合.

“放物線” は $b_2=0$ の場合は $c<0$ ならば平行な 2 の和集合，$c=0$ のとき 1 直線（が 2 重になったもの），$c>0$ ならば空集合.

例外を無視した粗い分類は A の符号数でできて，例外も含めた分類が $\tilde{A}$ の符号数でできる. ■

例 6.2.13　$n=3$，$r=3$ のものは A の符号数で

- A の符号数 $(3,0)$ ：$a_1^2y_1^2+a_2^2y_2^2+a_3^2y_3^2+c=0$：“楕円面”（ellipsoid）
- A の符号数 $(2,1)$ ：$a_1^2y_1^2+a_2^2y_2^2-a_3^2y_3^2+c=0$：“双曲面”（hyperboloid）

に分類される．“楕円面” は c の値によって 1 点になったり，空集合になったりするのは楕円と同様である．A の符号数が $(2,1)$ の場合の “双曲面” には形状の異なる**一葉双曲面**（one-sheeted hyperboloid）と**二葉双曲面**（two-sheeted hyperboloid）が含まれる．$c>0$ ならば一葉双曲面，$c<0$ ならば二葉双曲面である．この 2 つの形状の違いは $y_3=k$ という平面との交わりを考えると理解できる.

$$a_1^2y_1^2+a_2^2y_2^2=a_3^2k^2-c$$

と変形すると $c<0$ の場合は右辺はつねに正なので，(y_1,y_2) を座標とすると平面 $y_3=k$ 内の楕円であることがわかる．$c>0$ の場合は $|k|$ が小さいときは空集合になるので曲面は 2 つに分かれたものになる．また $c=0$ の場合は (y_1,y_2,y_3) を (ty_1,ty_2,ty_3) $(t\in\mathbb{R})$ としても方程式が保たれるので，得られる図形は**錐**（cone）と呼ばれるものの一種である．$y_3=k$ で切りとると $k=0$ ならば原点，それ以外は楕円が現れる．これを**楕円錐面**（elliptic cone）と呼ぶ.

A の符号数が $(2,1)$ のものは "双曲面" の仲間である．$y_1 = k$ $(k \neq 0)$ や $y_2 = k$ $(k \neq 0)$ の切り口が双曲線になることから納得がゆくだろう．

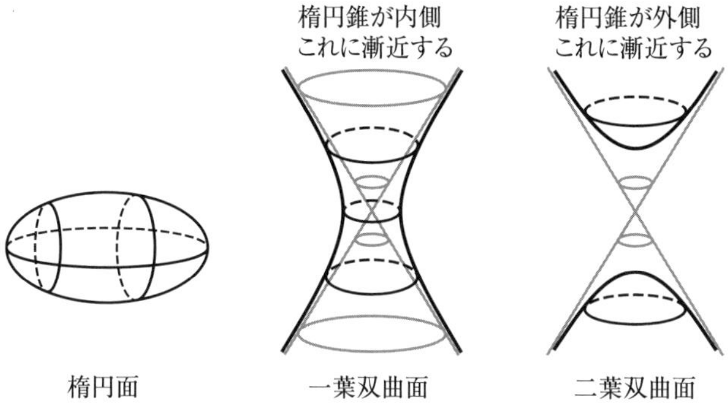

■

例 6.2.14　$n = 3, r = 2$ の場合を考える．$\mathrm{rank}(\tilde{A}) = 4$ であって，A の符号数が $(2,0), (1,1)$ のものは，それぞれ方程式

$$\text{(i)} \quad a_1^2 y_1^2 + a_2^2 y_2^2 + 2b_3 y_3 = 0 \quad (b_3 \neq 0),$$

$$\text{(ii)} \quad a_1^2 y_1^2 - a_2^2 y_2^2 + 2b_3 y_3 = 0 \quad (b_3 \neq 0)$$

で与えられる．y_3 軸方向の平行移動で左辺の定数項は 0 にした．(i)，(ii) が定める曲面はそれぞれ，例 6.2.7 に現れた**楕円放物面**，**双曲放物面**である ($y_3 = z$ とみる)．■

問 6.15　$n = 3, r = 3, \mathrm{rank}(\tilde{A}) \leq 3$ の場合の分類は次頁の表 6.2 で与えられる．これを確認せよ．

$n = 3$ の場合，$\mathrm{rank}(\tilde{A}) = 4$ の場合は楕円面，一葉双曲面，二葉双曲面，楕円放物面，双曲放物面の 5 種類がある．これらを**本来の 2 次曲面**という．

$n = 3$ の場合の 2 次曲面の分類は以下の表にまとめられる．

表 6.1 rank$(A) = 3$

A ＼ $\tilde{A}$	$(4,0)$	$(3,1)$	$(2,2)$	$(3,0)$	$(2,1)$
$(3,0)$	$\varnothing$	楕円面		1点	
$(2,1)$		二葉双曲面	一葉双曲面		楕円錐面

表 6.2 rank$(A) = 2$

A ＼ $\tilde{A}$	$(3,1)$	$(2,2)$	$(3,0)$	$(2,1)$	$(2,0)$	$(1,1)$
$(2,0)$	楕円放物面		$\varnothing$	楕円柱面	1直線	
$(1,1)$		双曲放物面		双曲柱面		交わる2平面

楕円柱面（elliplic cylinder）とは楕円と直線の直積のこと.

表 6.3 rank$(A) = 1$

A ＼ $\tilde{A}$	$(2,1)$	$(2,0)$	$(1,1)$	$(1,0)$
$(1,0)$	放物柱面	$\varnothing$	平行な2平面	平面

章末問題

問題 6.1 以下の実対称行列を直交行列により対角化せよ.

$$(1) \begin{pmatrix} 0 & -1 & -1 \\ -1 & 0 & 1 \\ -1 & 1 & 0 \end{pmatrix}, \quad (2) \begin{pmatrix} 1 & 1 & -1 & -1 \\ 1 & 1 & 1 & 1 \\ -1 & 1 & 1 & -1 \\ -1 & 1 & -1 & 1 \end{pmatrix}.$$

問題 6.2 次の2次形式の符号数および, 標準形に変換する直交行列を求めよ. (1) $f(x_1, x_2, x_3) = -2x_1 x_2 + 2x_2 x_3 - 2x_1 x_3$, (2) $f(x_1, x_2, x_3, x_4) = x_1^2 + x_2^2 + x_3^2 + x_4^2 + 2x_1 x_2 + 2x_2 x_3 - 2x_3 x_4 - 2x_1 x_3 + 2x_2 x_4 - 2x_1 x_4$.

問題 6.3 次の式で定まる2次曲面を考える.

$$x_1^2 - x_2^2 + x_3^2 - 4x_1 x_2 - 2x_1 x_3 - 2x_2 x_3 = 1.$$

(1) 方程式の左辺の2次形式の符号数を求めよ.
(2) この2次曲面の分類名を答えよ.
(3) GeoGebra[*5]の「空間図形」（など）を用いて図を描いてみよ.

---

*5 たいへんすぐれた数学教育ソフト. オンラインでフリーでも利用できる.

問題 6.4　以下の 2 次形式を標準化する直交行列 P を求め，座標変換 $\boldsymbol{x} = P\boldsymbol{y}$ を行うとき，その結果得られる標準形を答えよ．また，$Q(\boldsymbol{x}) = 1$ で定まる曲面の概形を座標 (y_1, y_2, y_3) を持つ空間において図示せよ．さらに，曲面は楕円面，一葉双曲面，二葉双曲面のいずれであるか答えよ．

(1)　$Q(\boldsymbol{x}) = 2x_1x_2 + 2x_1x_3 + 2x_2x_3$.

(2)　$Q(\boldsymbol{x}) = x_1^2 + x_3^2 + 2x_1x_2 + 2x_2x_3 - 4x_1x_3$.

(3)　$Q(\boldsymbol{x}) = 2x_1^2 + 2x_2^2 + x_3^2 - 2x_1x_2$.

問題 6.5　A を実対称行列とし $Q(\boldsymbol{x}) = {}^t\boldsymbol{x}A\,\boldsymbol{x}$, $A_k = (a_{ij})_{1\le i,j\le k}$ とする．$\det A_k$ $(1 \le k \le n)$ を A の**主小行列式**という．

$$Q(\boldsymbol{x}) \text{ が正定値である} \iff A \text{ の主小行列式がすべて正である．}$$

これを次のように示せ．

(1)　$\boldsymbol{x}'_k = {}^t(x_1, \ldots, x_k, 0, \ldots, 0)$ として $Q(\boldsymbol{x}'_k)$ を考えることで（$\Longrightarrow$）を示せ．

(2)　A_{n-1} を B とおき $A = \begin{pmatrix} B & \boldsymbol{a} \\ {}^t\boldsymbol{a} & a_{nn} \end{pmatrix}$ と書く．次を導け．

$${}^tPAP = \begin{pmatrix} B & \boldsymbol{0} \\ {}^t\boldsymbol{0} & b \end{pmatrix}, \quad P = \begin{pmatrix} E & B^{-1}\boldsymbol{a} \\ {}^t\boldsymbol{0} & 1 \end{pmatrix}, \quad b = a_{nn} - {}^t\boldsymbol{a}B^{-1}\boldsymbol{a}.$$

(3)　B が正定値，$\det A > 0$ ならば $\begin{pmatrix} B & \boldsymbol{0} \\ {}^t\boldsymbol{0} & b \end{pmatrix}$ が正定値であることを導け．

注意 6.2.15　n 次正則行列 A に対して $\det A_k \neq 0$ $(1 \le k \le n-1)$ は A が LU 分解（ガウス分解）できるための必要十分条件である．『パンルヴェ方程式』野海正俊（朝倉書店，2000）の第 6 章にガウス分解に関連する詳しい解説がある．

問題 6.6（正規行列）　A が正規行列ならばユニタリ行列 U が存在して U^*AU が対角行列になる．これを以下のように示せ．

(1)　ユニタリ行列 U をとり $T = U^*AU$ が上三角行列になるようにする（問 6.8）．A が正規行列ならば T も正規行列である．

(2)　$T^*T = TT^*$ の両辺の対角成分を比較することにより T が対角行列であることを導く．

問題 6.7（実対称行列の 3 重対角化）　A を実対称行列とするとき，あるベクトル $\boldsymbol{a} \in \mathbb{R}^n$ が存在して

$$T_{\boldsymbol{a}}AT_{\boldsymbol{a}} = \begin{pmatrix} * & * & 0 & \cdots & 0 \\ * & * & * & \cdots & * \\ 0 & * & * & \cdots & * \\ \vdots & \vdots & \vdots & \ddots & \vdots \\ 0 & * & * & \cdots & * \end{pmatrix}$$

となることを示せ（${}^tT_{\boldsymbol{a}} = T_{\boldsymbol{a}}$ に注意）．

注意 6.2.16　さらに 2 行，2 列以降にも同様の変換を施せば 3 重対角行列と呼ばれる形（$|i-j| \geq 2$ ならば $a_{ij}=0$）にできる．数値計算により対角化するさまざまな方法がある．まず 3 重対角行列に変換してから，その後にさらに対角行列に近づけるのが 1 つの方法である[*6]．

*6　[13] などを参照せよ．

第7章　対角化の応用

この章ではまず始めに，複素あるいは実行列に対してユニタリ変換あるいは直交変換による標準化を議論する．特異値分解と呼ばれる内容である．確率行列に関する基本的なことを述べ，正行列に対するペロン・フロベニウスの定理を紹介する．

7.1　特異値分解

線型写像に対して，うまく基底変換をすると表現行列が階数標準形にできることを思い出そう（定理 3.5.1，系 3.5.3）．階数標準形は複素行列でもまったく同様に成り立つ．基底変換を任意の正則変換ではなくユニタリ変換（あるいは直交変換）に限って行うと，いわば“ユニタリ標準形”と呼べるものが見えてくるだろう．これは，行列の**特異値分解**（singular value decomposition）として知られている．

素朴にいうと，正方とは限らない実行列（複素行列）A に対して，直交行列（ユニタリ行列）を左右からかけてなるべく簡単な形にする問題を考えようというのである．筋道は複素でも実でも同じなので原則的に複素の結果を述べる．実の場合の結果への言い換えはユニタリを直交に置き換えればよい．

定理 7.1.1（特異値分解）　$m \times n$ 型の複素行列[*1] A に対して，それぞれ m 次および n 次のユニタリ行列 U, V が存在して

$$U^*AV = \Sigma := \left(\begin{array}{cccc|c} \sigma_1 & & & & \\ & \sigma_2 & & & O_{r,n-r} \\ & & \ddots & & \\ & & & \sigma_r & \\ \hline & & O_{m-r,r} & & O_{m-r,n-r} \end{array}\right) \tag{7.1}$$

となる．ここで，$r = \mathrm{rank}(A)$ であり，σ_i $(1 \le i \le r)$ は正の実数であって $\sigma_1 \ge \cdots \ge \sigma_r > 0$ をみたす．

σ_i は A の**特異値**（singular value）と呼ばれ，与えられた A に対して一意的に定まる．対角線に1のみが現れる階数標準形と比較すると，対角線に現れる正の実数の大きさという量が実質的な意味を持っているのである．

(7.1) の右辺の「対角行列」を Σ と書くとき，(7.1) と同値な

$$A = U\Sigma V^* \tag{7.2}$$

という等式を A の**特異値分解**ということが多い．以下，特異値分解が存在することの証明はあと回しにして，その意味するところを考えよう．

特異値分解の幾何的な意味を見てみよう．行列の等式 (7.2) は

$$AV = U\Sigma \tag{7.3}$$

と同値なので，U, V の列ベクトル分解を $U = (\boldsymbol{u}_1, \ldots, \boldsymbol{u}_m)$，$V = (\boldsymbol{v}_1, \ldots, \boldsymbol{v}_n)$ とするとき

$$A\boldsymbol{v}_i = \sigma_i \boldsymbol{u}_i \quad (1 \le i \le r), \quad A\boldsymbol{v}_i = \boldsymbol{0} \quad (r < i \le n) \tag{7.4}$$

となっている．V, U に対応する $\mathbb{C}^n, \mathbb{C}^m$ の基底をそれぞれ $\mathcal{V}, \mathcal{U}$ とするとき，これらが与える座標のもとでは，A が定める線型写像は Σ で表現される．座標軸方向に正の実数 σ_i もしくは0をかける写像である．

---

*1　A を $m \times n$ の実行列とするとき m 次，n 次の直交行列 U, V が存在して同様のことが成立する．

例 7.1.2 $\Sigma = \begin{pmatrix} 2 & 0 & 0 \\ 0 & 1 & 0 \end{pmatrix}$ は $\mathbb{R}^3$ の単位球面を $\mathbb{R}^2$ 内で $\dfrac{x_1^2}{2^2} + x_2^2 = 1$ により定まる楕円に写す. ■

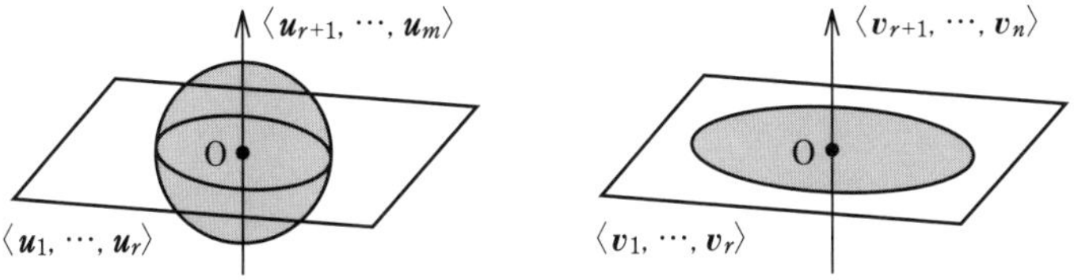

A が特異値分解されているとベクトルのノルムの変化がわかりやすい.

命題 7.1.3 $\boldsymbol{v} \in \mathbb{C}^n$ の $\mathcal{V}$ に関する座標ベクトルを $\boldsymbol{c} = (c_i) \in \mathbb{C}^n$ とすると

$$\|A\boldsymbol{v}\|^2 = \sum_{i=1}^{r} \sigma_i^2 |c_i|^2.$$

証明 座標ベクトルは $\boldsymbol{c} = V^*\boldsymbol{v}$（命題 6.1.6）である. U はユニタリ行列なので $\|A\boldsymbol{v}\|^2 = \|U\Sigma V^*\boldsymbol{v}\|^2 = \|U\Sigma\boldsymbol{c}\|^2 = \|\Sigma\boldsymbol{c}\|^2 = \sum_{i=1}^{r} \sigma_i^2 |c_i|^2$. □

A の最大特異値 σ_1 は次の解釈をもつ.

命題 7.1.4 複素行列 A に対して

$$\max_{\|\boldsymbol{v}\|=1} \|A\boldsymbol{v}\| = \sigma_1. \tag{7.5}$$

証明 命題 7.1.3 の記号で $\|\boldsymbol{v}\| = 1$ ならば $\sum_{i=1}^{n} |c_i|^2 = 1$ であり

$$\|A\boldsymbol{v}\|^2 = \sum_{i=1}^{r} \sigma_i^2 |c_i|^2 \leq \sum_{i=1}^{r} \sigma_1^2 |c_i|^2 = \sigma_1^2 \sum_{i=1}^{r} |c_i|^2 \leq \sigma_1^2$$

が成り立つ. 等号が $c_1 = 1, c_2 = \cdots = c_r = 0$ のとき成り立つ. □

複素行列 A に対して (7.5) の左辺で定まる実数を A の**作用素ノルム**（operator norm）といい $\|A\|$ と表す.

問 7.1 A を $m \times n$ 型行列, U を m 次ユニタリ行列, V を n 次ユニタリ行列とする. $\|A\| = \|UA\| = \|AV\|$ が成り立つ.

さて，与えられた行列 A から特異値がどのように定まっているかを理解するために2つの行列 A^*A, AA^* について考えるのがよい．V, U がユニタリ行列であることを使うと，$A = U\Sigma V^*$ から簡単な計算で次が得られる：

$$(A^*A)V = V\Sigma^*\Sigma, \quad (AA^*)U = U\Sigma\Sigma^*. \tag{7.6}$$

命題 7.1.5　特異値分解 $A = U\Sigma V^*$ において V の列ベクトルは A^*A の固有ベクトルであり，U の列ベクトルは AA^* の固有ベクトルである．また，A の特異値 $\sigma_1, \ldots, \sigma_r$ は A^*A の（あるいは AA^* の）正の固有値の平方根と重複度を込めて一致する．

証明　前半の主張は (7.6) そのものである．特異値 σ_i が実数であることに注意すると $\Sigma^*\Sigma$ も $\Sigma\Sigma^*$ も $\sigma_1^2, \ldots, \sigma_r^2$ を0でない対角成分にもつ（それぞれ n, m 次の正方形の）対角行列であることがわかる．□

定理 7.1.1 の証明　A^*A は負の固有値をもたないエルミート行列である（問6.11）．正の固有値を $\alpha_r, \ldots, \alpha_r (\alpha_1 \geq \ldots \geq \alpha_r)$ としよう．$A^*A = VDV^*$, $D = \mathrm{diag}(\alpha_1, \ldots, \alpha_r, 0, \ldots, 0)$ をみたす n 次のユニタリ行列 V が存在する．このとき $r = \mathrm{rank}(A)$ が成り立つ（問題2.9）．$\sigma_i = \sqrt{\alpha_i}$ $(1 \leq i \leq r)$ とし Σ を (7.1) の右辺とするとき $D = \Sigma^*\Sigma$ である．

次にユニタリ行列 U を作る．(7.4) によれば U の r 番目までの列ベクトルは $\boldsymbol{u}_i = \sigma_i^{-1} A\boldsymbol{v}_i$ $(1 \leq i \leq r)$ とする他ないので，そう定める．このとき $\boldsymbol{u}_1, \ldots, \boldsymbol{u}_r$ は正規直交系をなす．実際 $1 \leq i, j \leq r$ に対して

$$\begin{aligned}(\boldsymbol{u}_i, \boldsymbol{u}_j) &= (\sigma_i^{-1}A\boldsymbol{v}_i, \sigma_j^{-1}A\boldsymbol{v}_j) = \sigma_i^{-1}\sigma_j^{-1}(A\boldsymbol{v}_i, A\boldsymbol{v}_j) \\ &= \sigma_i^{-1}\sigma_j^{-1}(A^*A\boldsymbol{v}_i, \boldsymbol{v}_j) = \sigma_i^{-1}\sigma_j^{-1}(\alpha_i\boldsymbol{v}_i, \boldsymbol{v}_j) \\ &= \sigma_i^{-1}\sigma_j^{-1}\alpha_i(\boldsymbol{v}_i, \boldsymbol{v}_j) = \sigma_i^{-1}\sigma_j^{-1}\sigma_i^2\delta_{ij} = \delta_{ij}.\end{aligned}$$

$r = m$ ならば $U = (\boldsymbol{u}_1, \ldots, \boldsymbol{u}_r)$ とする．$r < m$ の場合は $\boldsymbol{u}_i$ $(r < i \leq m)$ を補ってユニタリ行列 $U = (\boldsymbol{u}_1, \ldots, \boldsymbol{u}_m)$ を作ることができる．

あとは $AV = U\Sigma$ を示せばよいので $A\boldsymbol{v}_i$ $(1 \leq i \leq n)$ を計算する．$1 \leq i \leq r$ に対して $\boldsymbol{u}_i$ の定め方から $A\boldsymbol{v}_i = \sigma_i\boldsymbol{u}_i$ である．$r < i \leq n$ に対して $\boldsymbol{v}_i$ は A^*A の固有値0の固有ベクトルである．すなわち $A^*A\boldsymbol{v}_i = \boldsymbol{0}$ なので左か

ら $\boldsymbol{v}_i^*$ をかけて $\|A\boldsymbol{v}_i\|^2 = 0$ であるから $A\boldsymbol{v}_i = \mathbf{0}$ である．よって (7.4)，すなわち $AV = U\Sigma$ が示せた． □

問 7.2　A を $m \times n$ 型行列とする．$\operatorname{rank}(A) = n$ ならば A^*A が正則行列であることを示せ．

特異値分解が階数標準形と類似しているのならば，行列の左右から適当な行列を次々とかけて特異値分解が実現できないのだろうか？　直交変換（ユニタリ変換）という制限により，行や列のスカラー倍は絶対値が 1 の数しか許されない．基本行列 $\begin{pmatrix} 1 & 0 \\ a & 1 \end{pmatrix}$ は $a = 0$ のときだけしかユニタリ行列にならない．このように，同じ基底変換でも階数標準形と特異値分解は技術的には異なる．基本行列の代わりに鏡映変換を基本的な変換として用いて正規直交化や特異値分解などを数値的に計算する手法があり，ハウスホルダー法と呼ばれている．

特異値分解は Python や MATLAB などに実装されている*2が，理論的な背景をよりよく理解するために手計算で実行してみよう．A が縦長 $(m \geq n)$ の場合は A^*A の方が AA^* よりサイズが小さいので固有値の計算は楽である．$A = U\Sigma V^*$ を A の特異値分解とするとき $A^* = V\Sigma^*U^*$ は A^* の特異値分解なので，A が縦長の場合に計算ができればこと足りる．

例 7.1.6　$A = \begin{pmatrix} 3 & -1 \\ -3 & 5 \\ 3 & -1 \end{pmatrix}$ とする．このとき

$$A^*A = \begin{pmatrix} 27 & -21 \\ -21 & 27 \end{pmatrix}, \quad AA^* = \begin{pmatrix} 10 & -14 & 10 \\ -14 & 34 & -14 \\ 10 & -14 & 10 \end{pmatrix}$$

となる．A^*A の固有値は $48, 6$ であることがわかるので，特異値は $\sigma_1 = \sqrt{48} = 4\sqrt{3}$，$\sigma_2 = \sqrt{6}$ である．AA^* の固有値が $48, 6, 0$ であることが確かめられる．$V = \frac{1}{\sqrt{2}}\begin{pmatrix} -1 & 1 \\ 1 & 1 \end{pmatrix}$ とすれば $V^*A^*AV = \begin{pmatrix} 48 & 0 \\ 0 & 6 \end{pmatrix}$ となる．ここで

*2　数値計算では上記の証明の流れとは異なるアルゴリズムが用いられている．

$$\Sigma = \begin{pmatrix} 4\sqrt{3} & 0 \\ 0 & \sqrt{6} \\ 0 & 0 \end{pmatrix}$$

として $AV = U\Sigma$ となる 3 次直交行列（ユニタリ行列）$U = (\boldsymbol{u}_1, \boldsymbol{u}_2, \boldsymbol{u}_3)$ を求める．$V = (\boldsymbol{v}_1, \boldsymbol{v}_2)$ とするとき $\boldsymbol{u}_1, \boldsymbol{u}_2$ はそれぞれ $A\boldsymbol{v}_1, A\boldsymbol{v}_2$ を正規化したもの[*3]なので

$$\boldsymbol{u}_1 = \frac{1}{\sqrt{6}}\begin{pmatrix} -1 \\ 2 \\ -1 \end{pmatrix}, \quad \boldsymbol{u}_2 = \frac{1}{\sqrt{3}}\begin{pmatrix} 1 \\ 1 \\ 1 \end{pmatrix}$$

を得る．$\boldsymbol{u}_3$ としては $\boldsymbol{u}_1, \boldsymbol{u}_2$ と直交する単位ベクトル $\frac{1}{\sqrt{2}}{}^t(1, 0, -1)$ がとれる．以上により

$$A = \begin{pmatrix} 3 & -1 \\ -3 & 5 \\ 3 & -1 \end{pmatrix} = \begin{pmatrix} \frac{-1}{\sqrt{6}} & \frac{1}{\sqrt{3}} & \frac{1}{\sqrt{2}} \\ \frac{2}{\sqrt{6}} & \frac{1}{\sqrt{3}} & 0 \\ \frac{-1}{\sqrt{6}} & \frac{1}{\sqrt{3}} & \frac{-1}{\sqrt{2}} \end{pmatrix} \begin{pmatrix} 4\sqrt{3} & 0 \\ 0 & \sqrt{6} \\ 0 & 0 \end{pmatrix} \begin{pmatrix} \frac{-1}{\sqrt{2}} & \frac{1}{\sqrt{2}} \\ \frac{1}{\sqrt{2}} & \frac{1}{\sqrt{2}} \end{pmatrix}$$

が得られた．■

この例の計算を見て $\boldsymbol{u}_3$ を選ぶことには実質的な意味はないことに気がつく人もいるだろう．実際，U の余計な列と Σ の零行を省いても

$$A = \begin{pmatrix} 3 & -1 \\ -3 & 5 \\ 3 & -1 \end{pmatrix} = \begin{pmatrix} \frac{-1}{\sqrt{6}} & \frac{1}{\sqrt{3}} \\ \frac{2}{\sqrt{6}} & \frac{1}{\sqrt{3}} \\ \frac{-1}{\sqrt{6}} & \frac{1}{\sqrt{3}} \end{pmatrix} \begin{pmatrix} 4\sqrt{3} & 0 \\ 0 & \sqrt{6} \end{pmatrix} \begin{pmatrix} \frac{-1}{\sqrt{2}} & \frac{1}{\sqrt{2}} \\ \frac{1}{\sqrt{2}} & \frac{1}{\sqrt{2}} \end{pmatrix}$$

という等式が（明らかに）成立する．

一般に $r = \mathrm{rank}(A)$ とし，U, V の初めの r 列からなる行列をそれぞれ U_r, V_r とすると $A = U_r \Sigma_r V_r^*$ が成り立つ．ここで $\Sigma_r = \mathrm{diag}(\sigma_1, \ldots, \sigma_r)$ とした．これを**簡約された特異値分解**と呼ぶ．

---

*3　定理 7.1.1 の証明で用いた記号で $\boldsymbol{u}_i = \sigma_i^{-1} A\, \boldsymbol{v}_i$ $(1 \leq i \leq r)$ は単位ベクトルだとわかっているので $A\, \boldsymbol{v}_i$ を正規化すれば $\boldsymbol{u}_i$ が得られる．つまり，まじめに σ_i^{-1} をかけて分数や平方根の計算間違いをしなくてよい．

低ランク近似

行列 A の特異値分解 (7.1) は $A = \sum_{i=1}^{r} \sigma_i \boldsymbol{u}_i \boldsymbol{v}_i^*$ と書くこともできる．$\boldsymbol{u}_i \boldsymbol{v}_i^*$ は階数が 1 の $m \times n$ 型行列である $1 \leq k < r$ として k 項までで和を打ち切って得られる行列

$$A_k = \sum_{i=1}^{k} \sigma_i \boldsymbol{u}_i \boldsymbol{v}_i^* \tag{7.7}$$

は階数が k をもち，同じ階数の行列全体の中で A をもっともよく近似する行列であることを以下で見る．A を A_k にとり替えるのは**低ランク近似**と呼ばれる考え方で，例えば画像データの圧縮などにも用いられる．

命題 7.1.7（誤差の評価） $1 \leq k < r$ とするとき $\|A - A_k\| = \sigma_{k+1}$.

証明 Σ の対角成分 $\sigma_1, \ldots, \sigma_k$ を 0 とおいて得られる行列を $\Sigma_{>k}$ とすると $A - A_k = U\Sigma_{>k}V^*$ である．よって $\|A - A_k\| = \|\Sigma_{>k}\|$（問 7.1）である．$\Sigma_{>k}$ の作用素ノルムは最大の‘対角’成分 σ_{k+1} である（命題 7.1.4 と同様）． □

定理 7.1.8 階数 k 以下の任意の $m \times n$ 型複素行列 B に対して

$$\|A - A_k\| \leq \|A - B\|.$$

証明 仮定から $\dim \mathrm{Ker}(B) \geq n - k$ より $\mathrm{Ker}(B) \cap \langle \boldsymbol{v}_1, \ldots, \boldsymbol{v}_{k+1} \rangle \neq \{\boldsymbol{0}\}$ である（課題 3.2）．そこで $\boldsymbol{v} \in \mathrm{Ker}(B) \cap \langle \boldsymbol{v}_1, \ldots, \boldsymbol{v}_{k+1} \rangle$, $\|\boldsymbol{v}\| = 1$ をとる．このとき，作用素ノルムの定義と $B\boldsymbol{v} = \boldsymbol{0}$ から $\|A - B\| \geq \|(A - B)\boldsymbol{v}\| = \|A\boldsymbol{v}\|$. $\mathcal{V} = \{\boldsymbol{v}_1, \ldots, \boldsymbol{v}_n\}$ に関する $\boldsymbol{v}$ の座標ベクトルを $\boldsymbol{c} = (c_i)_{i=1}^n$ とするとき $\|A\boldsymbol{v}\|^2 = \sum_{i=1}^{k+1} \sigma_i^2 |c_i|^2 \geq \sigma_{k+1}^2 = \|A - A_k\|^2$. ここで，命題 7.1.3 と命題 7.1.7 を用いた． □

注意 7.1.9 定理 7.1.8 はエッカート・ヤングの定理と呼ばれる．作用素ノルムではなくフロベニウス・ノルム $\|A\|_F = \left(\sum_{i,j} |a_{ij}|^2\right)^{1/2}$ を用いても同様の不等式が成立することが知られている．

最小2乗解

A を $m \times n$ 型複素行列とする．$A\boldsymbol{x} = \boldsymbol{b}$ の解が存在しないとき $\|A\boldsymbol{x} - \boldsymbol{b}\|^2$ が最小であるような $\boldsymbol{x}$ を求めることに意味がある．そのような $\boldsymbol{x}$ を**最小2乗解**という．$A = \sum_{i=1}^{r} \sigma_i \boldsymbol{u}_i \boldsymbol{v}_i^*$ を A の特異値分解とするとき

$$A^+ = V\Sigma^+ U^* = \sum_{i=1}^{r} \sigma_i^{-1} \boldsymbol{v}_i \boldsymbol{u}_i^*, \quad \Sigma^+ = \begin{pmatrix} \mathrm{diag}(\sigma_1^{-1}, \ldots, \sigma_r^{-1}) & O_{r,m-r} \\ O_{n-r,r} & O_{n-r,m-r} \end{pmatrix}$$

を**ムーア・ペンローズの逆行列**[*4]と呼ぶ．

命題 7.1.10　$A\boldsymbol{x} = \boldsymbol{b}$ の最小2乗解のうちでノルムが最小のものが $A^+\boldsymbol{b}$ により与えられる．ノルム最小の最小2乗解は一意的である．

証明　任意の $\boldsymbol{x} \in \mathbb{C}^n$ を $\boldsymbol{x} = \sum_{i=1}^{n} c_i \boldsymbol{v}_i$ と表す．このとき $A\boldsymbol{x} = \sum_{i=1}^{r} \sigma_i c_i \boldsymbol{u}_i$ である．一方 $\boldsymbol{b} = \sum_{i=1}^{m} (\boldsymbol{u}_i, \boldsymbol{b})\boldsymbol{u}_i$ と書ける．$\|A\boldsymbol{x} - \boldsymbol{b}\|^2 = \sum_{i=1}^{r} |\sigma_i c_i - (\boldsymbol{u}_i, \boldsymbol{b})|^2 + \sum_{i=r+1}^{m} |(\boldsymbol{u}_i, \boldsymbol{b})|^2$ である．c_i $(1 \leq i \leq r)$ を動かしてこの値を最小にする（第2項は関係ない）には $c_i = {\sigma_i}^{-1}(\boldsymbol{u}_i, \boldsymbol{b})$ $(1 \leq i \leq r)$ とすればよい．このように c_i $(1 \leq i \leq r)$ をとるとき $\boldsymbol{v}$ は最小2乗解である（$c_{r+1}, \ldots, c_n$ は任意）．$\sum_{i=1}^{r} {\sigma_j}^{-1}(\boldsymbol{u}_i, \boldsymbol{b})\,\boldsymbol{v}_i$ は $A^+\boldsymbol{b}$ と一致する．任意の最小2乗解は $\boldsymbol{x} = A^+\boldsymbol{b} + \sum_{i=r+1}^{n} c_i \boldsymbol{v}_i$ と書ける．このとき $\|\boldsymbol{x}\|^2 = \|A^+\boldsymbol{b}\|^2 + \sum_{i=r+1}^{n} |c_i|^2 \geq \|A^+\boldsymbol{b}\|^2$ である．$\boldsymbol{x}$ のノルムが最小であるための条件は $c_{r+1} = \cdots = c_n = 0$ すなわち $\boldsymbol{x} = A^+\boldsymbol{b}$ である．一意性は以上の議論からしたがう．□

問 7.3　A を $m \times n$ 型行列とする．次を示せ．

(1) $A^*AA^+ = A^*$.

(2) $\boldsymbol{x} = A^+\boldsymbol{b}$ は正規方程式[*5] $A^*A\boldsymbol{x} = A^*\boldsymbol{b}$ の解である．

(3) $\mathrm{rank}(A) = n$ のとき A^*A は正則であり $A^+ = (A^*A)^{-1}A^*$.

---

*4　A が実行列ならば特異値分解は直交行列 U, V により $A = V\Sigma\,{}^t U$ と与えられる．このとき $A^+ = V\Sigma^{+}\,{}^t U$ である．

*5　実行列の正規方程式 (2.24) の複素版．

課題 7.1　例 7.1.6 の A に対してムーア・ペンローズ逆行列を求めよ．$\boldsymbol{b} = {}^t(1, 0, 0)$ に対して連立線型方程式 $A\boldsymbol{x} = \boldsymbol{b}$ のノルム最小の最小 2 乗解を求めよ．

7.2　確率行列とマルコフ連鎖

成分がすべて非負の実数である行列を**非負行列**と呼ぶ．確率論やグラフ理論においても非負行列が基本的な役割を果たす場面がある．

$\mathbb{R}^n$ のベクトル $\boldsymbol{u}, \boldsymbol{v}$ に対して $\boldsymbol{u} - \boldsymbol{v}$ の成分がすべて正であるとき $\boldsymbol{u} > \boldsymbol{v}$ と表す．$\boldsymbol{u} > \boldsymbol{v}$ かつ $\boldsymbol{v} > \boldsymbol{w}$ ならば $\boldsymbol{u} > \boldsymbol{w}$ である（推移律という）．$\boldsymbol{u} > \boldsymbol{0}$ のとき $\boldsymbol{u}$ は**正ベクトル**であるという．また，$\boldsymbol{u} - \boldsymbol{v}$ の成分がすべて非負であるとき $\boldsymbol{u} \geq \boldsymbol{v}$ と表す．$\boldsymbol{u} \geq \boldsymbol{0}$ のとき $\boldsymbol{u}$ は**非負ベクトル**であるという．

実の行列 A はその成分がすべて正（非負）であるとき**正の行列（非負の行列）**であるという．

確率行列

非負の正方行列であって，**行和**（各行の成分の和）がすべて 1 であるものは**確率行列**であるといわれる．確率論における典型的なモデルである**マルコフ連鎖**（Markov chain）を定めるデータとして意味がある．実成分を持つ正方行列 $A = (a_{ij})$ が確率行列であることは $\sum_{j=1}^{n} a_{ij} = 1 \ (1 \leq i \leq n)$ という等式で表される．これは

$$A \begin{pmatrix} 1 \\ 1 \\ \vdots \\ 1 \end{pmatrix} = \begin{pmatrix} 1 \\ 1 \\ \vdots \\ 1 \end{pmatrix}$$

と同値である．したがって特に，確率行列は固有値 1 を持つことがわかる．

定理 7.2.1　正の確率行列 A の特性多項式 $\Phi_A(t)$ は $t=1$ を単根にもつ．特に固有値 1 の固有空間は 1 次元である．

証明　A を正の確率行列とする．$\Phi'_A(t) = \frac{d}{dt}\Phi_A(t)$ とおくとき $\Phi'_A(1) \neq 0$ を示せばよい．そのためには，A から i 行 i 列を除いた $(n-1)$ 行列を B_i とするとき $\Phi_{B_i}(1) > 0$ $(1 \leq i \leq n)$ を示せば十分（問題 5.3 による）である．

B_i の固有値 α はすべて $|\alpha| < 1$ をみたすことを示す．$B_i\boldsymbol{u} = \alpha\boldsymbol{u}, \boldsymbol{u} \in \mathbb{C}^{n-1}$, $\boldsymbol{u} \neq \boldsymbol{0}$ とする．$\boldsymbol{u}$ の添字と B_i の行と列の添字を $1, 2, \ldots, i-1, i+1, \ldots, n$ とする（つまり A の添字のまま）．$\boldsymbol{u}$ の成分のうちで絶対値の最大値 m をとるのが（A の添字で）p 番目であるとする．このとき

$$|\alpha| \cdot m = |\alpha u_p| = |\sum_{k \neq i} a_{pk}u_k| \leq \sum_{k \neq i} a_{pk}|u_k| \leq (\sum_{k \neq i} a_{pk})m = (1 - a_{pi})m.$$

したがって $|\alpha| \leq 1 - a_{pi} < 1$ となる．

実係数多項式に対する簡単な事実（問 7.4）により $\Phi_{B_i}(1) > 0$ となる．　□

問 7.4　実多項式 $F(t)$ の最高次の係数が正であり，すべての実根がある実数 s よりも小さければ $F(s) > 0$ が成り立つことを示せ．

定理 7.2.2　A を正の確率行列とする．1 以外の A の固有値 $\alpha \in \mathbb{C}$ に対して $|\alpha| < 1$ が成り立つ．

証明　$A\boldsymbol{u} = \alpha\boldsymbol{u}$, $\boldsymbol{u} \neq \boldsymbol{0}, \alpha \neq 1$ とする．$\boldsymbol{u}$ は ${}^t(1, \ldots, 1)$ のスカラー倍ではない．$\boldsymbol{u}$ の成分の絶対値の最大値 m と $m = |u_p|$ となる p をとる．

$$|\alpha|m = |\alpha u_p| = |\sum_{j=1}^{n} a_{pj}u_j| \leq \sum_{j=1}^{n} a_{pj}|u_j| \leq (\sum_{j=1}^{n} a_{pj})m = m.$$

$|u_j| < m$ となる j があれば 2 つめの不等号が $<$ になる．もしも $|u_j| = m$ $(1 \leq j \leq n)$ だとしても，どれか 2 つは異なるので偏角は異なる．例えば u_s, u_t の偏角が異なるとき $|a_{ps}u_s + a_{pt}u_t| < a_{ps}|u_s| + a_{pt}|u_t|$ となり，1 つめの不等号が $<$ になる．よって $|\alpha| < 1$ が得られる．　□

命題 7.2.3　正の確率行列 A に対して $B = \lim_{p\to\infty} A^p$ が存在して B は正の確率行列である．また $B = (b_{ij})$ とするとき b_{ij} は i によらず一定である．

証明　極限 B が存在することは A の固有値に関する性質（定理 7.2.1，定理 7.2.2 の結論）からしたがう（後述の定理 7.3.8 参照）．極限 B は正行列の極限なので非負行列である．また B は $\mathbf{1}$ を固有ベクトルに持つので B は確率行列である．B の行ベクトルを $\boldsymbol{b}_1, \ldots, \boldsymbol{b}_n$ とする．$BA = B$ より，各 $\boldsymbol{b}_i$ は $\boldsymbol{b}_i A = \boldsymbol{b}_i$ をみたす．${}^tA\,{}^t\boldsymbol{b}_i = {}^t\boldsymbol{b}_i$ なので ${}^t\boldsymbol{b}_i$ は ${}^tA$ の固有値 1 の固有ベクトルである．固有値 1 の固有空間が 1 次元であることは A について（定理 7.2.1）だけではなく ${}^tA$ についても同様に成り立つ（$\Phi_{{}^tA}(t) = \Phi_A(t)$ であることからわかる）．$\boldsymbol{b}_i$ の成分の和が 1（B が確率行列）という条件から $\boldsymbol{b}_1 = \cdots = \boldsymbol{b}_n$ が成り立つ．共通の行ベクトルを $\boldsymbol{b} = (b_1 \cdots b_n)$ と書く．もしも $\boldsymbol{b}$ の成分の 1 つが 0，例えば $b_k = 0$ とすると $\boldsymbol{b}A = \boldsymbol{b}$ の k 成分より $\sum_{j=1}^n b_j a_{jk} = 0$ である．$a_{jk} > 0$, $b_j \geq 0$ から $b_j = 0$ $(1 \leq j \leq n)$ となってしまう．したがって B は正の行列である．　□

B の行ベクトル $\boldsymbol{b} = (b_1 \cdots b_n) \in {}^t\mathbb{R}^n$ は $\boldsymbol{b}A = \boldsymbol{b}$ と $\sum_{j=1}^n b_j = 1$ により決まる．マルコフ連鎖においては 横ベクトル $\boldsymbol{b}$ は**定常分布** (stationary distribution) と呼ばれる．確率行列が正でない場合も含めて，定常分布が一意的に存在するための条件などが知られている．詳しいことは専門的な本[*6]に譲る．

例 7.2.4　わが家では朝食をパンにするかゴハンにするかの二者択一である．前日がパンのときはそれぞれ 1/2 の確率でパンかゴハン，前日がゴハンの場合は 2/3 の確率でパン，1/3 の確率でゴハンになる．

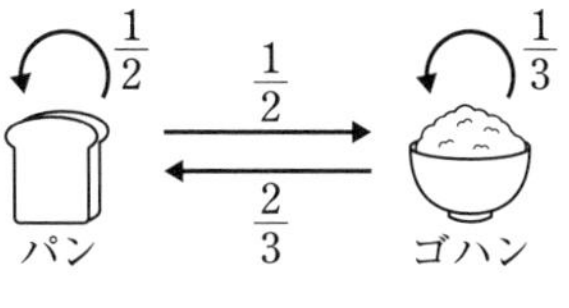

2 日前にパンだったとして，今日もパンになる確率は？　朝から何ややこしいこと言ってるの？　まあそう言わずに計算しよう．高校生の知識の範囲で，答

*6　例えば『入門 確率過程』竹居正登（森北出版，2020）．

えが $\frac{1}{2}\cdot\frac{1}{2}+\frac{1}{2}\cdot\frac{2}{3}=\frac{7}{12}$ になることがわかるであろう．$A=\begin{pmatrix}\frac{1}{2} & \frac{1}{2}\\ \frac{2}{3} & \frac{1}{3}\end{pmatrix}$ とおいて

$$\begin{aligned}\begin{pmatrix}1, & 0\end{pmatrix}A^2 &= \begin{pmatrix}\frac{1}{2}, & \frac{1}{2}\end{pmatrix}\begin{pmatrix}\frac{1}{2} & \frac{1}{2}\\ \frac{2}{3} & \frac{1}{3}\end{pmatrix}\\ &= \begin{pmatrix}\frac{1}{2}\cdot\frac{1}{2}+\frac{1}{2}\cdot\frac{2}{3}, & \frac{1}{2}\cdot\frac{1}{2}+\frac{1}{2}\cdot\frac{1}{3}\end{pmatrix}\\ &= \begin{pmatrix}\frac{7}{12}, & \frac{5}{12}\end{pmatrix}\end{aligned}$$

と行列の計算がうまく使える．定常分布は

$$E-{}^tA=E-\begin{pmatrix}\frac{1}{2} & \frac{2}{3}\\ \frac{1}{2} & \frac{1}{3}\end{pmatrix}=\begin{pmatrix}\frac{1}{2} & -\frac{2}{3}\\ -\frac{1}{2} & \frac{2}{3}\end{pmatrix}\to\begin{pmatrix}1 & -\frac{4}{3}\\ 0 & 0\end{pmatrix}$$

の核空間の元 $t\begin{pmatrix}\frac{4}{3}\\ 1\end{pmatrix}$ においてパラメータを $t=1/7$ と選んで横ベクトルにして $\left(\frac{4}{7},\ \frac{3}{7}\right)$ と求まる．■

課題 7.2　2 次の正の確率行列 $A=\begin{pmatrix}1-p & p\\ q & 1-q\end{pmatrix}$ $(0<p,q<1)$ のただ 1 つの定常分布が $\left(\dfrac{q}{p+q}, \dfrac{p}{p+q}\right)$ により与えられることを示せ．また

$$A^k=\frac{1}{p+q}\begin{pmatrix}q+p\,\alpha^k & p-p\,\alpha^k\\ q-q\,\alpha^k & p+q\,\alpha^k\end{pmatrix},\quad \alpha=1-p-q$$

を示せ．

7.3 ペロン・フロベニウスの定理

線型代数の数値的な応用において次の定理は重要である.

定理 7.3.1（ペロン・フロベニウスの定理） A を正の正方行列とする. 以下の性質をみたす A の固有値 ρ が存在する.

(i) ρ は正の実数である.

(ii) ρ 以外の A の固有値 $\alpha \in \mathbb{C}$ に対して $|\alpha| < \rho$ が成り立つ.

(iii) 固有値 ρ の固有空間は 1 次元であり, 正の固有ベクトルが存在する.

(i), (ii) から, 定理のような ρ は一意的である. 最大の実固有値といってもよい. もっとも, 実固有値が存在するということも非自明である. ρ を**ペロン・フロベニウス固有値**という. また, 固有値が ρ の正の固有ベクトルを**ペロン・フロベニウス固有ベクトル**という.

次の簡単な事実を以下の議論で繰り返し用いる.

問 7.5 正の行列 A と非負ベクトル $\boldsymbol{v} \neq \mathbf{0}$ に対して $A\boldsymbol{v} > \mathbf{0}$ を示せ.

ペロン・フロベニウス固有値の存在を示すため, 正の正方行列 A に対して, 次の $\mathbb{R}$ の部分集合を考える：

$$\Omega_A := \{\alpha \in \mathbb{R} \mid A\boldsymbol{v} \geq \alpha \boldsymbol{v} \text{ をみたす } \boldsymbol{v} > \mathbf{0} \text{ が存在する }\}.$$

補題 7.3.2 A を正の正方行列とする. Ω_A について次が成り立つ：

(1) $\Omega_A \neq \varnothing$.

(2) $\alpha \in \Omega_A$, $\beta < \alpha$ ならば $\beta \in \Omega_A$.

(3) Ω_A は上に有界である.

証明 (1) 対角成分 a_{ii} $(1 \leq i \leq n)$ の最小値を $\varepsilon (> 0)$ とする. $\boldsymbol{v}$ を（任意の）正のベクトルとするとき

$$(A\boldsymbol{v} \text{ の第 } i \text{ 成分}) = \sum_{j=1}^{n} a_{ij} v_j \geq a_{ii} v_i \geq \varepsilon v_i,$$

すなわち $A\boldsymbol{v} \geq \varepsilon \boldsymbol{v}$ なので $\varepsilon \in \Omega_A$ である．

(2) $\boldsymbol{v} > \boldsymbol{0}$, $\beta < \alpha$ ならば $\alpha \boldsymbol{v} \geq \beta \boldsymbol{v}$ であることからわかる．

(3) 行和の最大値 $\max_{1 \leq i \leq n} \sum_{j=1}^{n} a_{ij}$ よりも大きな M をとるとき，$M \notin \Omega_A$ であることを示す．$\boldsymbol{v} > \boldsymbol{0}$ とするとき v_k をその最大成分とすると

$$(A\boldsymbol{v}\text{ の第 }k\text{ 成分}) = \sum_{j=1}^{n} a_{kj} v_j \leq \sum_{j=1}^{n} a_{kj} v_k = \left(\sum_{j=1}^{n} a_{kj} \right) v_k < M v_k$$

となるから $A\boldsymbol{v} \geq M\boldsymbol{v}$ は（$\boldsymbol{v} > \boldsymbol{0}$ をどのように選んでも）成り立たない．よって $M \notin \Omega_A$ である．　□

Ω_A は上に有界なので上限[*7]を $\rho := \sup \Omega_A$ とおく．ρ は補題 7.3.2 (1) の証明で考えた ε 以上なので正の実数であることに注意しておこう．補題 7.3.2 により Ω_A は上に有界な区間 $(-\infty, \rho]$ または $(-\infty, \rho)$ のどちらかであることまでわかった．

補題 7.3.3　A を正の正方行列とし，Ω_A, ρ を上で定めたものとする．A は固有値 ρ の正の固有ベクトルを持つ．特に $\rho \in \Omega_A$ である．

証明　狭義単調増加数列 $\{\rho_i\}_{i=1}^{\infty}$ であって ρ に収束するものをとる．各 ρ_i は ρ よりも真に小さいので Ω_A の元である（補題 7.3.2 (2)）．よって正ベクトル $\boldsymbol{v}_i$ が存在して

$$A\boldsymbol{v}_i \geq \rho_i \boldsymbol{v}_i$$

が成り立つ．正規化して $\|\boldsymbol{v}_i\| = 1$ であるとしてよい．$\{\boldsymbol{v}_i\}_{i=1}^{n}$ は $\mathbb{R}^n$ の有界な点列なので，ボルツァノ・ワイエルシュトラスの定理[*8]より，ある部分列 $\boldsymbol{v}_{1'}, \boldsymbol{v}_{2'}, \ldots$ をとると，極限 $\boldsymbol{v}_\infty := \lim_{i' \to \infty} \boldsymbol{v}_{i'}$ が存在する．極限としての定め方から $A\boldsymbol{v}_\infty \geq \rho \boldsymbol{v}_\infty$，$\boldsymbol{v}_\infty \geq \boldsymbol{0}$ が成り立つ[*9]．また，$A\boldsymbol{v}_\infty > \boldsymbol{0}$ である．実際，$\boldsymbol{v}_\infty$ はノルム1のベクトルの極限なのでノルムが1であり，特に $\boldsymbol{0}$ でない．$\boldsymbol{v}_\infty \geq 0$ より再び問 7.5 から $A\boldsymbol{v}_\infty > \boldsymbol{0}$.

*7　上に有界な $\mathbb{R}$ の部分集合には上限（最小の上界）が存在する．微分積分学の教科書を参照．

*8　ボルツァノ・ワイエルシュトラスの定理：$\mathbb{R}^n$ 内の有界な点列には収束する部分列が存在する．証明はいわゆる“区間縮小法”による．

*9　$\boldsymbol{v}_i > \boldsymbol{0}$ だからといって $\boldsymbol{v}_\infty > \boldsymbol{0}$ がすぐにしたがうわけではないことに注意しよう．

$\boldsymbol{v}_\infty$ が A の固有値 ρ の固有ベクトルであることを示す．もしも $A\boldsymbol{v}_\infty \neq \rho\boldsymbol{v}_\infty$ と仮定すると，$\boldsymbol{u} := A\boldsymbol{v}_\infty - \rho\boldsymbol{v}_\infty$ とおくとこれは $\mathbf{0}$ でない非負ベクトルである．よって $A\boldsymbol{u} > \mathbf{0}$ が成り立つ（問 7.5）．つまり

$$A(A\boldsymbol{v}_\infty) > \rho A\boldsymbol{v}_\infty.$$

$\rho' > \rho$ を選んで $A(A\boldsymbol{v}_\infty) > \rho' A\boldsymbol{v}_\infty$ とすることができるので，$\rho' \in \Omega_A$ となって，ρ が Ω_A の上限であることに反する．

$\boldsymbol{v}_\infty = \rho^{-1}A\boldsymbol{v}_\infty$ なので，$A\boldsymbol{v}_\infty > \mathbf{0}$ から $\boldsymbol{v}_\infty > \mathbf{0}$ を得る． □

定理 7.3.1 の残りの主張については以下のように正の確率行列の性質に帰着させて導くことができる．

補題 7.3.4 A を正の正方行列とし，$\boldsymbol{v}$ を正の固有値 γ をもつ A の正の固有ベクトルとする．$\boldsymbol{v} = (v_i)_{i=1}^n$ とし，$P = \mathrm{diag}(v_1, \ldots, v_n)$ とおくとき $B := P^{-1}(\gamma^{-1}A)P$ は正の確率行列である．また，このとき A の固有値と B の固有値が対応 $\alpha \mapsto \gamma^{-1}\alpha$ により重複を込めて一致している．

証明 γ および $v_1, \ldots, v_n$ はすべて正なので特に 0 ではないことから，等式 $A\boldsymbol{v} = \gamma\boldsymbol{v}$ を

$$\gamma^{-1}\sum_{j=1}^{n} v_i^{-1} a_{ij} v_j = 1 \quad (1 \leq i \leq n)$$

と書き換えられる．これは B が確率行列であるという等式であると読める．しかも B は正の行列である．最後の主張は A と $P^{-1}AP$ の特性方程式は一致するので明らかである． □

定理 7.3.1 の証明 補題 7.3.3 により A には，正の固有値 ρ をもつ正の固有ベクトル（$\boldsymbol{v}_\infty$ とする）が存在することがわかった．補題 7.3.4 を $\gamma = \rho$, $\boldsymbol{v} = \boldsymbol{v}_\infty$ に適用することができる．対応する正の確率行列 B の固有値 1 には A の固有値 ρ が対応する．よって A の固有値 ρ の固有空間が 1 次元であり（定理 7.2.1），ρ 以外の固有値 α は $|\alpha| < \rho$ をみたす（定理 7.2.2）． □

べき乗法

ペロン・フロベニウスの定理の数値的な扱いの基礎として次の結果がある.

定理 7.3.5 A を正の正方行列とする. $\boldsymbol{x}_0 \geq 0$ を任意にとり, ベクトル列を

$$\boldsymbol{x}_p = \frac{A\,\boldsymbol{x}_{p-1}}{\|A\,\boldsymbol{x}_{p-1}\|} \quad (p = 1, 2, \ldots)$$

により定める. このとき次が成り立つ.

(1) $p \to \infty$ のとき $\boldsymbol{x}_p$ はペロン・フロベニウス固有ベクトルに収束する.

(2) $p \to \infty$ のとき $\|A\,\boldsymbol{x}_p\|$ はペロン・フロベニウス固有値 ρ に収束する.

補題 7.3.6 A を正の正方行列とする. ρ を A のペロン・フロベニウス固有値とするとき $(\rho^{-1}A)^p$ は $p \to \infty$ のとき正の行列に収束する.

証明 補題 7.3.4 を $\gamma = \rho$, $\boldsymbol{v}$ をペロン・フロベニウス固有ベクトルとして適用する. $B = P^{-1}(\rho^{-1}A)P$ は正の確率行列である. 命題 7.2.3 により B^p は正の確率行列に収束するから $(\rho^{-1}A)^p = PB^pP^{-1}$ は正の行列に収束する. □

定理 7.3.5 の証明 補題 7.3.6 より $\lim_{p\to\infty}(\rho^{-1}A)^p$ が存在する. これを C とおくと, C は正の行列である. 容易にわかるように $AC = \rho C$ が成り立つ. 非負のベクトル $\boldsymbol{x}_0$ を任意にとると $C\,\boldsymbol{x}_0$ は正のベクトルであり, 固有値 ρ の固有ベクトルである. つまりペロン・フロベニウス固有ベクトルである. $C\,\boldsymbol{x}_0$ を正規化したものを $\boldsymbol{u}$ とする.

$\lim_{p\to\infty}\boldsymbol{x}_p = \boldsymbol{u}$ を示そう. $c_p = \|A\,\boldsymbol{x}_{p-1}\|\cdots\|A\,\boldsymbol{x}_0\|$ とおくとき $\boldsymbol{x}_p$ の定め方から $\boldsymbol{x}_p = c_p^{-1}A^p\,\boldsymbol{x}_0$ である. $d_p = \rho^{-p}c_p/\|C\,\boldsymbol{x}_0\|$ とおくと

$$d_p\boldsymbol{x}_p = \frac{(\rho^{-1}A)^p\boldsymbol{x}_0}{\|C\,\boldsymbol{x}_0\|} \longrightarrow \frac{C\,\boldsymbol{x}_0}{\|C\,\boldsymbol{x}_0\|} = \boldsymbol{u} \quad (p \to \infty).$$

両辺のノルムをとって極限をとると, $\|\boldsymbol{x}_p\| = 1$ より $\lim_{p\to\infty} d_p = 1$ が得られる. したがって $\boldsymbol{x}_p$ は $\boldsymbol{u}$ に収束する.

最後に $\lim_{p\to\infty}\|A\,\boldsymbol{x}_p\| = \rho$ を示そう. $A\,\boldsymbol{x}_p$ は $A\,\boldsymbol{u}$ に収束する. ノルムをとって $\|A\,\boldsymbol{x}_p\| \to \|A\,\boldsymbol{u}\| = \|\rho\,\boldsymbol{u}\| = \rho\|\boldsymbol{u}\| = \rho$ を得る. □

べき行列の収束

べき行列の収束についてあと回しにしていた事実の説明をする．

補題 7.3.7 複素正方行列 A の任意の固有値 $\alpha \in \mathbb{C}$ が $|\alpha| < 1$ をみたすとする．このとき $\lim_{k\to\infty} A^k = O$.

証明の概略 A が対角化可能ならば明らかである．対角化不可能の場合はジョルダン標準形の結果[*10]を使えば問題 5.2 の結果よりしたがう． □

確率行列の性質に関する議論で次を用いた．

定理 7.3.8 複素正方行列 A が 1 を重複度 1 の固有値として持ち，それ以外の固有値 α が $|\alpha| < 1$ をみたすとする．このとき $B := \lim_{k\to\infty} A^k$ が存在する．また $AB = BA = B$ が成り立つ．

証明 正則行列 P を選ぶときに $P^{-1}AP$ が

$$B = \begin{pmatrix} 1 & {}^t\mathbf{0} \\ \mathbf{0} & C \end{pmatrix}$$

の形になるようにできる（定理 5.3.2）．固有値に関する仮定から C の固有値 α はすべて $|\alpha| < 1$ をみたすことがわかる．このとき $p \geq 1$ に対して

$$B^p = P^{-1}A^pP = \begin{pmatrix} 1 & {}^t\mathbf{0} \\ \mathbf{0} & C^p \end{pmatrix}.$$

$p \to \infty$ として $\lim_{p\to\infty} C^p = O$（補題 7.3.7 による）を用いるとこれより $\lim_{p\to\infty} A^p$ が存在して

$$\lim_{p\to\infty} A^p = P \begin{pmatrix} 1 & {}^t\mathbf{0} \\ \mathbf{0} & O \end{pmatrix} P^{-1}$$

となることがわかる．最後の主張は極限と行列のかけ算を交換することで $AB = A\lim_{p\to\infty} A^p = \lim_{p\to\infty} A^{p+1} = B$ などと示せる． □

---

*10 問題 5.2 の形の行列がいくつか対角にならぶ形のブロック対角行列をジョルダン標準形という．複素正方行列 A に対して正則行列 P を選べば $P^{-1}AP$ がジョルダン標準形になる（[2, 定理 2.3.1]）．α は A の固有値である．

PageRank

ページランク（PageRank）はウェブサイトの重要度を測る数値である．Google の創設者のうちラリー・ペイジとセルゲイ・ブリンによって 1998 年に考案された．数多くのサイトからリンクされているサイトは重要だという素朴な考えを修正して得られる．多くのリンクを出しているサイトからのリンクは価値が相対的に低いと考える．

サイト $S_1, \ldots, S_n$ があって，サイト S_i には S_j へのリンクがあるという意味で有向辺 $S_i \to S_j$ があるグラフを考える．サイト S_i の ページランク $r(S_i)$ は

$$r(S_i) = \sum_{j \to i} \frac{r(S_j)}{n_j} \quad (1 \leq i \leq n) \tag{7.8}$$

をみたす．和は S_i へのリンクを持つサイト S_j についてわたる．n_j は S_j から出ているリンクの個数である．ただし $\sum_i r(S_i) = 1$ と正規化する．$r(S_i)$ の値が大きいほど重要なサイトであると考えるのである．

例 7.3.9　図のようなウェブのグラフがあるとする．

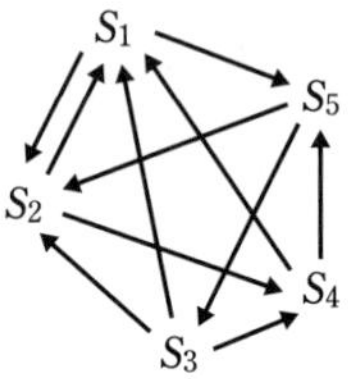

例えば

$$r(S_1) = \frac{1}{3} r(S_2) + \frac{1}{2} r(S_3) + \frac{1}{3} r(S_5)$$

である．■

リンク行列と呼ばれる行列 $A = (a_{ij})$ を

$$a_{ij} = \begin{cases} \frac{1}{n_j} & (j \to i) \\ 0 & (\text{それ以外}) \end{cases}$$

により定めればページランクからなる縦ベクトルは A の固有値 1 の固有ベクトルである．A は成分が非負で，すべての列和が 1 であるから，確率行列の転置行列になっている．

問 7.6 図のウェブのグラフに対してページランクを掃き出し法で求めよ．

実際には，リンク行列は巨大な行列なので，掃き出し法で固有ベクトルを求めるのではなくて，べき乗法が用いられる．

リンク行列 A がもしも正の行列になっていれば固有値 1 の正の固有ベクトルが一意的に存在する．$A > 0$ という条件はすべてのサイトのペアの間に相互のリンクがあるということなので現実には強すぎるが A の適当なべき A^N が正[*11]になればページランクは一意的に存在することがわかる．

さらに，実際の計算では A を微修正して正の行列に取り替えるなどの工夫が行われる．詳しくは専門書[*12]を参照されたい．

課題 7.3 $A = \begin{pmatrix} 3 & 1 \\ 1 & 2 \end{pmatrix}$ とする．$\boldsymbol{x} = \begin{pmatrix} x_1 \\ x_2 \end{pmatrix} \in \mathbb{R}^2$ に対してノルム

$$\|\boldsymbol{x}\| = |x_1| + |x_2|$$

を用いる．計算には計算機を用いてもよい．

(1) 特性多項式を用いてペロン・フロベニウス固有値 ρ を求めよ．

(2) ペロン・フロベニウスの定理の主張が成り立つことを確かめよ．

(3) 固有値 ρ の正の固有ベクトル $\boldsymbol{u}$ であって $\|\boldsymbol{u}\| = 1$ であるものを求めよ．

(4) $\boldsymbol{x}_0 = \begin{pmatrix} 1 \\ 0 \end{pmatrix}$ とする．$\boldsymbol{x}_p = \|A\boldsymbol{x}_{p-1}\|^{-1} A\boldsymbol{x}_{p-1} (p \geq 1)$ と定める．成分が小数点以下第 3 位まで $\boldsymbol{u}$ と一致するまで $\boldsymbol{x}_p$ を計算せよ．

(5) 小数点以下第 3 位が ρ と一致するまで $\|A\boldsymbol{x}_p\|$ を計算せよ．

---

*11 例では A^4 が正になる．

*12 例えば『PageRank の数理』A. N. Langville, C. D. Meyer 著，岩野和生，黒川利明，黒川洋 訳（共立出版，2009）．

付録

集合の初歩的なことは高校で学んだであろう．集合とは何かということは深く考えるととても難しい．線型代数を学ぶ段階では $\mathbb{R}^n$ やその部分集合を集合として認識できれば十分である．高校で学んだだけでは写像には十分に慣れていないのが普通なので第 2 章の例に親しんで徐々に感覚をつかんでほしい．また，この付録では，群とその作用に関して，線型代数学に現れるものを紹介する．

A.1 集合と写像

集合と写像に関する用語について述べておく．

a が 集合 A の**元**（element）であるとき $a \in A$ と書く．A のすべての元 a が集合 B の元でもあるとき，つまり $a \in A \Longrightarrow a \in B$ が成り立つとき，A は B の**部分集合**（subset）であるといい $A \subset B$ と書く（$B \supset A$ と書いてもよい）．$A \subset B$ かつ $B \subset A$ のとき $A = B$ であると定める．

X, Y を集合とし，f を X から Y への写像とする．X の元 x が与えられるとき Y の元 $f(x)$ が定まっているということである．このとき $f : X \to Y$ と書く．通常の意味の関数，例えば $f(x) = x^2$ などは $a \in \mathbb{R}$ に対して $a^2 \in \mathbb{R}$ が与えられるという意味で $\mathbb{R}$ からそれ自身への写像である．X から X への写像 id_X を $\mathrm{id}_X(x) = x$ により定めることができる．これを**恒等写像**（identity map）と呼ぶ．

X の相異なる 2 つの元 x_1, x_2 に対してつねに $f(x_1) \neq f(x_2)$ が成り立つと

き f は**単射**（injective）であるという．言い換えると，$f(x_1) = f(x_2)$ が成り立つのは $x_1 = x_2$ の場合に限る，ということである．Y の任意の元 y に対して $f(x) = y$ となる $x \in X$ が存在するとき f は**全射**（surjective）であるという．写像 f の**像集合**（image）は Y の部分集合であって次で定義される．

$$\mathrm{Im}(f) = \{y \in Y \mid f(x) = y \text{ をみたす } x \in X \text{ がある }\}.$$

f が全射であることは $\mathrm{Im}(f) = Y$ と同値である．

問 A.1　$\mathbb{R}$ から $\mathbb{R}$ への写像

$$(1)\ f(x) = x,\quad (2)\ f(x) = x^2,\quad (3)\ f(x) = x^3,\quad (4)\ f(x) = \sin(x),$$

$$(5)\ f(x) = \frac{1}{1+x^2},\quad (6)\ f(x) = \arctan(x),\quad (7)\ f(x) = x^3 - x$$

について以下のどの場合にあてはまるか答えよ．（ア）全単射，（イ）単射だが全射ではない，（ウ）全射だが単射ではない，（エ）単射でも全射でもない．

さて，集合 X から Y への全単射 f があるとき，f の**逆写像** $f^{-1} : Y \to X$ が定義できる．Y の元 $y \in Y$ に対して，f の全射性から $f(x) = y$ となる $x \in X$ が存在する．f の単射性から，そのような x は（y を与えたときに）1 つしかない．このとき $f^{-1}(y) = x$ と定めるのである．

$f : X \to Y,\ g : Y \to Z$ を写像とするとき，$(g \circ f)(x) = g(f(x))\ (x \in X)$ によって写像 $(g \circ f) : X \to Z$ が定まる．さらに $h : Z \to W$ があるとき

$$h \circ (g \circ f) = (h \circ g) \circ f$$

が成り立つ．

問 A.2　次を示せ．（1）$g \circ f$ が単射ならば f は単射である．（2）$g \circ f$ が全射ならば g は全射である．

$f : X \to Y$ が全単射ならば $f \circ f^{-1} = \mathrm{id}_Y$，$f^{-1} \circ f = \mathrm{id}_X$ である．

A, B を集合とするとき (a, b) $(a \in A,\ x \in B)$ というものすべてを元とする集合を $A \times B$ と書き，A と B の**直積**（direct product）という．n 個の集合 $A_1, \ldots, A_n$ の直積 $A_1 \times \cdots \times A_n$ も同様に考えられる．例えば $\mathbb{R} \times \cdots \times \mathbb{R}$（$n$ 個）は集合として $\mathbb{R}^n$ と同じものである．

A.2　線型代数と群の概念

n 次正則複素行列全体の集合を $G = GL(n, \mathbb{C})$ と書く．GL は General Linear group の頭文字である．これを**一般線型群**と呼ぶ．$G \times G$ の元 (A, B) に対して AB が G の元として定まっていて，次の性質をみたす．

- $A(BC) = (AB)C$.
- $AE = EA = A$ が任意の $A \in G$ に対して成り立つ．
- 任意の元 $A \in G$ に対して $A^{-1} \in G$ が存在して $AA^{-1} = A^{-1}A = E$ が成り立つ．

このような構造（集合 G と '積' の組）をもつ集合を代数学の用語では**群** (group) と呼ぶ．E と同じ役割の元を G の**単位元**と呼ぶ．つまり，元 $e \in G$ は，任意の $g \in G$ に対して $ge = eg = g$ が成り立つとき単位元という，$g \in G$ に対して $gg^{-1} = g^{-1}g = e$ をみたす元 g^{-1} を g の**逆元**という．

$GL(n, \mathbb{C})$ の以下のような部分集合も群の構造を持つ：

- $GL(n, \mathbb{R})$：一般線型群（n 次実正則行列全体）
- $SL(n, \mathbb{R})$：特殊線型群（行列式が 1 の n 次実正則行列全体）
- $O(n)$：直交群（n 次直交行列全体）
- $U(n)$：ユニタリ群（n 次ユニタリ行列全体）

その他に n 次の正則な上三角行列の全体や，n 次の正則な対角行列の全体（それぞれ $\mathbb{R}$ 係数，$\mathbb{C}$ 係数が考えられる）も行列がなす群である．

例 A.2.1　J を $2n$ 次の交代行列とする．$\boldsymbol{u}, \boldsymbol{v} \in \mathbb{C}^{2n}$ に対して $(\boldsymbol{u}, \boldsymbol{v}) = {}^t\boldsymbol{u}J\boldsymbol{v}$ と定めるときに，これが双線型形式として非退化であるとする．このとき

$$Sp(2n, \mathbb{C}) = \{A \in GL(2n, \mathbb{C}) \mid (A\,\boldsymbol{u}, A\,\boldsymbol{v}) = (\boldsymbol{u}, \boldsymbol{v}) \quad (\boldsymbol{u}, \boldsymbol{v} \in \mathbb{C}^{2n})\}$$

を**複素シンプレクティック群** (symplectic group) という．直交群や特殊線型群などと合わせて**古典群**と呼ばれる系列の行列群の仲間である．■

群の作用

G を群，X を集合とする．$g \in G, x \in X$ に対して $g \cdot x \in X$ が定まっていて，以下が成り立つときに，G が X に**作用**するという：

- $e \cdot x = x$（$e \in G$ は G の単位元），
- $(gh) \cdot x = g \cdot (h \cdot x)$ が $g, h \in G, x \in X$ に対して成り立つ．

$\mathbb{R}$ を成分にもつ $m \times n$ 型行列全体の集合を $M_{m,n}(\mathbb{R})$ で表す．また $M_{n,n}(\mathbb{R})$ を $M_n(\mathbb{R})$ と書く．$M_{m,n}(\mathbb{C}), M_n(\mathbb{C})$ も同様である．

例 A.2.2 群 $GL(m, \mathbb{R})$ は左からのかけ算により $M_{m,n}(\mathbb{R})$ に作用している．$P \in GL(m, \mathbb{R}),\ M \in M_{m,n}(\mathbb{R})$ に対して $P \cdot M = PM$（行列のかけ算）とするのである．行列の積の結合性により，これは作用になっている． ■

G が X に作用しているとき，$x \in X$ に対して

$$Gx := \{g \cdot x \in X \mid g \in G\}$$

を G の作用による x の**軌道**（orbit）という．

例 A.2.3 例 A.2.2 において $m = n = 2$ の場合，軌道は

$$\mathcal{O}_{\text{正則}} = G\begin{pmatrix} 1 & 0 \\ 0 & 1 \end{pmatrix}, \quad \mathcal{O}_a = G\begin{pmatrix} 1 & a \\ 0 & 0 \end{pmatrix}\ (a \in \mathbb{R}), \quad \mathcal{O}_{\text{零}} = \{O\}$$

のように分類される．$\mathcal{O}_{\text{正則}}$ は正則行列全体の集合である．$\mathcal{O}_a$ の元はすべて階数 1 の行列である．$a \neq b$ ならば $\mathcal{O}_a$ と $\mathcal{O}_b$ は互いに共通元を持たない．$\mathcal{O}_{\text{零}}$ は零行列 O だけからなる集合である． ■

階段行列の形に対応していることがわかる（例 1.4.7 も参照）．階段行列というものはアドホックに見えるかもしれないが，一般線型群の左からの作用に関する軌道を分類するという観点から自然に理解される．

命題 A.2.4 $GL(m,\mathbb{R})$ の $A \in M_{m,n}(\mathbb{R})$ への作用（例 A.2.2）を考える．任意の軌道にはただ1つの簡約行階段行列が含まれる．よって，軌道全体の集合は $m \times n$ 型の簡約行階段行列全体の集合と一対一に対応する．

証明 掃き出し法を群の作用の言葉で言い換えたものである．行の変形は左から正則行列をかけること（2.6 節）である．行列 A, B が行変形によって互いに写り合うことは，A と B が同じ軌道に属すことである．任意の行列 A は行の変形で簡約化された階段行列 $A_\circ$ にできる．つまり A は $A_\circ$ が代表する軌道に属す．A に対して $A_\circ$ が一意的であることは定理 3.6.2 による． □

軌道 $\mathcal{O}$ の任意の元をその軌道の**代表**と呼ぶ．線型代数学の基本的な結果は，群作用の軌道の代表を選ぶという形になっているものが多い．

例 A.2.5（線型写像の階数標準形） 集合 $M_{m,n}(\mathbb{R})$ に直積群 $G = GL(m,\mathbb{R}) \times GL(n,\mathbb{R})$ の作用を考える．$GL(m,\mathbb{R})$ は左乗，$GL(n,\mathbb{R})$ は右乗により作用する．つまり $(P,Q) \in G$, $A \in M_{m,n}(\mathbb{R})$ に対して

$$(P,Q) \cdot A = PAQ^{-1}$$

とする．このとき軌道は

$$\mathcal{O}_r := \{A| \in M_{m,n}(\mathbb{R}) \mid \operatorname{rank}(A) = r\} \quad (0 \leq r \leq \min(m,n))$$

により与えられる．$\mathcal{O}_r$ の代表として階数 r の階数標準形がとれる．これは定理 3.5.1 の言い換えである． ■

$M_{m,n}(\mathbb{R})$ に例 A.2.5 において G の部分群 $O(m) \times O(n)$ の作用を考えるとき，軌道の代表を与えることは特異値分解そのものである．群が小さくなると軌道は増えて，各軌道の属性が詳細になる．特異値分解の場合は階数 r だけではなく特異値 $\sigma_1, \ldots, \sigma_r$ が各軌道をパラメトライズする．
線型変換の基底変換を正方行列への作用と考えると次のようになる．

例 A.2.6（ジョルダン標準形） n 次複素正方行列 A 全体の集合 $M_n(\mathbb{C})$ に $GL(n,\mathbb{C})$ が $A \mapsto PAP^{-1}$, $P \in GL(n,\mathbb{C})$ により作用する．このとき，各軌道の代表としてジョルダン標準形を選ぶことができる． ■

内積を考慮して直交群の作用を考えるときは次が基本的である.

例 A.2.7（実対称行列の対角化） n 次実対称行列 A 全体の集合に直交群 $O(n)$ が $A \mapsto PA\,{}^tP,\ P \in O(n)$ により作用する. このとき, 各軌道の代表として実対角行列 $\mathrm{diag}(\alpha_1, \ldots, \alpha_n)$ $(\alpha_1 \geq \cdots \geq \alpha_n)$ が選べる. 実 2 次形式全体の集合への作用と考えると標準形の 2 次形式 $\sum_{i=1}^n \alpha_i x_i^2$ が代表に選べるわけである. ■

最後に, 正則行列の右からのかけ算による作用について考えよう. 線型部分空間の基底変換が右からのかけ算によって与えられるの以下のような幾何的な解釈につながる.

例 A.2.8 $M_{m,n}(\mathbb{R})$ への $GL(n,\mathbb{R})$ の（左からの）作用を $P \cdot M = MP^{-1}$($P \in GL(n,\mathbb{R}),\ M \in M_{m,n}(\mathbb{R})$) と定められる. P を逆元にしているので確かに作用になっていることが確かめられる. ■

定理 A.2.9（グラスマン多様体） $m \geq n \geq 1$ とし $M_{m,n}(\mathbb{R})^\circ$ を階数 n の $m \times n$ 型行列全体の集合とする. 右乗法による $GL(n,\mathbb{R})$ の作用（例 A.2.8）を考えるとき, 1 つの軌道 $\mathcal{O}$ に対して $\mathbb{R}^m$ の n 次元線型部分空間 V が対応する.

証明 $M_{m,n}(\mathbb{R})^\circ$ の元は線型独立な $\mathbb{R}^m$ のベクトルの順序列 $(\boldsymbol{v}_1, \ldots, \boldsymbol{v}_n)$ である. これに対して $V = \langle \boldsymbol{v}_1, \ldots, \boldsymbol{v}_n \rangle$ を対応させる. $\boldsymbol{v}_1, \ldots, \boldsymbol{v}_n$ は V の基底である. すべての n 次元部分空間は V はこのようにして得られる. $(\boldsymbol{v}'_1, \ldots, \boldsymbol{v}'_n) \in M_{m,n}(\mathbb{R})^\circ$ が V と同じ線型空間を与えるのは基底変換行列 $P \in GL_n(\mathbb{R})$ が存在して $(\boldsymbol{v}'_1, \ldots, \boldsymbol{v}'_n) = (\boldsymbol{v}_1, \ldots, \boldsymbol{v}_n)P$ が成り立つとき, そのときに限る. これは 2 つの元の軌道が一致することと同値である. □

$\mathbb{R}^m$ の n 次元線型部分空間 V 全体がなす集合は**グラスマン多様体**（Grassmannian）と呼ばれる. 素朴で基本的な幾何学的対象であるが, 豊かな構造を持ち, さまざまな側面から詳しく研究[*1]されている.

---

*1 『線形代数とグラスマン多様体』高崎金久（日本評論社, 2024）,『数え上げ幾何学講義——シューベルト・カルキュラス入門』池田岳（東京大学出版会, 2018）などを参照.

問・問題の解答例およびヒント

第 1 章

問 1.1 $\cos(\theta) = \pm 1$ という条件は $\|\boldsymbol{a}\|^2\|\boldsymbol{b}\|^2 = (\boldsymbol{a}, \boldsymbol{b})^2$ と同値なので (1.2) より $a_1b_2 - a_2b_1 = 0$ と同値である.

問 1.2 $\langle \boldsymbol{a}_1, \boldsymbol{a}_2, \boldsymbol{a}_3 \rangle$ の定め方から $\boldsymbol{a}_1, \boldsymbol{a}_1 + \boldsymbol{a}_2, \boldsymbol{a}_1 + \boldsymbol{a}_2 + \boldsymbol{a}_3 \in \langle \boldsymbol{a}_1, \boldsymbol{a}_2, \boldsymbol{a}_3 \rangle$ である. これから $\langle \boldsymbol{a}_1, \boldsymbol{a}_1 + \boldsymbol{a}_2, \boldsymbol{a}_1 + \boldsymbol{a}_2 + \boldsymbol{a}_3 \rangle \subset \langle \boldsymbol{a}_1, \boldsymbol{a}_2, \boldsymbol{a}_3 \rangle$ がしたがう. $\boldsymbol{b}_1 = \boldsymbol{a}_1, \boldsymbol{b}_2 = \boldsymbol{a}_1 + \boldsymbol{a}_2, \boldsymbol{b}_3 = \boldsymbol{a}_1 + \boldsymbol{a}_2 + \boldsymbol{a}_3$ とするとき $\boldsymbol{a}_1 = \boldsymbol{b}_1, \boldsymbol{a}_2 = \boldsymbol{b}_2 - \boldsymbol{b}_1, \boldsymbol{a}_3 = \boldsymbol{b}_3 - \boldsymbol{b}_2$ なので $\boldsymbol{a}_1, \boldsymbol{a}_2, \boldsymbol{a}_3 \in \langle \boldsymbol{b}_1, \boldsymbol{b}_2, \boldsymbol{b}_3 \rangle$ であり, $\langle \boldsymbol{a}_1, \boldsymbol{a}_2, \boldsymbol{a}_3 \rangle \subset \langle \boldsymbol{b}_1, \boldsymbol{b}_2, \boldsymbol{b}_3 \rangle$ がしたがう.

問 1.3 面積を S とすると $S = \|\boldsymbol{a}_1\|\|\boldsymbol{a}_2\| \sin\theta$ と表せる. ここに θ は $\boldsymbol{a}_1$ と $\boldsymbol{a}_2$ がなす角である. 一方, 内積 $(\boldsymbol{a}_1, \boldsymbol{a}_2) = a_{11}a_{12} + a_{21}a_{22}$ は $\|\boldsymbol{a}_1\|\|\boldsymbol{a}_2\| \cos\theta$ である. $S^2 = \|\boldsymbol{a}_1\|^2\|\boldsymbol{a}_2\|^2 \sin^2\theta = \|\boldsymbol{a}_1\|^2\|\boldsymbol{a}_2\|^2(1 - \cos^2\theta) = (\boldsymbol{a}_1, \boldsymbol{a}_2)^2 - \|\boldsymbol{a}_1\|^2\|\boldsymbol{a}_2\|^2 = (a_{11}a_{22} - a_{12}a_{21})^2 = (\det\ A)^2$.

問 1.4 (1) $(x_1, x_2, x_3) = (4, 5, -6)$, (2) $(x_1, x_2, x_3) = (-1, 7, 2)$.

問 1.5 行階段型としては $\begin{pmatrix} 1 & 2 & 0 & 3 \\ 0 & 2 & -2 & 3 \\ 0 & 0 & 0 & 1 \end{pmatrix}$ など.

問 1.6 (1) 1, (2) 2, (3) 3.

問 1.7 (1.17) を簡約化すると $\begin{pmatrix} 1 & 0 & 0 & 10 \\ 0 & 1 & 0 & -7/2 \\ 0 & 0 & 1 & 2 \\ 0 & 0 & 0 & 0 \end{pmatrix}$. 問 1.5 の行列を簡約化された行階段行列に変形すると $\begin{pmatrix} 1 & 0 & 2 & 0 \\ 0 & 1 & -1 & 0 \\ 0 & 0 & 0 & 1 \end{pmatrix}$.

問 1.8 解であるかどうかは代入すれば確かめられる. パラメータは $t_1 = x_2 = 2$, $t_2 = x_5 = -3$ と直接読みとれる. このとき

$$\begin{pmatrix} -3 \\ 0 \\ 1 \\ 2 \\ 0 \end{pmatrix} + 2 \begin{pmatrix} -2 \\ 1 \\ 0 \\ 0 \\ 0 \end{pmatrix} + (-3) \begin{pmatrix} 1 \\ 0 \\ -2 \\ -1 \\ 1 \end{pmatrix} = \begin{pmatrix} -10 \\ 2 \\ 7 \\ 5 \\ -3 \end{pmatrix}$$ も確認できる.

問 1.9

$$\begin{pmatrix}1&1&1\\a&1&1\\a&a&1\end{pmatrix}\to\begin{pmatrix}1&1&1\\0&1-a&1-a\\0&0&1-a\end{pmatrix}$$

であるから $a\neq 1$ ならば階数が 3 になる．$a=1$ ならば階数が 1 になる．したがって $A\boldsymbol{x}=\boldsymbol{0}$ が自明でない解をもつ条件は $a=1$ である．なお，そのときの解の自由度は 2 である．

問 1.10　$\boldsymbol{a}_1\neq\boldsymbol{0}$ と仮定すると $\boldsymbol{a}_1=(a_i)$ の成分のうちで 0 ではないものがある．それを j 番目とする．$c_1\boldsymbol{a}_1=\boldsymbol{0}$ をみたすスカラー c_1 があるとする．j 番目の成分を比較すると $c_1a_j=0$ である．$a_j\neq 0$ なので $c_1=0$ がしたがう．よって $\{\boldsymbol{a}_1\}$ は線型独立である．$\boldsymbol{a}_1=\boldsymbol{0}$ とすると $1\boldsymbol{a}_1=\boldsymbol{0}$ が成り立つので $\{\boldsymbol{a}_1\}$ は線型従属である．

問 1.11　$\{\boldsymbol{a}_1,\ldots,\boldsymbol{a}_k\}$ が線型従属であるとする．非自明な線型関係式 $\sum_{i=1}^k c_i\boldsymbol{a}_i=\boldsymbol{0}$ が存在する．非自明の意味から $c_j\neq 0$ となる j がある．両辺を c_j で割って移項すると $\boldsymbol{a}_j=-c_j^{-1}\sum_{i\neq j}c_i\boldsymbol{a}_i\in\langle\boldsymbol{a}_i\ (1\leq i\leq k,\ i\neq j)\rangle$．逆に $\boldsymbol{a}_j\in\langle\boldsymbol{a}_i\ (1\leq i\leq k,\ i\neq j)\rangle$ となる j があるとすると $\boldsymbol{a}_j=\sum_{i\neq j}k_i\boldsymbol{a}_i$ をみたすスカラー $k_i\ (i\neq j)$ がある．$\boldsymbol{a}_j-\sum_{i\neq j}k_i\boldsymbol{a}_i=\boldsymbol{0}$ は非自明な線型関係式なので $\{\boldsymbol{a}_1,\ldots,\boldsymbol{a}_k\}$ は線型従属である．

問 1.12　(1) $\begin{pmatrix}1&1&1\\-2&1&-8\\-1&1&-5\end{pmatrix}\to\begin{pmatrix}1&1&1\\0&3&-6\\0&2&-4\end{pmatrix}\to\begin{pmatrix}1&1&1\\0&1&-2\\0&0&0\end{pmatrix}$ なので $\mathrm{rank}(A)=2$ である．よって $\boldsymbol{a}_1,\boldsymbol{a}_2,\boldsymbol{a}_3$ は線型従属である．簡約化すると $\begin{pmatrix}1&0&3\\0&1&-2\\0&0&0\end{pmatrix}$ なので $A\boldsymbol{x}=\boldsymbol{0}$ の一般解は $t_1\begin{pmatrix}-3\\2\\1\end{pmatrix}$ である．$t_1=1$ とすれば $-3\boldsymbol{a}_1+2\boldsymbol{a}_3+\boldsymbol{a}_3=\boldsymbol{0}$ が成り立つことがわかる．これは非自明な線型関係式である．(2) $A\boldsymbol{x}=\boldsymbol{0}$ の一般解は $t_1\begin{pmatrix}-1\\-1\\1\\0\end{pmatrix}$ なので，非自明な線型関係式として例えば $-\boldsymbol{a}_1-\boldsymbol{a}_2+\boldsymbol{a}_3=\boldsymbol{0}$ などがある．

問 1.13　基本解は $\boldsymbol{u}_1=(1,-1,1,0)$, $\boldsymbol{u}_2=(-1,-3,0,1)$ である（スペース節約のため成分を横に並べる）．非自明な線型関係式は $3\boldsymbol{u}_1-\boldsymbol{u}_2=(4,0,3,-1)$ に対応する．

問 1.14　$\boldsymbol{u}_1,\ldots,\boldsymbol{u}_s\in\langle\boldsymbol{v}_1,\ldots,\boldsymbol{v}_k\rangle$ であって $s>k$ と仮定しよう．各 $1\leq j\leq s$ について $\boldsymbol{u}_j=\sum_{i=1}^k a_{ij}\boldsymbol{v}_i$ をみたすスカラー $a_{ij}\ (1\leq i\leq k)$ が存在する．$A:=(a_{ij})$ は k 行 s 列の行列である．$\boldsymbol{c}=(c_1,\ldots,c_s)\in\mathbb{R}^s$ を $A\boldsymbol{x}=\boldsymbol{0}$ の自明でない解とする（系 1.6.7）．このとき $\sum_{j=1}^s c_j\boldsymbol{u}_j=\sum_{j=1}^s\sum_{i=1}^k a_{ij}c_j\boldsymbol{v}_i=\sum_{i=1}^k\left(\sum_{j=1}^s a_{ij}c_j\right)\boldsymbol{v}_i=\sum_{i=1}^k 0\cdot\boldsymbol{v}_i=\boldsymbol{0}$ なので $\boldsymbol{u}_1,\ldots,\boldsymbol{u}_s$ は線型従属である．

問 1.15　$r=\mathrm{rank}(A), s=\mathrm{rank}(B)$ とし，A,B それぞれの列ベクトルから r 個，s 個の線型独立なベクトルを選ぶ．記号を簡単にするため（必要なら番号を付け替えて）それらが $\boldsymbol{a}_1,\ldots,\boldsymbol{a}_r$ および $\boldsymbol{b}_1,\ldots,\boldsymbol{b}_s$ であるとする．A の列ベクトルはすべて $\langle\boldsymbol{a}_1,\ldots,$

$\boldsymbol{a}_r\rangle$ に属し，B の列ベクトルはすべて $\langle \boldsymbol{b}_1, \ldots, \boldsymbol{b}_s\rangle$ に属す．$A+B$ の列ベクトルはしたがって $\langle \boldsymbol{a}_1, \ldots, \boldsymbol{a}_r, \boldsymbol{b}_1, \ldots, \boldsymbol{b}_s\rangle$ に属す．問 1.14 から，これらのうちから $r+s$ よりも多いベクトルを選ぶと線型従属である．よって $\mathrm{rank}(A+B) \leq r+s$ である．

問題 1.1　$(A|\,\boldsymbol{b})$ を行基本変形で $\left(\begin{array}{cc|c} 1 & 0 & 2b_1-b_3 \\ 0 & 1 & b_3-b_1 \\ 0 & 0 & -b_1+b_2+b_3 \\ 0 & 0 & -b_1-2b_2+b_4 \end{array}\right)$ にする．$\boldsymbol{b} \in \mathbb{R}^4$ に対する方程式

$$\begin{cases} -b_1 + b_2 + b_3 = 0 \\ -b_1 - 2b_2 + b_4 = 0 \end{cases} \tag{A.1}$$

が求める条件である（方程式の形は一意的ではない）．

問題 1.2　$A = \begin{pmatrix} 1 & 1 & 1 & 4 \\ -1 & 1 & 3 & -2 \\ 2 & 1 & 0 & 7 \end{pmatrix}$ に行の変形を施すと階段行列 $\begin{pmatrix} 1 & 1 & 1 & 4 \\ 0 & 1 & 2 & 1 \\ 0 & 0 & 0 & 0 \end{pmatrix}$ が得られる．z, w をパラメータに選ぶことで $H_1 \cap H_2 \cap H_3$ を平面として理解できる．簡約化された形にすると $\begin{pmatrix} 1 & 0 & -1 & 3 \\ 0 & 1 & 2 & 1 \\ 0 & 0 & 0 & 0 \end{pmatrix}$ である．$x = z-3w$, $y = -2z-w$ なのでベクトル形にすると $t_1 \begin{pmatrix} 1 \\ -2 \\ 1 \\ 0 \end{pmatrix} + t_2 \begin{pmatrix} -3 \\ -1 \\ 0 \\ 1 \end{pmatrix}$. $z = t_1, w = t_2$ とした．

問題 1.3　（ア）共有点が直線なので $r = \tilde{r} = 2$,（イ）2 平面が平行で，残りの 1 平面とは平行でない．このことから $r = 2$．共有点はないので $\tilde{r} = 3$,（ウ）各 2 平面の交線が互いに平行になっていることから $r = 2$ である．3 平面の共有点が存在しないので $\tilde{r} = 3$,（エ）3 平面が互いに平行なので $r = 1$ である．3 平面の共有点が存在しないので $\tilde{r} = 2$.

問題 1.4　(1) $A = \begin{pmatrix} 1 & 1 & 1 & b \\ 1 & 1 & a & 1 \end{pmatrix}$ に行の変形を行って $\begin{pmatrix} 1 & 1 & 1 & b \\ 0 & 0 & a-1 & 1-b \end{pmatrix}$ を得る．$a-1$ が 0 であるかどうかの場合わけを行う．$a=1$ の場合 $\begin{pmatrix} 1 & 1 & 1 & b \\ 0 & 0 & 0 & 1-b \end{pmatrix}$ であるので，$b = 1$ のとき階数は 1，$b \neq 1$ のときに階数は 2．$a \neq 1$ の場合は A の階数は 2 である．まとめると $(a,b) = (1,1)$ のとき階数が 1，それ以外のときは階数は 2.

(2) $\begin{pmatrix} 1 & 0 & 0 & 1 \\ 0 & 1 & -1 & 1-a \\ 0 & 0 & b+1 & b-a \end{pmatrix}$ に変形できる．$b+1 = 0$ の場合は $\begin{pmatrix} 1 & 0 & 0 & 1 \\ 0 & 1 & -1 & 1-a \\ 0 & 0 & 0 & -1-a \end{pmatrix}$ であって $a = -1$ のときに階数は 2，$a \neq -1$ のとき階数は 3．$b+1 \neq 0$ の場合は a の値にかかわらず階数は 3 である．つまり $(a,b) = (-1,-1)$ のときは階数は 2，そのほかのときは階数 3.

問題 1.5　$A=(a_{ij})$ とすると $S(\boldsymbol{x})=\sum_{i=1}^{m}\left(\sum_{j=1}^{n}a_{ij}x_j-b_i\right)^2$ なので $0=\dfrac{\partial S(\boldsymbol{x})}{\partial x_k}$ $=2\sum_{i=1}^{m}(\sum_{j=1}^{n}a_{ij}x_j-b_i)a_{ik}$. これは $\sum_{j=1}^{n}(\sum_{i=1}^{m}a_{ik}a_{ij})x_j=\sum_{i=1}^{m}a_{ik}b_i$ $(1\leq k\leq n)$ なので (2.24) と同値である.

第 2 章

問 2.1　i に関する帰納法を用いる. $\boldsymbol{u}_i=\sum_{j=1}^{i}c_j\boldsymbol{v}_j$ とおく. $i=1$ のときは (i) そのもの. $i\geq 2$ として $i-1$ まで示せたと仮定すると, $f(\boldsymbol{u}_i)=f(\boldsymbol{u}_{i-1}+c_i\boldsymbol{v}_i)\underset{\text{(ii)}}{=}f(\boldsymbol{u}_{i-1})+f(c_i\boldsymbol{v}_i)\underset{\text{(i)}}{=}f(\boldsymbol{u}_{i-1})+c_if(\boldsymbol{v}_i)=\sum_{j=1}^{i-1}c_jf(\boldsymbol{v}_j)+c_if(\boldsymbol{v}_i)=\sum_{j=1}^{i}c_jf(\boldsymbol{v}_j)$. 最後から 2 つめの等号で帰納法の仮定を用いた.

問 2.2　定義 2.1.1 の (i) については $(f\circ g)(\boldsymbol{u}+\boldsymbol{v})=f(g(\boldsymbol{u}+\boldsymbol{v}))=f(g(\boldsymbol{u})+g(\boldsymbol{v}))=f(g(\boldsymbol{u}))+f(g(\boldsymbol{v}))=(f\circ g)(\boldsymbol{u})+(f\circ g)(\boldsymbol{v})$. (ii) については $(f\circ g)(c\,\boldsymbol{u})=f(g(c\,\boldsymbol{u}))=f(c\,g(\boldsymbol{u}))=c\,f(g(\boldsymbol{u}))=c\,(f\circ g)(\boldsymbol{u})$.

問 2.3　$\begin{pmatrix}a & b\\ 0 & a\end{pmatrix}$. a,b は任意.

問 2.4　(1) B の列ベクトルを $\boldsymbol{b}_1,\ldots,\boldsymbol{b}_m$ として $A\boldsymbol{b}_{j_1},\ldots,A\boldsymbol{b}_{j_k}$ が線型独立であると仮定する. すると $\boldsymbol{b}_{j_1},\ldots,\boldsymbol{b}_{j_k}$ も線型独立であるから, $k\leq\mathrm{rank}(B)$ である. よって $\mathrm{rank}(AB)\leq\mathrm{rank}(B)$ が成り立つ. (2) A の列ベクトルを $\boldsymbol{a}_1,\ldots,\boldsymbol{a}_n$ とし, 線型独立な最大個数の $\boldsymbol{a}_{i_1},\ldots,\boldsymbol{a}_{i_r}$ を選ぶ. $A\boldsymbol{b}_i\in\langle\boldsymbol{a}_{i_1},\ldots,\boldsymbol{a}_{i_r}\rangle$ なので AB の列ベクトルのうちで線型独立であるものの個数は $r=\mathrm{rank}(A)$ を超えない.

問 2.5　(1) は読者に任せる. (2) $h(\boldsymbol{v})=f(\boldsymbol{v})+g(\boldsymbol{v})=A\,\boldsymbol{v}+B\,\boldsymbol{v}=(A+B)\boldsymbol{v}$.

問 2.6　略.
問 2.7　略.
問 2.8　略.

問 2.9　(1), (2) は容易. (3) は $\mathrm{tr}(AB)=\sum_{i=1}^{n}(\sum_{j=1}^{n}a_{ij}b_{ji})=\sum_{i,j}a_{ij}b_{ji}$ からわかる.

問 2.10　そのような A,B があるとする. $\mathrm{tr}(AB-BA)=\mathrm{tr}(AB)-\mathrm{tr}(BA)=0$ である一方 $\mathrm{tr}(E)=n$ (行列のサイズ). よって矛盾する.

問 2.11　(1) $\{f(\boldsymbol{v}_1),\ldots,f(\boldsymbol{v}_k)\}$ が線型独立であるとする. 線型関係式 $c_1\boldsymbol{v}_1+\cdots+c_k\boldsymbol{v}_k=\boldsymbol{0}$ があるとすると, f が線型写像であることから $c_1f(\boldsymbol{v}_1)+\cdots+c_kf(\boldsymbol{v}_k)=\boldsymbol{0}$ が成り立つ (ここで (2.1) と $f(\boldsymbol{0})=\boldsymbol{0}$ を用いている). $\{f(\boldsymbol{v}_1),\ldots,f(\boldsymbol{v}_k)\}$ が線型独立であるという仮定から $c_1=\cdots=c_k=0$ がしたがう. (2) は (1) の対偶である. もちろん直接証明することもできる. $\boldsymbol{v}_1,\ldots,\boldsymbol{v}_k$ が線型従属であるとすると, 非自明な線型関係式 $c_1\boldsymbol{v}_1+\cdots+c_k\boldsymbol{v}_k=\boldsymbol{0}$ が存在する. f が線型写像であることから $c_1f(\boldsymbol{v}_1)+\cdots+c_kf(\boldsymbol{v}_k)=\boldsymbol{0}$ がしたがう. これは非自明な線型関係式であるから $\{f(\boldsymbol{v}_1),\ldots,f(\boldsymbol{v}_k)\}$ は線型従属である. よって $\{\boldsymbol{v}_1,\ldots,\boldsymbol{v}_k\}$ が線型独立である.

問 2.12　$f:\mathbb{R}\to\mathbb{R}$ を零写像とする. $1\in\mathbb{R}$ は線型独立だが $f(1)=0$ は線型従属である.

問 2.13　$c_1f(\boldsymbol{v}_1)+\cdots+c_kf(\boldsymbol{v}_k)=\boldsymbol{0}$ における $c_1,\ldots,c_k$ と，その後に出てくる $c_1\boldsymbol{v}_1+\cdots+c_k\boldsymbol{v}_k=\boldsymbol{0}$ における $c_1,\ldots,c_k$ が同じものであるかのように読める．書いている本人はおそらくその点を意識していない．$c_1f(\boldsymbol{v}_1)+\cdots+c_kf(\boldsymbol{v}_k)=\boldsymbol{0}$ から $c_1=\cdots=c_k=0$ が導かれることそのものは正しいが，その時点で $c_1=\cdots=c_k=0$ となっているので，$c_1\boldsymbol{v}_1+\cdots+c_k\boldsymbol{v}_k=\boldsymbol{0}$ は自明に成り立つ等式になっている．これでは何も証明していない．「線型関係式 $c_1\boldsymbol{v}_1+\cdots+c_k\boldsymbol{v}_k=\boldsymbol{0}$ があるとする」（$c_1,\ldots,c_k$ に対しては，この等式をみたしているという以上のことを仮定してはいけない）というステップがないと証明にならない．

問 2.14　(1)（エ），(2)（ア），(3)（ウ），(4)（イ），(5)（エ），(6)（エ），(7)（ウ），(8)（ウ）．

問 2.15　定義の通り確認せよ．

問 2.16　逆写像の定義（付録の A.1 節）を確認してから考える．

問 2.17　$AB'=B'A=E$ とすると $B'=B'E=B'(AB)=(B'A)B=EA=A$.

問 2.18　(1) 等式 (2.14) が成り立つことは計算で確認できる．$A=O$ の場合は明らかに A は正則ではない．$A\neq O$ ならば a,c,b,d のいずれかが 0 でないので，2 つの等式のうちいずれか一方は $\boldsymbol{a}_1,\boldsymbol{a}_2$ に対する非自明な線型関係式である．よって A は定理 2.4.4 により正則ではない．(2) 行列のかけ算で確認できる．

問 2.19　略.

問 2.20　$(AB)(B^{-1}A^{-1})=(B^{-1}A^{-1})(AB)=E$ を示せばよい．

問 2.21　(1) $\begin{pmatrix}1&1&1\\1&2&-1\\1&3&-2\end{pmatrix}$，(2) 逆行列は存在しない．(3) $\begin{pmatrix}1&a&a^2&a^3\\0&1&a&a^2\\0&0&1&a\\0&0&0&1\end{pmatrix}$.

問 2.22　$(B|A)$ に行変形を施して $(E|K)$ とする．

問 2.23　かけ算をして確かめるだけ.

注：A,D が対称行列（交代行列），$C={}^tB$（$C=-{}^tB$）とすると $\begin{pmatrix}A&O\\O&D-CA^{-1}B\end{pmatrix}$ も対称行列（交代行列）である．また，このとき $\begin{pmatrix}E&A^{-1}B\\O&E\end{pmatrix}$ の転置が $\begin{pmatrix}E&O\\CA^{-1}&E\end{pmatrix}$ になっていることに注意（対称でも交代でも）．この結果の意義は問題 3.8 などによりわかる．

問 2.24　$\|t\boldsymbol{a}-\boldsymbol{b}\|^2=\|\boldsymbol{a}\|^2t^2-2(\boldsymbol{a},\boldsymbol{b})t+\|\boldsymbol{b}\|^2$ の判別式 $4(\boldsymbol{a},\boldsymbol{b})^2-4\|\boldsymbol{a}\|^2\|\boldsymbol{b}\|^2$ が負である．

問 2.25　$5\pi/6$.

問 2.26　$\|f(\boldsymbol{v})\|=\|\boldsymbol{v}\|$ ($\boldsymbol{v}\in\mathbb{R}^n$) とする．$\|\boldsymbol{u}+\boldsymbol{v}\|^2=\|f(\boldsymbol{u})+f(\boldsymbol{v})\|^2$ から $(f(\boldsymbol{u}), f(\boldsymbol{v}))=(\boldsymbol{u},\boldsymbol{v})$ が導かれる．逆は明らか．

問 2.27　$f(\boldsymbol{v})=\boldsymbol{0}$ ならば $\|\boldsymbol{v}\|=0$ なので $\boldsymbol{v}=\boldsymbol{0}$ が得られる．よって f は単射である．このとき定理 2.4.1 より f は正則.

問 2.28　略.

問 2.29　$\boldsymbol{a}_1,\ldots,\boldsymbol{a}_k$ が正規直交系であるとする．線型関係式 $\sum_{i=1}^k c_i\boldsymbol{a}_i=\boldsymbol{0}$ があるとする．$0=(\boldsymbol{a}_i,\sum_{j=1}^k c_j\boldsymbol{a}_j)=\sum_{j=1}^k c_j(\boldsymbol{a}_i,\boldsymbol{a}_j)=\sum_{j=1}^k c_j\delta_{ij}=c_i$.

問 2.30　$(\boldsymbol{v}, \boldsymbol{a}_1) = 2/\sqrt{3}$ などなので $\boldsymbol{v} = 2/\sqrt{3}\,\boldsymbol{a}_1 + 5/\sqrt{6}\,\boldsymbol{a}_2 - 1/\sqrt{2}\,\boldsymbol{a}_3$.

問 2.31　$T_\alpha T_\beta = R_{\alpha-\beta}$.

問 2.32　$(T_{\boldsymbol{a}}\boldsymbol{v}, T_{\boldsymbol{a}}\boldsymbol{v}) = (\boldsymbol{v} - 2\frac{(\boldsymbol{a},\boldsymbol{v})}{(\boldsymbol{a},\boldsymbol{a})}\boldsymbol{a}, \boldsymbol{v} - 2\frac{(\boldsymbol{a},\boldsymbol{v})}{(\boldsymbol{a},\boldsymbol{a})}\boldsymbol{a}) = (\boldsymbol{v}, \boldsymbol{v}) - 4\frac{(\boldsymbol{a},\boldsymbol{v})}{(\boldsymbol{a},\boldsymbol{a})}(\boldsymbol{a}, \boldsymbol{v}) + 4\frac{(\boldsymbol{a},\boldsymbol{v})^2}{(\boldsymbol{a},\boldsymbol{a})^2}(\boldsymbol{a}, \boldsymbol{a}) = (\boldsymbol{v}, \boldsymbol{v})$. また $(\boldsymbol{a}, \boldsymbol{v})\boldsymbol{a} = ({}^t\boldsymbol{a}\boldsymbol{v})\boldsymbol{a} = \boldsymbol{a}({}^t\boldsymbol{a}\boldsymbol{v}) = (\boldsymbol{a}\,{}^t\boldsymbol{a})\boldsymbol{v}$ なので

$$T_{\boldsymbol{a}}\boldsymbol{v} = \boldsymbol{v} - \frac{2\boldsymbol{a}\,{}^t\boldsymbol{a}}{\|\boldsymbol{a}\|^2}\boldsymbol{v} = \left(E - \frac{2\boldsymbol{a}\,{}^t\boldsymbol{a}}{\|\boldsymbol{a}\|^2}\right)\boldsymbol{v}.$$

問 2.33　略.

問 2.34　略.

問 2.35　正射影の公式から $\dfrac{\boldsymbol{a}\,{}^t\boldsymbol{a}}{\|\boldsymbol{a}\|^2}\boldsymbol{x} = \dfrac{1}{2}(\boldsymbol{x} - \boldsymbol{y})$ なので $T_{\boldsymbol{a}}\boldsymbol{x} = \boldsymbol{x} - (\boldsymbol{x} - \boldsymbol{y}) = \boldsymbol{y}$. 同様に $\dfrac{\boldsymbol{a}\,{}^t\boldsymbol{a}}{\|\boldsymbol{a}\|^2}\boldsymbol{y} = \dfrac{1}{2}(\boldsymbol{y} - \boldsymbol{x})$ なので $T_{\boldsymbol{a}}\boldsymbol{y} = \boldsymbol{x}$ を得る.

問 2.36　(3 次の例) 計算過程の式から各 $\boldsymbol{a}_i$ を $\{\boldsymbol{u}_i\}$ の線型結合として表すと $A = (\boldsymbol{u}_1, \boldsymbol{u}_2, \boldsymbol{u}_3) \times \begin{pmatrix} \|\boldsymbol{a}_1\| & (\boldsymbol{u}_1, \boldsymbol{a}_2) & (\boldsymbol{u}_1, \boldsymbol{a}_3) \\ 0 & \|\boldsymbol{a}_2'\| & (\boldsymbol{u}_2, \boldsymbol{a}_3) \\ 0 & 0 & \|\boldsymbol{a}_3'\| \end{pmatrix}$ となる.

問題 2.1　計算は省略. 3 次対称群 S_3 (対称群については, 4.3 節参照) の既約指標が正規直交系をなすという内容に対応している. 詳しいことは [2, 5.4 節] 参照.

問題 2.2　Q は直線 OA 上にあるから $\boldsymbol{v}' = c\boldsymbol{a}$ と書ける. $\overrightarrow{PQ} = \boldsymbol{v}' - \boldsymbol{v}$ は $\boldsymbol{a}$ と直交している. よって $0 = (\boldsymbol{v}' - \boldsymbol{v}, \boldsymbol{a}) = (c\boldsymbol{a} - \boldsymbol{v}, \boldsymbol{a}) = c(\boldsymbol{a}, \boldsymbol{a}) - (\boldsymbol{v}, \boldsymbol{a})$ である. これから (2.28) が得られる.

問題 2.3　略.

問題 2.4　対角成分が α^k, 下三角成分は 0. $i < j$ のとき (i, j) 成分が $k(k-1)\cdots(k-j+i+1)/(j-i)! \cdot \alpha^{j-i}$.

問題 2.5　$T_{\boldsymbol{a}}(\boldsymbol{v}) - \boldsymbol{v}$ は $H_{\boldsymbol{a}}$ と直交しているので $\boldsymbol{a}$ と平行であるからスカラー c を用いて $T_{\boldsymbol{a}}(\boldsymbol{v}) = \boldsymbol{v} + c\boldsymbol{a}$ という形になる (c は $\boldsymbol{v}$ による, 線型関数). $\overrightarrow{\mathrm{OP}'} = T_{\boldsymbol{a}}(\boldsymbol{v})$ と $\overrightarrow{\mathrm{OP}} = \boldsymbol{v}$ とするとき P, P' の中点 M が $H_{\boldsymbol{a}}$ 上にあるから $0 = (\boldsymbol{a}, \overrightarrow{\mathrm{OM}}) = (\boldsymbol{a}, \frac{1}{2}(T_{\boldsymbol{a}}(\boldsymbol{v}) + \boldsymbol{v})) = \frac{1}{2}(\boldsymbol{a}, (2\boldsymbol{v} + c\boldsymbol{a})) = (\boldsymbol{a}, \boldsymbol{v}) + \frac{1}{2}c(\boldsymbol{a}, \boldsymbol{a})$ であるから $c = -2\dfrac{(\boldsymbol{a}, \boldsymbol{v})}{(\boldsymbol{a}, \boldsymbol{a})}$ が得られる. よって結果が得られる. $\boldsymbol{v} \in H_{\boldsymbol{a}} \Longrightarrow T_{\boldsymbol{a}}(\boldsymbol{v}) = \boldsymbol{v}$ が成り立つことと $T_{\boldsymbol{a}}(\boldsymbol{a}) = -\boldsymbol{a}$ が確かめられる.

問題 2.6　$E_{\alpha_{n-1}} \cdots E_{\alpha_1} A = U$ である. $L = E_{\alpha_1}^{-1} \cdots E_{\alpha_{n-1}}^{-1}$ とすれば $A = LU$ が成り立つ. $E_{\alpha_i}^{-1}$ は第 i 列が ${}^t(0, \ldots, 0, 1, l_{i+1,i}, \ldots, l_{ni})$ であり, $j \neq i$ ならば第 j 列は $\boldsymbol{e}_j$ である. 単位行列 E から始めて $\alpha_{n-1}^{-1}, \ldots, \alpha_1^{-1}$ を順に施すと右の列から順に下三角成分が加わって (l_{ij}) になる.

問題 2.7　$\begin{pmatrix} 1 & 1 & 1 \\ 2 & 5 & 4 \\ 1 & 2 & 4 \end{pmatrix} \xrightarrow{\alpha_1} \begin{pmatrix} 1 & 1 & 1 \\ 0 & 3 & 2 \\ 0 & 1 & 3 \end{pmatrix} \xrightarrow{\alpha_2} \begin{pmatrix} 1 & 1 & 1 \\ 0 & 3 & 2 \\ 0 & 0 & 7/3 \end{pmatrix} = U$ であり $L =$

$\begin{pmatrix} 1 & 0 & 0 \\ 2 & 1 & 0 \\ 1 & 1/3 & 1 \end{pmatrix}$ である.

問題 2.8　$1 \leq j \leq n-1$ のとき $\zeta = \exp\left(\dfrac{\pi i}{n} j\right)$ とおく．$\zeta^{2n} = 1$ に注意すると $\sum_{s=0}^{n-1}\left(\zeta^{s+1/2} + \zeta^{-(s+1/2)}\right) = \zeta^{-n+1/2}(1 + \zeta + \zeta^2 + \cdots + \zeta^{2n-1}) = 0$. よって $\sum_{s=0}^{n-1} \cos\left(\dfrac{\pi}{n}\left(s + \dfrac{1}{2}\right) j\right) = 0$ が成り立つ．正規直交性はこの等式から得られる.

問題 2.9　(1) $\mathrm{Ker}({}^tAA) \supset \mathrm{Ker}(A)$ は明らか．$\boldsymbol{v} \in \mathrm{Ker}({}^tAA)$ とする．${}^tAA\,\boldsymbol{v} = \boldsymbol{0}$ から ${}^t\boldsymbol{v}{}^tAA\,\boldsymbol{v} = \|A\,\boldsymbol{v}\|^2 = 0$. よって $A\,\boldsymbol{v} = \boldsymbol{0}$ である．したがって $\mathrm{Ker}({}^tAA) \subset \mathrm{Ker}(A)$.
(2) $\mathrm{Im}({}^tAA) \subset \mathrm{Im}({}^tA)$ は明らかである．線型写像の次元定理（系 3.2.9）より

$$\begin{aligned} \dim \mathrm{Im}({}^tAA) &= n - \dim \mathrm{Ker}({}^tAA) \\ &= n - \dim \mathrm{Ker}(A) \qquad \text{(1) より} \\ &= \dim \mathrm{Im}(A) = \dim \mathrm{Im}({}^tA). \end{aligned}$$

系 3.2.11 より $\mathrm{Im}({}^tAA) = \mathrm{Im}({}^tA)$.

この事実は複素行列 A に対して $\mathrm{Ker}(A^*A) = \mathrm{Ker}(A)$, $\mathrm{Im}(A^*A) = \mathrm{Im}(A^*)$ という形で成立する．A^* はエルミート共役行列（6.1 節）である．複素行列に対して転置を考えるのでは成り立たない．反例：$A = \begin{pmatrix} 1 & i \\ -i & 1 \end{pmatrix}$ とすると ${}^tAA = O$ である．また $0, 1$ だけからなる体 $\mathbb{F}_2$（$1+1=0$ が成り立つ）において $A = \begin{pmatrix} 1 & 1 \\ 1 & 1 \end{pmatrix}$ とすると ${}^tAA = O$ となる.

問題 2.10　(1) 問題 2.9 より ${}^tA\,\boldsymbol{b} \in \mathrm{Im}({}^tA) = \mathrm{Im}({}^tAA)$.　(2) $\mathrm{rank}(A) = n$ ならば問題 2.9 より ${}^tAA$ は正則.

問題 2.11　問 2.35 によると $P_i\boldsymbol{a}_i = \boldsymbol{a}_i^{(i)}$ となるのでこの方法で QR 分解ができるとことがわかる．$P_i^{-1} = P_i$ にも注意せよ.

$\boldsymbol{a}_1^{(1)} = {}^t(\sqrt{2}, 0, 0)$ とすると $\boldsymbol{a}_2 = {}^t(1/\sqrt{2}, -1/\sqrt{2}, 1)$ となる．$\boldsymbol{a}_2^{(2)} = {}^t(1/\sqrt{2}, 3/\sqrt{6}, 0)$ とすると $\boldsymbol{a}_3 = {}^t(-1/\sqrt{2}, -1/\sqrt{6}, -2/\sqrt{3})$ となる．$\boldsymbol{a}_3^{(3)} = {}^t(-1/\sqrt{2}, -1/\sqrt{6}, 2/\sqrt{3})$ とする．このとき

$$R = P_3P_2P_1A = \begin{pmatrix} \sqrt{2} & 1/\sqrt{2} & -1/\sqrt{2} \\ 0 & \sqrt{6}/2 & -1/\sqrt{6} \\ 0 & 0 & 2/\sqrt{3} \end{pmatrix}$$

となる．$Q = P_1P_2P_3$ は例 2.5.12 で得られた $(\boldsymbol{u}_1, \boldsymbol{u}_2, \boldsymbol{u}_3)$ と一致する．なお，$\boldsymbol{a}_i^{(i)}$ の第 i 成分を正に選ぶことが可能であり，そうすると R の対角成分が正になる.

第 3 章

問 3.1　(2) $\mathbb{R}^2$ において $V = \langle \boldsymbol{e}_1 \rangle, W = \langle \boldsymbol{e}_2 \rangle$ とすると $V \cup W$ は座標軸の和集合で

ある．$\boldsymbol{e}_1+\boldsymbol{e}_2=\begin{pmatrix}1\\1\end{pmatrix}\notin V\cup W$ である．他は略.

問 3.2　$\boldsymbol{u}_1,\boldsymbol{u}_2\in \mathrm{Im}(f)$ とすると，$f(\boldsymbol{v}_1)=\boldsymbol{u}_1, f(\boldsymbol{v}_2)=\boldsymbol{u}_2$ となる $\boldsymbol{v}_1,\boldsymbol{v}_2\in\mathbb{R}^n$ がある．f は線型なので $\boldsymbol{u}_1+\boldsymbol{u}_2=f(\boldsymbol{v}_1)+f(\boldsymbol{v}_2)=f(\boldsymbol{v}_1+\boldsymbol{v}_2)\in\mathrm{Im}(f)$．また $c\,\boldsymbol{u}_1=cf(\boldsymbol{v}_1)=f(c\,\boldsymbol{v}_1)\in\mathrm{Im}(f)$ である．

問 3.3　V の基底 $\boldsymbol{v}_1,\ldots,\boldsymbol{v}_n$ をとる．これらは V を張る．もしも $\dim(V)$ よりも少ない個数のベクトル $\boldsymbol{a}_1,\ldots,\boldsymbol{a}_k$ が V を張るとすると，$\{\boldsymbol{v}_1,\ldots,\boldsymbol{v}_n\}\subset\langle\boldsymbol{a}_1,\ldots,\boldsymbol{a}_k\rangle$ であるから有限従属性定理より $\{\boldsymbol{v}_1,\ldots,\boldsymbol{v}_n\}$ が線型従属になって矛盾する.

問 3.4　(1) $\boldsymbol{v}\in\mathrm{Im}(B)$ を任意にとる．$\boldsymbol{v}=B\,\boldsymbol{u}$ となる $\boldsymbol{u}\in\mathbb{R}^l$ がある．このとき $A\,\boldsymbol{v}=A(B\,\boldsymbol{u})=(AB)\,\boldsymbol{u}=O\,\boldsymbol{u}=\mathbf{0}$. したがって $\boldsymbol{v}\in\mathrm{Ker}(A)$ である．(2) $\mathrm{rank}(B)\le\dim\mathrm{Ker}(A)=n-\mathrm{rank}(A)$.

問 3.5　(1) $\boldsymbol{a}_1,\boldsymbol{a}_2,\boldsymbol{a}_3$ が線型独立であることは確認できる．$\mathbb{R}^3$ は 3 次元なので命題 3.2.12 より $\boldsymbol{a}_1,\boldsymbol{a}_2,\boldsymbol{a}_3$ は $\mathbb{R}^3$ の基底である．(2) 式 (3.11) より $P=\begin{pmatrix}1&1&0\\1&-1&1\\1&0&-1\end{pmatrix}$.
(3) $\boldsymbol{v}=c_1\boldsymbol{a}_1+c_2\boldsymbol{a}_2+c_3\boldsymbol{a}_3$ により座標ベクトル $\boldsymbol{x}={}^t(c_1,c_2,c_3)$ が定まる．$\boldsymbol{v}=P\,\boldsymbol{x}$ を解いて $\boldsymbol{x}={}^t(0,1,2)$.

問 3.6　$P=(\boldsymbol{v}_1,\boldsymbol{v}_2)=\begin{pmatrix}1&1\\1&2\end{pmatrix}$ とおくと $P^{-1}AP=\begin{pmatrix}2&0\\0&3\end{pmatrix}$ であるから $A=P\begin{pmatrix}2&0\\0&3\end{pmatrix}P^{-1}$. これより $A^k{=}P\begin{pmatrix}2^k&0\\0&3^k\end{pmatrix}P^{-1}{=}\begin{pmatrix}2^{k+1}-3^k&-2^k+3^k\\2^{k+1}-2\cdot3^k&-2^k+2\cdot3^k\end{pmatrix}$.

問 3.7　(1) $A\,\boldsymbol{v}_1=\boldsymbol{v}_1$, $A\,\boldsymbol{v}_2=\boldsymbol{v}_2$, $A\,\boldsymbol{v}_3=\mathbf{0}$ なので $B=\begin{pmatrix}1&0&0\\0&1&0\\0&0&0\end{pmatrix}$ である．(2) $P^{-1}=\begin{pmatrix}-3&2&-1\\2&-1&1\\-1&1&-1\end{pmatrix}$ である．$P^{-1}AP$ を計算せよ．(3) (3.6) により $B\begin{pmatrix}-1\\4\\3\end{pmatrix}=\begin{pmatrix}-1\\4\\0\end{pmatrix}$ と求められる.

問 3.8　略.

問 3.9　$P=(\boldsymbol{v}_1,\boldsymbol{v}_2,\boldsymbol{v}_3)=\begin{pmatrix}2&0&1\\0&1&0\\3&1&1\end{pmatrix}$ とおくと $AP=\begin{pmatrix}4&2&2\\0&2&1\\6&5&3\end{pmatrix}$ となる．行変形 $(P|AP)\to(E|B)$ により $B=\begin{pmatrix}2&1&0\\0&2&1\\0&0&2\end{pmatrix}$ を得る．$P^{-1}AP$ を直接計算してもよい.

問 3.10　(1) $\boldsymbol{v}_1'$ の $\mathcal{V}$ に関する座標ベクトルは $\begin{pmatrix}3\\-2\end{pmatrix}$ である．$f(\boldsymbol{v}_1')$ の $\mathcal{V}$ に関する座標ベクトルは $\begin{pmatrix}8&9\\-6&-7\end{pmatrix}\begin{pmatrix}3\\-2\end{pmatrix}=\begin{pmatrix}6\\-4\end{pmatrix}=2\begin{pmatrix}3\\-2\end{pmatrix}$ なので $f(\boldsymbol{v}_1')=2\,\boldsymbol{v}_1'$ であ

る．同様に $f(\boldsymbol{v}_2') = -\boldsymbol{v}_2'$ である．(2) (1) の結果より $B = \begin{pmatrix} 2 & 0 \\ 0 & -1 \end{pmatrix}$．(3) $P = \begin{pmatrix} 3 & 1 \\ -2 & -1 \end{pmatrix}$ である．$P^{-1}AP = B$ が確認できる．

問 3.11 $\left(\begin{array}{cc|cc} 1 & 2 & 1 & 1 \\ 1 & 3 & -2 & -1 \end{array}\right) \to \left(\begin{array}{cc|cc} 1 & 0 & 7 & 5 \\ 0 & 1 & -3 & -2 \end{array}\right)$ より $P = \begin{pmatrix} 7 & 5 \\ -3 & -2 \end{pmatrix}$．注意 2.4.8 参照．

問 3.12 定義より明らか．

問 3.13 (1) $\begin{pmatrix} 1 & -1 \\ 1 & 0 \\ -2 & 1 \end{pmatrix} = \begin{pmatrix} -1 & -1 \\ 1 & 0 \\ 0 & 1 \end{pmatrix} P$ により P は定まる．2,3 行を比較すると $P = \begin{pmatrix} 1 & 0 \\ -2 & 1 \end{pmatrix}$ がわかる．(2) $\boldsymbol{v} \in V$ は容易．$\{\boldsymbol{v}_1, \boldsymbol{v}_2\}$ に関する $\boldsymbol{v}$ の座標ベクトルは $\begin{pmatrix} -1 \\ -3 \end{pmatrix}$ であるから，座標の変換則 (3.14) より，求める座標ベクトルは $\begin{pmatrix} 1 & 0 \\ -2 & 1 \end{pmatrix}^{-1} \begin{pmatrix} -1 \\ -3 \end{pmatrix} = \begin{pmatrix} -1 \\ -5 \end{pmatrix}$．

問 3.14 各 W_i の基底 $\mathcal{W}_i$ をとり，$\mathcal{W} := \bigcup_{i=1}^{k} \mathcal{W}_i$ とおく．仮定より $V = \sum_{i=1}^{k} W_k$ であるから $\mathcal{W}$ は V を張る．(i) を仮定して $\mathcal{W}$ が線型独立であることを示す．(i) より $\#\mathcal{W} \leq \dim V$ であるから，$\mathcal{W}$ が V を張ることと合わせると問 3.3 より $\#\mathcal{W} = \dim V$ が成り立つ．よって命題 3.2.12 より $\mathcal{W}$ は V の基底である．特に，$\mathcal{W}$ は線型独立である．$\mathcal{W}$ の線型独立性から明らかに (ii) が導かれる．(ii) $\Longrightarrow$ (iii) は容易にわかる（略）．最後に (iii) を仮定すると $\mathcal{W}$ が V の基底であることがしたがうので (i) が成り立つ．

問 3.15 $f(\boldsymbol{e}_1) = \boldsymbol{e}_2, f(\boldsymbol{e}_2) = \boldsymbol{e}_3, f(\boldsymbol{e}_3) = \boldsymbol{e}_1$ である．$f(\boldsymbol{v}_1) = \boldsymbol{e}_2 - \boldsymbol{e}_3 = \boldsymbol{v}_2$, $f(\boldsymbol{v}_2) = \boldsymbol{e}_3 - \boldsymbol{e}_1 = -\boldsymbol{v}_1 - \boldsymbol{v}_2$ なので V は f 不変である．$f|_V$ の表現行列は $\begin{pmatrix} 0 & -1 \\ 1 & -1 \end{pmatrix}$ である．

問 3.16 $f^{k-1}\boldsymbol{v}, \ldots, f\boldsymbol{v}, \boldsymbol{v}$ が線型独立であることを $f^k\boldsymbol{v} = \boldsymbol{0}$ を用いて示す（略）．表現行列は $(i, i+1)(1 \leq i \leq k-1)$ 成分が 1 で，その他の成分が 0 の行列．

問 3.17 $\phi_1 = (c_{11}, c_{12}), \phi_2 = (c_{21}, c_{22})$ とすると求める条件は

$$\begin{pmatrix} \langle \phi_1, \boldsymbol{v}_1 \rangle & \langle \phi_1, \boldsymbol{v}_2 \rangle \\ \langle \phi_2, \boldsymbol{v}_1 \rangle & \langle \phi_2, \boldsymbol{v}_2 \rangle \end{pmatrix} = \begin{pmatrix} c_{11} & c_{12} \\ c_{21} & c_{22} \end{pmatrix} \begin{pmatrix} 1 & -1 \\ 2 & 1 \end{pmatrix} = \begin{pmatrix} 1 & 0 \\ 0 & 1 \end{pmatrix}$$

と表せる．これより逆行列の計算で $\phi_1 = (1/3, 1/3)$, $\phi_2 = (-2/3, 1/3)$ となる．

問 3.18 $\{\boldsymbol{v}_1, \ldots, \boldsymbol{v}_n\}$ の双対基底を $\{\phi_1, \ldots, \phi_n\}$ とする．$c_i = \ell(\phi_i)$ とおく．任意の $\phi \in {}^t\mathbb{R}^n$ をとると $\phi = \sum_{i=1}^{n} \langle \phi, \boldsymbol{v}_i \rangle \phi_i$ と書ける．このとき $\ell(\phi) = \ell(\sum_{i=1}^{n} \langle \phi, \boldsymbol{v}_i \rangle \phi_i) = \sum_{i=1}^{n} \langle \phi, \boldsymbol{v}_i \rangle \ell(\phi_i) = \sum_{i=1}^{n} c_i \langle \phi, \boldsymbol{v}_i \rangle$．つまり $\ell = \sum_{i=1}^{n} c_i \langle -, \boldsymbol{v}_i \rangle$．線型独立性を示すため $\sum_{i=1}^{n} c_i \langle -, \boldsymbol{v}_i \rangle = 0$ を仮定する．ϕ_i での値をみれば $c_i = 0$ が得られる．

問 3.19　${}^t\!A\boldsymbol{x} = \boldsymbol{0}$ の基本解が $\boldsymbol{u}_1 = {}^t(-3,1,0,1)$，$\boldsymbol{u}_2 = {}^t(-1,1,1,0)$ となるので $B = \begin{pmatrix} -3 & 1 & 0 & 1 \\ -1 & 1 & 1 & 0 \end{pmatrix}$ とおく．$B\,\boldsymbol{b} = \boldsymbol{0}$ が成り立つので $\boldsymbol{b} \in \mathrm{Im}(A)$ である．

問 3.20　$f(\boldsymbol{u},\boldsymbol{v}) = {}^t\boldsymbol{x}\,A\,\boldsymbol{y} = {}^t(Q\boldsymbol{x}')\,A\,P\,\boldsymbol{y}' = {}^t\boldsymbol{c}'({}^tQ\,A\,P)\,\boldsymbol{y}'$.

問 3.21　(1) $\det A = 2 \neq 0$ なので非退化．(2) $\pi_1 = \boldsymbol{v}_1 + \boldsymbol{v}_2 + \frac{1}{2}\boldsymbol{v}_3$，$\pi_2 = \boldsymbol{v}_1 + 2\boldsymbol{v}_2 + \boldsymbol{v}_3$，$\pi_3 = \boldsymbol{v}_1 + 2\boldsymbol{v}_2 + \frac{3}{2}\boldsymbol{v}_3$.

問題 3.1　(1) $\{\boldsymbol{a}_1,\boldsymbol{a}_2,\boldsymbol{e}_1,\boldsymbol{e}_2,\boldsymbol{e}_3,\boldsymbol{e}_4\}$ は明らかに $\mathbb{R}^4$ を張るので線型独立な極大部分集合をとればよい．$A = (\boldsymbol{a}_1,\boldsymbol{a}_2,\boldsymbol{e}_1,\boldsymbol{e}_2,\boldsymbol{e}_3,\boldsymbol{e}_4)$ を行変形することで $\boldsymbol{a}_1,\boldsymbol{a}_2,\boldsymbol{e}_2,\boldsymbol{e}_3$ が主列ベクトルであることがわかる．$\{\boldsymbol{a}_1,\boldsymbol{a}_2,\boldsymbol{e}_2,\boldsymbol{e}_3\}$ は $\mathbb{R}^4$ の基底である．(2) V の基底 $\boldsymbol{u}_1 = {}^t(-1,1,0,0)$, $\boldsymbol{u}_2 = {}^t(-1,0,1,0)$, $\boldsymbol{u}_3 = {}^t(-1,0,0,1)$ がとれる．$(\boldsymbol{a}_1,\boldsymbol{a}_2,\boldsymbol{u}_1,\boldsymbol{u}_2,\boldsymbol{u}_3)$ の主列ベクトルは $\boldsymbol{a}_1,\boldsymbol{a}_2,\boldsymbol{u}_2$ なのでこれらが V の基底をなす．

問題 3.2　W の基底 $\boldsymbol{v}_1,\ldots,\boldsymbol{v}_m$ を延長して $\boldsymbol{v}_1,\ldots,\boldsymbol{v}_m,\boldsymbol{v}_{m+1},\ldots,\boldsymbol{v}_n$ が V の基底になるようにする．$W' = \langle \boldsymbol{v}_{m+1},\ldots,\boldsymbol{v}_n \rangle$ とすればよい．W に対して W' のとり方は一意的ではない．

問題 3.3　任意の $\boldsymbol{v} \in V$ を $\boldsymbol{v} = (\boldsymbol{v} - f(\boldsymbol{v})) + f(\boldsymbol{v})$ と書く．$f(\boldsymbol{v} - f(\boldsymbol{v})) = f(\boldsymbol{v}) - f^2(\boldsymbol{v}) = f(\boldsymbol{v}) - f(\boldsymbol{v}) = \boldsymbol{0}$ なので $V = \mathrm{Ker}(f) + \mathrm{Im}(f).\boldsymbol{v} \in \mathrm{Ker}(f) \cap \mathrm{Im}(f)$ とする．$\boldsymbol{v} = f(\boldsymbol{u})$ と書く．$\boldsymbol{v} \in \mathrm{Ker}(f)$ なので $\boldsymbol{0} = f(\boldsymbol{v}) = f(f(\boldsymbol{u})) = f(\boldsymbol{u}) = \boldsymbol{v}$.

問題 3.4　(1) V_1, V_2 をそれぞれ斉次方程式 $A_1\,\boldsymbol{x} = \boldsymbol{0}$，$A_2\,\boldsymbol{x} = \boldsymbol{0}$ の解空間とみる．$V_1 \cap V_2$ はこれらを連立して得られる方程式の解空間である．$A = \begin{pmatrix} A_1 \\ A_2 \end{pmatrix}$ とおく．$A = \left(\begin{array}{ccccc} 1 & 0 & 1 & 1 & 1 \\ -1 & 1 & 2 & 0 & 0 \\ \hline 1 & 1 & 2 & 4 & 4 \\ 0 & 0 & -1 & 1 & 1 \end{array}\right) \to \left(\begin{array}{ccccc} 1 & 0 & 0 & 2 & 2 \\ 0 & 1 & 0 & 4 & 4 \\ \hline 0 & 0 & 1 & -1 & -1 \\ 0 & 0 & 0 & 0 & 0 \end{array}\right)$ なので $\boldsymbol{a}_1 = {}^t(-2,-4,1,1,0)$，$\boldsymbol{a}_2 = {}^t(-2,-4,1,0,1)$ が $V_1 \cap V_2$ の基底になる．(2) V_1 の基底 $\boldsymbol{v}_1 = {}^t(-1,-3,1,0,0)$，$\boldsymbol{v}_2 = {}^t(-1,-1,0,1,0)$，$\boldsymbol{v}_3 = {}^t(-1,1,0,0,1)$, V_2 の基底 $\boldsymbol{v}_4 = {}^t(-1,1,0,0,0)$，$\boldsymbol{v}_5 = {}^t(-6,0,1,1,0)$，$\boldsymbol{v}_6 = {}^t(-6,0,1,0,1)$ がとれる．$(\boldsymbol{v}_1,\boldsymbol{v}_2,\boldsymbol{v}_3|\boldsymbol{v}_4,\boldsymbol{v}_5,\boldsymbol{v}_6)$ の主列ベクトルは $\boldsymbol{v}_1,\boldsymbol{v}_2,\boldsymbol{v}_3,\boldsymbol{v}_4,\boldsymbol{v}_6$ であり $V_1 + V_2$ の基底をなす．なお，$\boldsymbol{a}_1 = \boldsymbol{v}_1 + \boldsymbol{v}_2 = -4\boldsymbol{v}_4 + \boldsymbol{v}_5$，$\boldsymbol{a}_2 = \boldsymbol{v}_1 + \boldsymbol{v}_3 = -4\boldsymbol{v}_4 + \boldsymbol{v}_6$ が成り立っている．(3) $\boldsymbol{w}_1 = {}^t(1,1,1,1,1)$, $\boldsymbol{w}_2 = {}^t(1,0,0,1,0)$，$\boldsymbol{w}_3 = {}^t(2,1,1,2,1), \boldsymbol{w}_4 = {}^t(1,2,-1,1,0)$, $\boldsymbol{w}_5 = {}^t(0,1,1,0,1)$ とおく．$W_1 + W_2 = \langle \boldsymbol{w}_1,\boldsymbol{w}_2,\boldsymbol{w}_3,\boldsymbol{w}_4,\boldsymbol{w}_5,\boldsymbol{w}_6 \rangle$ なので $(\boldsymbol{w}_1,\boldsymbol{w}_2|\boldsymbol{w}_3,\boldsymbol{w}_4,\boldsymbol{w}_5)$ の主列ベクトル $\boldsymbol{w}_1,\boldsymbol{w}_2,\boldsymbol{w}_4$ が $W_1 + W_2$ の基底になる．(4) $c_1\boldsymbol{w}_1 + c_2\boldsymbol{w}_2 = c_3\boldsymbol{w}_3 + c_4\boldsymbol{w}_4 + c_5\boldsymbol{w}_5$ という等式をみたす $c_1,\ldots,c_5$ がみたす条件を調べる．$C_1 = (\boldsymbol{w}_1,\boldsymbol{w}_2)$, $C_2 = (\boldsymbol{w}_3,\boldsymbol{w}_4,\boldsymbol{w}_5)$ とするとき $C = (C_1| - C_2)$ の核空間を考えることになる．$C_\circ = \left(\begin{array}{cc|ccc} 1 & 0 & -1 & 0 & -1 \\ 0 & 1 & -1 & 0 & 1 \\ 0 & 0 & 0 & 1 & 0 \\ 0 & 0 & 0 & 0 & 0 \\ 0 & 0 & 0 & 0 & 0 \end{array}\right)$ なので基本解が ${}^t(1,1|1,0,0)$, ${}^t(1,-1|0,0,1)$ となる．それぞれに対応して $\boldsymbol{w}_1 + \boldsymbol{w}_2 = \boldsymbol{w}_3$，$\boldsymbol{w}_1 - \boldsymbol{w}_2 = \boldsymbol{w}_5$ という線型関係式があることがわかる．この 2 つのベクトルは線型独立で $W_1 \cap W_2$ に属す．$\dim(W_1 + W_2) =$

$\mathrm{rank}(C)=3$ より $\dim(W_1\cap W_2)=2+3-3=2$ であるからこの2つのベクトルが $W_1\cap W_2$ の基底になる．定理3.7.8を用いることもできる．$\mathrm{Ker}({}^tC_1)$ の基底が $\boldsymbol{u}_1={}^t(0,-1,1,0,0)$, $\boldsymbol{u}_2={}^t(-1,0,0,1,0)$, $\boldsymbol{u}_3={}^t(0,-1,0,0,1)$, $\mathrm{Ker}({}^tC_2)$ の基底が $\boldsymbol{u}_4={}^t(-1,0,0,1,0)$, $\boldsymbol{u}_5={}^t(0,-1/3,-2/3,0,1)$ と求められる．$B_1={}^t(\boldsymbol{u}_1,\boldsymbol{u}_2,\boldsymbol{u}_3)$, $B_2={}^t(\boldsymbol{u}_4,\boldsymbol{u}_5)$ とおくと $W_1=\mathrm{Im}(C_1)=\mathrm{Ker}(B_1)$, $W_2=\mathrm{Im}(C_2)=\mathrm{Ker}(B_2)$ である．そこで $B=\begin{pmatrix}B_1\\B_2\end{pmatrix}$ とおくと $\mathrm{Ker}(B)=\mathrm{Ker}(B_1)\cap\mathrm{Ker}(B_2)=W_1\cap W_2$ である．基底を求めると ${}^t(1,0,0,1,0)$, ${}^t(0,1,1,0,1)$ を得る．これは $\boldsymbol{w}_2,\boldsymbol{w}_5$ と一致している．(5) W_1 の元 $c_1\boldsymbol{w}_1+c_2\boldsymbol{w}_2=C_1\begin{pmatrix}c_1\\c_2\end{pmatrix}$ が $V_1=\mathrm{Ker}(A_1)$ に属すための条件は $A_1C_1\begin{pmatrix}c_1\\c_2\end{pmatrix}=\mathbf{0}$ である．$\mathrm{rank}(A_1C_1)=2$ がわかるので $V_1\cap W_1=\{\mathbf{0}\}$ である．(別解) $V_1\cap W_1=\mathrm{Ker}(A_1)\cap\mathrm{Ker}(B_1)=\mathrm{Ker}\begin{pmatrix}A_1\\B_1\end{pmatrix}$ である．これは零空間であることがわかる．

問題 3.5　(1) A の行ベクトルを $\phi_1,\dots,\phi_m\in{}^t\mathbb{R}^n$ とする．$\mathrm{Row}(A)=\langle\phi_1\ \dots,\phi_m\rangle$ である．B の行ベクトルは例えば $\phi_i+c\phi_j$ $(i\neq j,\ c\in\mathbb{R})$ などであるが，これは $\langle\phi_1,\dots,\phi_m\rangle$ に属す．$c\phi_i(c\neq 0)$ も $\langle\phi_1,\dots,\phi_m\rangle$ に属す．よって $\mathrm{Row}(B)\subset\mathrm{Row}(A)$ である．行の変形は可逆なので $\mathrm{Row}(A)\subset\mathrm{Row}(B)$ も成り立つ．(2) A を行変形により階段行列 B にする．$r=\mathrm{rank}(A)$ とする．B の零でない r 個の行ベクトルは線型独立であり (1) より $\mathrm{Row}(A)=\mathrm{Row}(B)$ の次元は r である．定理3.2.6と同様に (2) がしたがう．

問題 3.6　$\iota:\mathbb{R}^n\to({}^t\mathbb{R}^n)^*$ により V を $({}^t\mathbb{R}^n)^*$ の部分空間とみなす．$\boldsymbol{v}\in V$ に対して $\iota(\boldsymbol{v})=\langle -,\boldsymbol{v}\rangle$ は $V^\perp$ 上で消えているので $(V^\perp)^\perp$ に属す．$\dim(V^\perp)^\perp=n-(n-\dim V)=\dim V$ (命題3.7.7) なので $V=\iota(V)=(V^\perp)^\perp$ である．

問題 3.7　(1) $C=XN-BX$. (2) $X=B^{-1}XN-B^{-1}C$ として右辺の X に $B^{-1}XN-B^{-1}C$ を繰り返し代入することで (2) の X の表示が導出される．このようにして定めた X が望む等式をみたすことは容易にわかる．

問題 3.8　ϕ が零でないとすると $\phi(\boldsymbol{v}_1,\boldsymbol{v}_2)\neq 0$ となる $\boldsymbol{v}_1,\boldsymbol{v}_2\in V$ が存在する．必要なら $\boldsymbol{v}_2$ をスカラー倍にとり替えて $\phi(\boldsymbol{v}_1,\boldsymbol{v}_2)=-1$ とできる．$\boldsymbol{v}_1,\boldsymbol{v}_2,\boldsymbol{v}_3,\dots,\boldsymbol{v}_n$ が V の基底であるように $\boldsymbol{v}_3,\dots,\boldsymbol{v}_n\in V$ をとると ϕ の表現行列が $A=\begin{pmatrix}0&1&*\cdots*\\-1&0&*\cdots*\\ *&*&\\ \vdots&\vdots&A'\\ *&*&\end{pmatrix}$ となる．A' は $n-2$ 次の交代行列である．$\begin{pmatrix}0&1\\-1&0\end{pmatrix}$ は正則なので問題2.23 (とその注) により，ある正則行列 P により

$$
{}^tPAP = \begin{pmatrix} 0 & 1 & 0 & \cdots & 0 \\ -1 & 0 & 0 & \cdots & 0 \\ 0 & 0 & & & \\ \vdots & \vdots & & A'' & \\ 0 & 0 & & & \end{pmatrix}
$$

とできる．A'' も $n-2$ 次の交代行列である．$A''=O$ ならば目的の形である．A'' が零でなければこの操作をさらに続けることで望む形に変換できる．

第 4 章

問 4.1　$x_1=(\det A)^{-1}(a_{22}b_1-a_{12}b_2)$，$x_2=(\det A)^{-1}(a_{11}b_2-a_{21}b_2)$ を行列形に書き直せばよい．
問 4.2　略.
問 4.3　$\tau\in S_n$ を固定して σ を S_n の元全体にわたって動かすとき $\tau\sigma$ も S_n の全体を動く．言い換えると，写像 $S_n\to S_n$ を $\sigma\mapsto\tau\sigma$ と定めると全単射である．したがって (1) の最初の等号が成り立つ．2 つめの等号は $\sigma\mapsto\sigma\tau$ を考えればよいし，(2) は $\sigma\mapsto\sigma^{-1}$ を考えればよい．
問 4.4　$E_\sigma \boldsymbol{e}_i=\boldsymbol{e}_{\sigma(i)}$ に注意せよ．
問 4.5　略.
問 4.6　略.

問題 4.1　略.
問題 4.2　略.
問題 4.3　乗法性と行と列の対称性を用いよ．
問題 4.4　略．ハミルトンの四元数（問題 2.3）との関連を考えよ．
問題 4.5　$a+\omega b+\omega^2 c$ などで割り切れることを示す．
問題 4.6　略.
問題 4.7　(4.28) を使う（他にも方法はある）．一般に偶数次の交代行列（${}^tA=-A$ をみたす行列）の行列式は完全平方式であることが知られている．すなわち $n=2m$ のとき**パフィアン**（Pfaffian）と呼ばれる n 次式 $\mathrm{Pf}(A)$ があって $\det A=\mathrm{Pf}(A)^2$ が成り立つ．具体形は次で与えられる．

$$
\mathrm{Pf}(A)=\sum_{\{1,\ldots,n\}=\{i_1,j_1\}\cup\cdots\cup\{i_m,j_m\}} \pm a_{i_1j_1}\cdots a_{i_mj_m}.
$$

和は集合の分割 $\{1,\ldots,n\}=\{i_1,j_1\}\cup\cdots\cup\{i_m,j_m\}$，$i_1<\cdots<i_n$，$i_k<j_k$ $(1\le k\le m)$ についてとる．符号は置換 $\begin{pmatrix} 1 & 2 & \cdots & n-1 & n \\ i_1 & j_1 & \cdots & i_m & j_m \end{pmatrix}$ の符号である．詳しくは [6] を参照せよ．
問題 4.8　定義より明らか.
問題 4.9　結果は m 次の**完全対称多項式** h_m になる．ここで h_m を m 次のすべての単項式の和とする．$h_1=x_1+x_2+x_3$，$h_2=x_1^2+x_2^2+x_3^2+x_1x_2+x_2x_3+x_1x_3$，$h_3=$

$x_1^3+x_2^3+x_3^3+x_1x_2^2+x_1^2x_2+x_2^2x_3+x_2x_3^2+x_1^2x_3+x_1x_3^2$ など．証明は略す．**シューア多項式**と呼ばれるものの特別な場合である．詳しくは [2] 参照．

問題 4.10　詳しくは [2] 参照．

第 5 章

問 5.1　固有値，固有ベクトルの定義にしたがう．例 5.1.2 を参考にせよ，

問 5.2　$\alpha = e^{i\theta}, e^{-i\theta}$ が固有値である．$R_\theta \begin{pmatrix} \pm i \\ 1 \end{pmatrix} = e^{\pm\theta} \begin{pmatrix} \pm i \\ 1 \end{pmatrix}$ が成り立つ．よって $P = \begin{pmatrix} i & -i \\ 1 & 1 \end{pmatrix}$ とすると $P^{-1}R_\theta P = \begin{pmatrix} e^{i\theta} & 0 \\ 0 & e^{-i\theta} \end{pmatrix}$．

問 5.3　$A - \alpha_i E$ は (i,i) 成分が 0 の上三角行列である．このことから例えば $\begin{pmatrix} 0 & * & * \\ & * & * \\ & & * \end{pmatrix}\begin{pmatrix} * & * & * \\ & 0 & * \\ & & * \end{pmatrix} = \begin{pmatrix} 0 & 0 & * \\ & 0 & * \\ & & * \end{pmatrix}$ のように $(A-\alpha_1 E)\cdots(A-\alpha_i E)$ は左上の i 行，i 列成分がすべて 0 になることがわかる．よって $(A-\alpha_1 E)\cdots(A-\alpha_n E) = O$ が得られる．

問 5.4　$\Phi_A(t) = (t-\alpha_1)\cdots(t-\alpha_n)$ として $\Phi_{f(A)}(t) = (t-f(\alpha_1))\cdots(t-f(\alpha_n))$ を示す．A が上三角行列の場合に示せばよい．$f(A)$ は上三角行列であって対角成分が $f(\alpha_1),\ldots,f(\alpha_n)$ である．

問題 5.1　$P^{-1}AP = \begin{pmatrix} \alpha & 0 \\ 0 & \beta \end{pmatrix}$ とするとき $(P^{-1}AP)^k = \begin{pmatrix} \alpha^k & 0 \\ 0 & \beta^k \end{pmatrix}$ ゆえ $A^k = P\begin{pmatrix} \alpha^k & 0 \\ 0 & \beta^k \end{pmatrix}P^{-1}$ により計算できる．

問題 5.2　課題 5.3 の手順により P が求められる．$\begin{pmatrix} \alpha & 1 \\ 0 & \alpha \end{pmatrix}^k = \begin{pmatrix} \alpha^k & k\alpha^{k-1} \\ 0 & \alpha^k \end{pmatrix}$ を用いよ．

問題 5.3　$tE - A = (\boldsymbol{v}_1,\ldots,\boldsymbol{v}_n)$ とするとき $\frac{d}{dt}\Phi_A(t) = \sum_{i=1}^n \det(\boldsymbol{v}_1,\ldots,\boldsymbol{v}_i',\ldots,\boldsymbol{v}_n)$, $\boldsymbol{v}_j' = \frac{d}{dt}\boldsymbol{v}_i = \boldsymbol{e}_i$ となる．$\det(\boldsymbol{v}_1,\ldots,\boldsymbol{e}_i,\ldots,\boldsymbol{v}_n) = \Phi_{B_i}(t)$ である．

問題 5.4　(1) 部分空間であること，特に和に関して閉じていることは 2 項定理によりわかる．A 不変であることは A と $(A-\alpha E)^k$ が可換であることからわかる．(2) $V_i \subset \widetilde{W}(\alpha_i)$ を示す．A が引き起こす V_i の線型変換が A_i によって表現されている．$N_i = A_i - \alpha_i E_{k_i}$ は対角成分が 0 の上三角行列なので $N_i^{k_i} = O$ である．このことは $V_i \subset \widetilde{W}(\alpha_i)$ を意味する．逆向きの包含関係を示すために $\boldsymbol{v} \in \widetilde{W}(\alpha_i)$ とする．$\boldsymbol{v} = \boldsymbol{v}_1 + \cdots + \boldsymbol{v}_s$ $(\boldsymbol{v}_i \in V_i)$ と書くとき

$$(A-\alpha_i E)^k \boldsymbol{v} = (A_1 - \alpha_i E_{k_1})^k \boldsymbol{v}_1 + \cdots + (A_s - \alpha_i E_{k_s})^k \boldsymbol{v}_s$$

$j \neq i$ とするとき，$A_j - \alpha_i E_{k_j}$ は対角成分が $(\alpha_j - \alpha_i)$ の上三角行列なので $(A_j - \alpha_i E_{k_j})^k \boldsymbol{v}_j = \boldsymbol{0}$ ならば $\boldsymbol{v}_j = \boldsymbol{0}$ である．したがって $\boldsymbol{v} = \boldsymbol{v}_i \in V_i$ である．

(3) 定理 5.3.2 で得られる $\mathbb{C}^n$ の基底をブロック分けに対応して $\mathcal{V}_1 \cup \cdots \cup \mathcal{V}_s$ と分割

する．このとき対応する直和分解 $\mathbb{C}^n = V_1 \oplus \cdots \oplus V_s$ ができる．よって (2) より (3) が成り立つことがわかる．

第6章

問 6.1　$(*)$: $\mathrm{rank}(\overline{A}) = \mathrm{rank}(A)$ を示せば系 2.6.8 よりしたがう．A に行変形を繰り返して階段行列 B が得られたとする．$B = PA$ をみたす正則行列 P がある．$\overline{P}$ は正則行列であり $\overline{B} = \overline{P}\,\overline{A}$ である．$\overline{B}$ は B と同じ階数をもつ階段行列なので $\overline{A}$ の階数は A の階数と一致する．

問 6.2　$(A\boldsymbol{w}, \boldsymbol{v}) = (\boldsymbol{w}, A\boldsymbol{v})$ から $\alpha(\boldsymbol{w}, \boldsymbol{v}) = \beta(\boldsymbol{w}, \boldsymbol{v})$ がしたがう ($\overline{\alpha} = \alpha$ も用いた)．$\alpha - \beta \neq 0$ なので $(\alpha - \beta)(\boldsymbol{w}, \boldsymbol{v}) = 0$ から $(\boldsymbol{w}_1, \boldsymbol{v}) = 0$ を得る．

問 6.3　略.

問 6.4　$1 + \omega + \omega^2 + \cdots + \omega^{n-1} = 0$ を用いる．

問 6.5　略.

問 6.6　(1) $(U^*AU)^* = U^*A^*U^{**} = U^*AU$．(2) $U^{-1} = U^*$であるから$(U^{-1})^*U^{-1} = E$.

問 6.7　P を直交行列，$B = \mathrm{diag}(c_1, \ldots, c_n)$ $(c_i \in \mathbb{R})$ とする．${}^tPAP = B$ とすると $A = PB{}^tP$ である．A は実行列であり ${}^tA = {}^{tt}P\,{}^tB\,{}^tP = PB\,{}^tP = A$ である．

問 6.8　定理 5.3.1 の証明と同じ筋道で証明できる．まず最初に選ぶ固有ベクトル $\boldsymbol{v}_1$ を正規化しておく．$\boldsymbol{v}_2, \ldots, \boldsymbol{v}_n$ を選ぶ際に P がユニタリであるようにする (補題 6.1.7)．

問 6.9　(1) $\|A^*\boldsymbol{v}\|^2 = (A^*\boldsymbol{v}, A^*\boldsymbol{v}) = (AA^*\boldsymbol{v}, \boldsymbol{v}) = (A^*A\boldsymbol{v}, \boldsymbol{v}) = (A\boldsymbol{v}, A\boldsymbol{v}) = \|A\boldsymbol{v}\|^2$．(2) $B = A - \alpha E$ とおくと $B^* = A^* - \overline{\alpha}E$ であり B は正規行列である．(1) より $\|B^*\boldsymbol{v}\| = \|B\boldsymbol{v}\|$ なので $B\boldsymbol{v} = \boldsymbol{0}$ ならば $B^*\boldsymbol{v} = \boldsymbol{0}$ である．

問 6.10　略.

問 6.11　$\boldsymbol{v}$ を A^*A の固有値 $\alpha \in \mathbb{R}$ の固有ベクトルとする．$\boldsymbol{v}^*A^*A\boldsymbol{v} = (A\boldsymbol{v})^*(A\boldsymbol{v}) = \|A\boldsymbol{v}\|^2 \geq 0$ である．一方，$\boldsymbol{v}^*A^*A\boldsymbol{v} = \boldsymbol{v}^*\alpha\boldsymbol{v} = \alpha\boldsymbol{v}^*\boldsymbol{v} = \alpha\|\boldsymbol{v}\|^2$ である．$\|\boldsymbol{v}\|^2 \neq 0$ であるから $\alpha \geq 0$ である．

問 6.12　A の固有値を $\alpha_1 \geq \cdots \geq \alpha_n$ とする．$Q(\boldsymbol{x})$ を標準形に変換する直交行列 $P = (\boldsymbol{u}_1, \ldots, \boldsymbol{u}_n)$ をとる．$\boldsymbol{v} \in \mathbb{R}^n$ の $\boldsymbol{u}_1, \ldots, \boldsymbol{u}_n$ に関する座標ベクトルを $\boldsymbol{c} \in \mathbb{R}^n$ とするとき $\sum_{i=1}^n c_i^2 = 1$ であって

$$Q(\boldsymbol{v}) = {}^t\boldsymbol{x}\,A\,\boldsymbol{x} = \alpha_1 c_1^2 + \cdots + \alpha_n c_n^2.$$

$\boldsymbol{c} = \boldsymbol{e}_1$ つまり $\boldsymbol{v} = \boldsymbol{u}_1$ のときに最大値 α_1 をとる．

問 6.13　定理 6.2.9 より，ある実正則行列 P があって ${}^tPAP = \begin{pmatrix} E_r & O \\ O & O \end{pmatrix}$．ここで

$B = \begin{pmatrix} E_r & O \\ O & O \end{pmatrix} P^{-1}$ とおくと，${}^tBB = {}^tP^{-1}\begin{pmatrix} E_r & O \\ O & O \end{pmatrix}^2 P^{-1} = A$.

問 6.14　$A' = {}^tPAP$，$\boldsymbol{b}' = {}^tP(A\boldsymbol{d} + \boldsymbol{b})$，$c' = F(\boldsymbol{d})$ および $\tilde{A}' = {}^t\tilde{P}\tilde{A}\tilde{P}$，$\tilde{P} = \begin{pmatrix} P & \boldsymbol{d} \\ 0 & 1 \end{pmatrix}$ となる．$\tilde{P}$ は一般には直交行列ではないがシルヴェスターの慣性法則より $\tilde{A}'$

と $\tilde{A}$ の符号数は一致する．

問 6.15　$\tilde{A}=\begin{pmatrix} a_1^2 & 0 & 0 & 0 \\ 0 & \pm a_2^2 & 0 & 0 \\ 0 & 0 & 0 & b_3 \\ 0 & 0 & b_3 & c \end{pmatrix}$ なので $\mathrm{rank}(\tilde{A}) \leq 3$ ならば $b_3=0$ である．A の符号数が $(2,0)$ のとき方程式は $a_1^2y_1^2+a_2^2y_2^2+c=0$ であり $c>0, c=0, c<0$ のときにそれぞれ空集合，直線（y_3 軸），楕円柱面である．$\tilde{A}$ の符号数はそれぞれ $(3,0),(2,0),(2,1)$ である．A の符号数が $(1,1)$ のときは方程式は $a_1^2y_1^2-a_2^2y_2^2+c=0$ であり $c=0$ のときに交わる 2 直線（y_3 軸で交わる），$\tilde{A}$ の符号数は $(1,1)$．$c\neq 0$ のとき双曲柱面である．$\tilde{A}$ の符号数は $(1,2)$ または $(2,1)$．

問題 6.1　(1) 特性多項式は $(t+1)^2(t-2)$, $P=\begin{pmatrix} \frac{1}{\sqrt{2}} & \frac{1}{\sqrt{6}} & \frac{-1}{\sqrt{3}} \\ \frac{1}{\sqrt{2}} & \frac{-1}{\sqrt{6}} & \frac{1}{\sqrt{3}} \\ 0 & \frac{2}{\sqrt{6}} & \frac{1}{\sqrt{3}} \end{pmatrix}$ とすると ${}^tPAP=\mathrm{diag}(-1,-1,2)$．(2) 特性多項式は $(t-2)^3(t+2)$, $P=\begin{pmatrix} \frac{1}{\sqrt{2}} & \frac{-1}{\sqrt{6}} & \frac{-1}{\sqrt{12}} & \frac{1}{2} \\ \frac{1}{\sqrt{2}} & \frac{1}{\sqrt{6}} & \frac{1}{\sqrt{12}} & -\frac{1}{2} \\ 0 & \frac{2}{\sqrt{6}} & \frac{-1}{\sqrt{12}} & \frac{1}{2} \\ 0 & 0 & \frac{3}{\sqrt{12}} & \frac{1}{2} \end{pmatrix}$ ${}^tPAP$ $=\mathrm{diag}(2,2,2,-2)$．

問題 6.2　それぞれ係数行列は問題 6.1 のものと同じなので，標準形は (1) $-y_1^2-y_2^2+2y_3^2$，(2) $2y_1^2+2y_2^2+2y_3^2-2y_4^2$．

問題 6.3　(1) 左辺の 2 次形式は $(x_1-2x_2-x_3)^2-5(x_2+\dfrac{3}{5}x_3)^2+\dfrac{9}{5}x_3^2$ と書けるので符号数は $(2,1)$ である．(2) 一葉双曲面 (3) 略．

問題 6.4　略．

問題 6.5　(1) $Q(\boldsymbol{x}_k')$ は $\boldsymbol{x}_k'$ の 2 次形式として正定値である．よって係数行列 A_k の行列式は正である．(2) (2.16) を適用すればよい． (3) $\det P=1$ なので $\det A=\det B$．仮定から $b>0$ を得る．$\boldsymbol{x}=\begin{pmatrix}\boldsymbol{x}_{n-1}' \\ x_n\end{pmatrix}$ とすると B が正定値なので

${}^t\boldsymbol{x}\begin{pmatrix} B & \mathbf{0} \\ {}^t\mathbf{0} & b \end{pmatrix}\boldsymbol{x}={}^t\boldsymbol{x}_{n-1}'B\,\boldsymbol{x}_{n-1}'+bx_n^2$ は正定値である．

問題 6.6　$D=U^*AU$ が対角行列であるとする．$A=UDU^*$ なので $A^*A=(UDU^*)^*UDU^*=UD^*U^*UDU^*=UD^*DU^*=UDD^*U^*=UDU^*UD^*U^*=AA^*$．$A$ を正規行列とする．ユニタリ行列 U をとれば $T=U^*AU$ が上三角行列になる．$T^*T=TT^*$ が成り立つ．

問題 6.7　$\boldsymbol{x}=\boldsymbol{a}_1$ とし $\boldsymbol{y}={}^t(a_{11},c,0,\ldots,0)$ とする．c を $\|\boldsymbol{x}\|=\|\boldsymbol{y}\|$ となるように定める（c の値は符号を除いて決まる．実際の数値計算では c の符号も気を付けて選ぶ）．$\boldsymbol{a}=\boldsymbol{x}-\boldsymbol{y}$ とおく（問 2.35 参照）．$S_{\boldsymbol{a}}$ は $\begin{pmatrix} 1 & {}^t\mathbf{0} \\ \mathbf{0} & P \end{pmatrix}$（$P$ は直交行列）の形である．$S_{\boldsymbol{a}}AS_{\boldsymbol{a}}$ は実対称行列であることと $S_{\boldsymbol{a}}AS_{\boldsymbol{a}}\boldsymbol{e}_1=S_{\boldsymbol{a}}A\boldsymbol{e}_1=S_{\boldsymbol{a}}\boldsymbol{a}_1=S_{\boldsymbol{a}}\boldsymbol{x}=\boldsymbol{y}$ から $S_{\boldsymbol{a}}AS_{\boldsymbol{a}}$ は望む形であることがわかる．

第 7 章

問 7.1　$\|UA\boldsymbol{u}\| = \|A\boldsymbol{u}\|$ なので $\|UA\| = \|A\|$ である．$\|\boldsymbol{u}\| = 1$ で定まる $\mathbb{C}^n$ の部分集合を S とする（$2n-1$ 次元球面）．$\boldsymbol{u} \mapsto \boldsymbol{v} := V\boldsymbol{u}$ は S の全単射（逆写像は $\boldsymbol{v} \mapsto \boldsymbol{u} = V^*\boldsymbol{v}$）なので $\|AV\| = \max_{\|\boldsymbol{u}\|=1} \|AV\boldsymbol{u}\| = \max_{\|\boldsymbol{v}\|=1} \|A\boldsymbol{v}\| = \|A\|$.

問 7.2　問題 2.9 と同様に $\mathrm{Im}(A^*A) = \mathrm{Im}(A^*)$ が示せる．よって，問 6.1 の結果を用いると $\mathrm{rank}(A^*A) = \mathrm{rank}(A^*) = \mathrm{rank}(A) = n$ であるから n 次正方行列 A^*A は正則である．

問 7.3　(1) $A^*AA^+ = (V\Sigma^*\Sigma V^*)(V\Sigma^+U^*) = V\Sigma^*\Sigma\Sigma^+U^* = V\Sigma^*U^* = A^*$. (2) $A^*A(A^+\boldsymbol{b}) = A^*\boldsymbol{b}$. (3) $\mathrm{rank}(A) = n$ のとき問 7.3 より A^*A は正則である．(1) より $A^+ = (A^*A)^{-1}A^*$.

問 7.4　F の実根を $a_1, \dots, a_k$ とし，$\beta_1, \dots, \beta_l, \overline{\beta}_1, \dots, \overline{\beta}_l$ を実数でない根とする．$F(t) = (t-a_1)\cdots(t-a_k)(t-\beta_1)(t-\overline{\beta}_1)\cdots(t-\beta_l)(t-\overline{\beta}_l)$ とする．仮定より $s-a_i > 0$ $(1 \leq i \leq k)$ である．一方 $s-\beta_i \neq 0$ だから $(s-\beta_i)(s-\overline{\beta}_i) = |\,s-\beta_i\,|^2 > 0$.

問 7.5　$\boldsymbol{v}$ には正の成分がある．例えば $v_k > 0$ とする．$A\boldsymbol{v}$ の第 i 成分は $\sum_{j=1}^n a_{ij}v_j$ であるが，この和の項はすべて非負なので第 k 項 $a_{ik}v_k$ だけを残すと $\sum_{j=1}^n a_{ij}v_j \geq a_{ik}v_k$ が成り立つ．$a_{ik} > 0, v_k > 0$ なのでこの値 $a_{ik}v_k$ は正である．i はなんでもよいので $A\boldsymbol{v} > \boldsymbol{0}$ である．

問 7.6　リンク行列は $\begin{pmatrix} 0 & \frac{1}{2} & \frac{1}{3} & \frac{1}{2} & 0 \\ \frac{1}{2} & 0 & 0 & 0 & \frac{1}{3} \\ 0 & 0 & 0 & 0 & \frac{1}{3} \\ 0 & 0 & \frac{1}{3} & 0 & \frac{1}{3} \\ \frac{1}{2} & \frac{1}{2} & \frac{1}{3} & \frac{1}{2} & 0 \end{pmatrix}$ である．固有空間 $W(1)$ は実際に 1 次元であり，ページランクは $\frac{1}{143}{}^t(36, 38, 15, 24, 30)$ となる．

付録

問 A.1　略.

問 A.2　略.

参考文献

[1] 新井仁之『線形代数——基礎と応用』（日本評論社，2006）
[2] 池田岳『テンソル代数と表現論——線型代数続論』（東京大学出版会，2002）
[3] 金子晃『線形代数講義』（サイエンス社，2004）
[4] 小寺平治『明解演習 線形代数』（共立出版，1982）
[5] 齋藤正彦『線型代数演習』（東京大学出版会，1985）
[6] 佐武一郎『線型代数学（新装版）』（裳華房，2015）
[7] 佐武一郎『リー群の話』（日本評論社，1982）
[8] 服部昭『線型代数学』（朝倉書店，1982）
[9] D. Lay, S. Lay, J. MacDonald, *Linear Algebras ans its Applications*, Fifth edition (Pearson Education Limited, 2023)
[10] 三宅敏恒『入門線形代数』（培風館，1991）
[11] 村山光孝『工学のための線形代数』（数理工学社，2017）
[12] 室田一雄，杉原正顯『線形代数 I』，『線形代数 II』（丸善出版，2013, 2015）
[13] 山本哲朗『数値解析入門［増訂版］』（サイエンス社，2003）

本書は，以下の先輩方の本の良いとこどりをねらっている．扱いきれなかった内容を補う意味でも簡単に紹介しておく．

[6] は，1958 年に出版された旧版『行列と行列式』に第 V 章「テンソル代数」を付け加えたもので 2015 年には新装版も出ている．内容が豊富であるため一見して重厚感があるが，小川のせせらぎのような論理の流れがつかめれば読みやすいはず．群論的な視点が随所に強調されていることも際立っている．著者の言によると “教科書というより自習書，参考書として読んでもらうことを念頭に，内容も事実よりも概念の説明に重点をおいてかいた．そのため，今読み返してみると同じことを見方を変えて繰り返し説明しているような所が多い” とのこと．特に最後の点において，おこがましいが，本書の執筆意図と近いところがある．姉妹書 [2] は [6] の第 V 章をかみ砕くつもりで書いた．本書も引き続き [6] の大きな影響のもとにある．

[8] は簡潔な表現で本質をつくような記述が魅力的である．[10] は掃き出し法を早めに導入しておいてから，それを理論の基礎においている点で論理的には本書の構成と同じである．論理構成としては [9] も似ている．この本は図が美しく応用例も豊富である．[3] はですます調のフランクな語りが楽しい．[11] は普通の本では触れられない事柄を含めてきわめてコンパクトに説明している．演習を主体とする二著 [4]，[5] を挙げておく．[4] はたいへんきめ細やかな配慮がゆき届いている温かみのある本である．計算のコツなどの説明も詳しい．[5] は主要な問題を網羅する充実した演習書である．第 7 章

の執筆の参考にした．[1]，[12] は線型代数の応用を詳細に解説している．[7] は線型代数に現れる行列のなす群やその作用に関して詳しい．本書でいくらか触れた数値解析に関連する事柄については（線型代数の本ではないが）[13] を参照されたい．

記号索引

Q

$Q(\boldsymbol{x})$（2 次形式） 209

R

$\mathbb{R}$ 4

$\mathrm{rank}(A)$（階数） 28

ρ（ペロン・フロベニウス固有値） 235

$\mathrm{Row}(A)$（行空間） 123

R_θ（回転を表す線型変換） 52

T

$T_{\boldsymbol{a}}$（鏡映変換） 81

${}^tA$（転置行列） 78

${}^t\mathbb{R}^n$ 120

T_θ（$\mathbb{R}^2$ の鏡映変換） 54

V

$\mathcal{V}$（基底） 101

$\|\boldsymbol{v}\|$（ノルム） 203

$\mathrm{Vol}(\boldsymbol{v}_1, \boldsymbol{v}_2, \boldsymbol{v}_3)$（平行六面体の体積） 152

$V^\perp$（零化空間） 123

W

$W(\alpha)$（固有空間） 187

$\widetilde{W}(\alpha)$（広義固有空間） 200

事項索引

た　行

な　行

は　行

著者略歴

池田　岳（いけだ・たけし）

1996 年　東北大学大学院理学研究科数学専攻博士課程修了
岡山理科大学理学部応用数学科教授を経て，
現　在　早稲田大学基幹理工学部数学科教授
博士（理学）

主要著書・訳書　『数え上げ幾何学講義――シューベルト・カルキュラス入門』（東京大学出版会，2018），『ヤング・タブロー――表現論と幾何への応用』（共訳，丸善出版，2019），『テンソル代数と表現論――線型代数続論』（東京大学出版会，2022）

行列と行列式の基礎　線型代数入門

2025 年 3 月 25 日　初　版

［検印廃止］

著　者　池田　岳

発行所　一般財団法人　東京大学出版会
代表者　中島隆博
153-0041 東京都目黒区駒場 4-5-29
電話 03-6407-1069　Fax 03-6407-1991
振替 00160-6-59964
URL https://www.utp.or.jp/

印刷所　大日本法令印刷株式会社
製本所　牧製本印刷株式会社

ISBN 978-4-13-062931-7　Printed in Japan